OYSTER REEF CONSERVATION
AND ECOLOGICAL RESTORATION
IN NATIONAL MARINE GARDEN
OF LIYASHAN, HAIMEN, JIANGSU PROVINCE

全为民 等 著

江苏海门蛎岈山国家级海洋公园牡蛎礁保护与生态修复研究

中国农业出版社
北 京

内 容 简 介

　　牡蛎礁是由大量牡蛎聚集生长而形成的一种生物礁系统，被喻为温带地区的"珊瑚礁"，具有净化水体、提供鱼类生境、维持生物多样性和碳汇等多种生态功能。江苏海门蛎岈山牡蛎礁是我国目前现存面积最大的潮间带天然活体牡蛎礁，具有极其重要的生态保护和科研价值。本书是我国第一部系统研究天然活体牡蛎礁的专著，由中国水产科学研究院东海水产研究所和江苏海门蛎岈山国家级海洋公园管理处在历时近 10 年的调查及研究基础上总结而成。本书概述了牡蛎礁的定义、全球分布、生态功能、生态保护与修复的国内外进展，介绍了海门蛎岈山牡蛎礁的气象水文、地质地貌、海水水质、海洋生态及渔业生物资源，重点阐述了海门蛎岈山牡蛎礁的生态现状调查评估、生态修复研究及实践的具体成果，描绘了该牡蛎礁的保护价值并规划了修复方案。本书以大量的科学调查资料为载体，旨在向读者展示我国牡蛎礁保护与修复的最新成果和进展，为我国海岸带保护、修复与开发利用提供科学依据，具有重要的学术和应用价值。

　　本书主要适于海洋、环境、生态及其他相关学科的科技工作者和大专院校师生阅读，也可供政府决策人员、从事海洋生态保护的专业人员以及对海洋生态保护有兴趣的读者阅读和参考。

著 者 名 单

全为民　中国水产科学研究院东海水产研究所

李楠楠　中国水产科学研究院东海水产研究所

范瑞良　中国水产科学研究院东海水产研究所

欧阳珑玲　中国水产科学研究院东海水产研究所

陈渊戈　中国水产科学研究院东海水产研究所

姜　伟　中国水产科学研究院东海水产研究所

著者分工表

章	节	著　者
第一章	第1节	全为民
	第2节	全为民
第二章	第1节	欧阳珑玲
	第2节	欧阳珑玲
第三章	第1节	陈渊戈
	第2节	陈渊戈
	第3节	李楠楠
	第4节	范瑞良
	第5节	李楠楠
	第6节	李楠南
	第7节	欧阳珑玲
	第8节	陈渊戈
第四章	第1节	李楠楠
	第2节	李楠楠
	第3节	李楠楠
	第4节	全为民
第五章	第1节	范瑞良
	第2节	范瑞良
	第3节	姜　伟
	第4节	全为民
	第5节	姜　伟
	第6节	全为民
第六章	第1节	姜　伟、欧阳珑玲
	第2节	全为民
	第3节	全为民

　　牡蛎礁是大量牡蛎聚集生长所形成的一种生物礁系统，广泛分布于温带和亚热带河口、海湾和潟湖中，被喻为温带地区的"珊瑚礁"。除生产鲜活牡蛎外，牡蛎礁还具有净化水体、提供生境、能量耦合、消浪护岸和固碳储碳等生态系统功能，其生态系统服务价值远高于盐沼、红树林、海草场等典型海岸带生境。然而，过去100多年来，过度捕捞、环境污染、生境破坏和病害侵袭等使全球牡蛎礁分布面积约下降了85%，进而导致河口海湾等海岸带生态系统严重退化，具体表现为富营养化加重、赤潮频发、生物多样性下降和渔业资源枯竭。为重振牡蛎产业或恢复生态系统功能，美国从20世纪60年代就开始了牡蛎礁保护行动，如在切萨皮克湾和墨西哥湾沿岸共计实施了1 000多个牡蛎礁修复项目；近20年来，欧洲、澳大利亚和中国牡蛎礁保护修复行动也取得长足进步。尽管牡蛎礁保护与修复研究引起了国际上的高度关注，但其研究深度和广度仍明显落后于盐沼、红树林和海草场等典型海岸带生境。

　　江苏海门蛎岈山牡蛎礁位于江苏省南通市海门区东灶港东北5km外的小庙洪航道南侧海域，是我国目前现存面积最大的潮间带天然活体牡蛎礁。放射性^{14}C测年显示蛎岈山牡蛎礁已有1 600余年的地质年龄，不仅可以作为探测地球中纬度地区海洋地质变化的参照体，而且在海洋生态环境保护与生物资源养护等方面均发挥着重要的功能。为此，我国于2006年正式批准建立了江苏海门蛎岈山牡蛎礁海洋特别保护区（后更名为江苏海门蛎岈山国家级海洋公园），以加强对此潮间带天然牡蛎礁的保护和管理。

　　21世纪初以来，我们率先于国内开展牡蛎礁保护与修复研究，成功开展了国内第一个牡蛎礁修复项目——长江口深水航道人工牡蛎礁。2011年以来，在南通市海门区海门港新区管理委员会、南通市海门自然资源和规划局等部门的支持下，我们先后实施了"江苏海门蛎蚜山国家级海洋公园牡蛎礁生态现状评估""江苏海门蛎蚜山国家级海洋公园牡蛎礁生态建设工程（一期）""江苏海门蛎蚜山国家级海洋公园牡蛎礁生态建设工程（二期）""南通港吕四港区东灶港作业区 2 万 t 级通用码头工程生态补偿项目——江苏海门蛎蚜山国家级海洋公园生态环境监测、牡蛎礁生态现状评估及牡蛎礁生态修复工程"等项目，积累了海门蛎蚜山牡蛎礁自然分布、生态现状、海洋生态环境和保护修复等方面的研究成果。在此基础上，我们编著了本书。

全书共分六章：第一章对牡蛎礁进行了概述，包括牡蛎礁的定义、生态功能、全球分布、保护与生态修复等，特别是对牡蛎礁的定义进行系统梳理，另外重点综述牡蛎礁生态修复的国内外进展，阐明了牡蛎礁生态修复中的关键技术。第二章主要介绍了江苏海门蛎蚜山国家级海洋公园的基本概况，包括海洋公园的地理位置、功能区划、管理机构和重点保护对象。第三章主要基于调查监测资料，分析评价了江苏海门蛎蚜山国家级海洋公园海域气象水文、地形地貌、海水水质、海洋沉积物质量、海洋生物体质量、海洋生物生态和渔业资源的基本现状。第四章分析了海门蛎蚜山牡蛎礁的自然分布、牡蛎种群和大型底栖动物的现状及特点，阐明了牡蛎种群及大型底栖动物的季节和年度变化特征，并基于上述成果系统评估了海门蛎蚜山牡蛎礁的生态系统服务价值。第五章介绍了海门蛎蚜山牡蛎礁生态修复的关键技术研究及实践，分析了修复底物元素组成、大小和年龄对牡蛎幼体附着的影响，建立了熊本牡蛎和近江牡蛎苗种规模化繁育技术，阐明了海门蛎蚜山牡蛎资源补充动态及影响机制，并结合具体案例阐述了牡蛎礁生态修复工程设计、实施步骤及跟踪监测方法。第六章统合了江苏海门蛎蚜山国家级海洋公园的监测方案和保护规划，提出了海门蛎蚜山牡蛎礁保护与修复的对策。

由于牡蛎礁保护与修复涉及环境、生态、生物、资源、水文、地理、测绘等学科，因此本书是多学科交叉的研究成果，也是团队成员 10 余年研究工作的成果结晶。除此之外，本成果的取得离不开各级领导、同行和朋友的帮助和支持。在此特别感谢江苏海门蛎蚜山国家级海洋公园管理处各位领导以及曾在此工作过的成伟、冯平平、沈辉、包小松等同志，没有他们的支持就不会有本书的出版。本书的研究成果也得到国家重点研发计划课题、中国水产科学研究院基金、中国水产科学研究院东海水产研究所基本科研业务费项目等的资助，在此一并表示感谢。

　　书中有不当或错误之处，敬请读者给予指正。

全为民

2023 年 5 月 31 日于江苏海门东灶港

目录

第一章 绪 论

第一节 牡蛎礁的生态功能及全球分布

一、牡蛎礁的定义

牡蛎（Oyster）俗称海蛎子、生蚝、蛎黄、蚵等，为软体动物门双壳纲珍珠贝目牡蛎科下物种的统称。牡蛎是世界第一大海水养殖贝类，是人类可利用的重要海洋生物资源之一，为全球性分布种类（表1-1）。

表1-1　全球主要造礁牡蛎的基本信息

中文名	英文名	拉丁文名	自然分布区
东岸牡蛎	Eastern oyster	*Crassostrea virginica*	北美洲东海岸和墨西哥湾
红树牡蛎	Mangrove oysters	*Crassostrea rhizophorae*	墨西哥湾和加勒比海
近江牡蛎	Sunonie oyster	*Crassostrea ariakensis*	中国、日本、朝鲜和韩国
熊本牡蛎	Kumamoto oyster	*Crassostrea sikamea*	日本、中国南通以南沿海
长牡蛎	Pacific oyster	*Crassostrea gigas*	中国、日本、朝鲜、韩国和俄罗斯
香港牡蛎	Hongkong oyster	*Crassostrea hongkongensis*	中国东南沿海
福建牡蛎	Fujian oyster	*Crassostrea angulata*	中国浙江以南沿海
奥林匹亚牡蛎	Olympia oyster	*Ostrea lurida*	北美洲西海岸
欧洲平牡蛎	European flat oyster	*Ostrea edulis*	欧洲大西洋和地中海
悉尼岩牡蛎	Rock oyster	*Saccostrea glomerata*	澳大利亚
安加西牡蛎	Angasi oyster	*Ostrea angasi*	澳大利亚

牡蛎被喻为"生态系统工程师"，它能通过聚集生长营造出具有三维结构的牡蛎生境（Oyster habitat）（zu Ermgassen et al.，2020b；Fitzsimons et al.，2019；Coen and Luckenbach，2000）。国际上通常将牡蛎生境区分为牡蛎礁（Oyster reef）、牡蛎床（Oyster bed）和牡蛎聚集体（Oyster aggregation）（大自然保护协会，2022；Gillies et al.，2015；Beck et al.，2009）。牡蛎礁是由大量牡蛎聚集生长而形成的一种生物礁系统（全为民等，2004；Breitburg et al.，2000；Coen and Luckenbach，2000），常见的造礁物种为巨蛎属 *Crassostrea* 种类，如东岸牡蛎（Lipcius et al.，2015；

Luckenbach et al.，1999）、长牡蛎（全为民等，2022）和近江牡蛎（Quan et al.，2012；Quan et al.，2009）。综合国内外相关研究，牡蛎礁须具备2个特征（Baggett et al.，2014；Beck et al.，2011）：一是造礁牡蛎高密度聚集且多代叠加生长；二是具有一定的垂直高度，目前通常认为不低于0.2m。牡蛎床是指整体垂直高度较低或没有明显结构特征的牡蛎生境，常见的造礁物种为牡蛎属 Ostrea 种类，如奥林匹亚牡蛎（Brumbaugh and Coen，2009；White et al.，2009）、欧洲平牡蛎（zu Ermgassen et al.，2020）和安加西牡蛎（Crawford et al.，2019）。牡蛎聚集体是由牡蛎附着并聚集生长在礁石、防波堤、桥桩或红树根系等硬质结构上所形成的聚集体结构（Gillies et al.，2015；Beck et al.，2009）（彩图1）。

二、牡蛎礁的生态系统服务功能

除为人类提供大量鲜活牡蛎以供食用外，牡蛎礁还具有净化水体、提供生境、能量耦合、消浪护岸和固碳储碳等生态系统服务功能（Grabowski et al.，2012；Coen et al.，2007；Grabowski and Peterson，2007；全为民等，2006；Coen and Luckenbach，2000）。

（一）净化水体

作为滤食性动物，牡蛎能大量去除河口水体中悬浮颗粒物、浮游植物和碎屑物，提高水体透明度，从而增加水生生态系统初级生产力（底栖硅藻、海草、大型海藻和浮游植物）（Grizzle et al.，2008；Grizzle et al.，2006；Newell，2004）。在分布有高密度牡蛎的河口水域中，牡蛎滤食作用是控制浮游植物生产和水体透明度的主要因子。1个成年牡蛎的滤水率可达9.5L/h，野外实验也证实牡蛎礁能将水体中75%的浮游植物滤食掉（Nelson et al.，2004）。Gerritsen 等（1994）根据切萨皮克湾双壳类软体动物密度、滤水率和河口水动力学系数，构建了一个双壳类软体动物（包括牡蛎）滤食作用机制模型，模型预测结果表明：在切萨皮克湾上游低盐度水域中，双壳类能滤食掉50%初级生产力；而在中盐度的水域中，双壳类软体动物丰富度较低，仅能消费掉10%的初级生产力；研究结果同时表明，在大型河口中，利用双壳类软体动物来净化水体，主要受到河口水深和宽度的限制。

近几十年来，河口富营养化问题越来越严重，大多数研究认为这主要是由于水体中氮、磷浓度升高而引起的（上行效应）。但也有证据表明，河口富营养化问题与双壳类底栖动物（主要是牡蛎）生物量降低有关（下行效应），并认为牡蛎的大量收获是导致切萨皮克湾富营养化的主要原因。模型预测结果显示，如果以1870年马里兰州的牡蛎种群数量进行估算，它能将1983年水深不超过9m水体中77%的有机碳去除掉（Jeremy et al.，2001）。因此，恢复牡蛎种群数量是控制河口富营养化的重要措施。

另外，牡蛎能在其软组织累积高浓度的污染物，尤其对重金属有很高的生物富集能力，其生物富集系数（Bio-accumulation factor，BAF）通常在 $10^2 \sim 10^4$。长江口水域近江牡蛎对 6 种重金属富集能力的大小顺序为：Zn>Cu>Pb>As>Cd>Hg（全为民等，2007）。

牡蛎同化了大约 50% 的过滤颗粒有机物，并将剩余部分作为粪便或"假粪便"排泄到沉积物表面，这些富含铵的排泄物统称为生物沉积物。牡蛎通过生物沉积作用促进底栖微生物过程，有助于氮埋藏和反硝化脱氮（Kellogg et al.，2013；Humphries et al.，2016）。近年来的研究结果表明，牡蛎或牡蛎礁的存在能显著提高反硝化速率，加快海水中的无机氮转化为 N_2 排放，因此牡蛎礁可作为缓解近海富营养化的有效途径。如 Kellogg 等（2013）发现牡蛎礁修复区氧（O_2）、铵盐（NH_4^+）、硝酸盐和亚硝酸盐、可溶性活性磷的通量比未修复的对照区显著提高了 1 个数量级，修复区的反硝化速率（以 N_2-N 通量测量）为 $0.3 \sim 1.6 mmol/（m^2 \cdot h）$。王杰（2022）测定了象山港牡蛎养殖区和邻近对照区沉积物的反硝化速率，显示牡蛎养殖区反硝化速率为 $0.2 \sim 9.9 mmol/（m^2 \cdot h）$，显著高于对照区。

（二）提供生境

牡蛎礁被喻为温带地区的"珊瑚礁"，是具有较高生物多样性的海洋生境。牡蛎礁营造了一个空间异质性的复杂三维生物结构，为许多重要的底栖无脊椎动物、鱼类、游泳甲壳动物和鸟类提供了索饵、育幼、避敌和繁殖场所（McLeod et al.，2019；Coen et al.，1999；邵炳绪等，1980）。如长江口牡蛎礁为 26 种大型无脊椎动物（11 种甲壳动物、11 种软体动物和 4 种多毛类动物）和 50 种游泳动物（31 种鱼类、9 种虾类、10 种蟹类）提供了栖息生境（Quan et al.，2009），且牡蛎礁中大型底栖动物的密度、生物量和生物多样性均显著高于邻近的盐沼湿地和浅水潮下带泥滩（Quan et al.，2013）。在美国切萨皮克湾存在一个以牡蛎为中心、包括多种营养水平鱼类的食物网结构，牡蛎礁上定居性鱼类有豹蟾鱼、无鳞虾虎鱼、斑纹鲉等；过渡性鱼虾类有红鲈、虾类（草虾和白虾）、美国南方鲆、鲇和凤尾鱼等；礁体上其他的底栖动物有螺类、贻贝、泥蟹、绿瓷蟹、鼓虾和小型甲壳动物等。其中，许多重要的经济食肉性鱼类是牡蛎礁系统的重要组成部分，包括条纹石斑鱼、竹笑鱼和犬牙石首鱼等。远洋的长须鲸也把牡蛎礁作为取食和育幼场所（Coen et al.，1999；Harding and Mann，1999；Meyer and Townsend，2000）。美国墨西哥湾沿岸和东海岸 $1 m^2$ 牡蛎礁对鱼类资源量的平均贡献分别为 397g/年和 281g/年（zu Ermgassen et al.，2016）。

（三）能量耦合

牡蛎是"双壳类软体动物泵（Bivalve pump）"，能将水体中的大量颗粒物（有机物和无机物）输入到沉积物中，驱动着底栖碎屑食物链，却抑制着浮游食物链，对控制滨海水体的富营养化具有重要作用。大量研究表明，牡蛎能大量滤食水体-沉积物界面处的颗粒物，它们通常消化具有高营养价值的颗粒有机物，而将其他低营养价值的食物（颗粒无机物和难降解碎屑物）以"假粪便"（Pseudofaeces）形式沉降于沉积物中，成为河口底栖动物的重要饵料，提高了水体-沉积物之间的能量耦合关系（Jørgensen，1986；Gerritsen，1994）。综上所述，牡蛎是水生生态系统的重要组成部分，在生态系统物质能量循环过程中扮演着重要的角色。

（四）消浪护岸

牡蛎礁垂直起伏的生物礁结构可以吸收并消散波浪能，进而改变水动力和沉积物运输过程，因此牡蛎礁具有与防波堤、堤坝等人工构筑物类似的海岸防御功能，被喻为"生态防波堤"。在波浪能较低的浅水潮下带或潮间带，牡蛎礁已被证明可以减少海岸线侵蚀，如 Meyer 等（1997）通过在互花米草 Spartina alterniflora 盐沼向海侧构建了 1.5m 宽、0.25m 高的牡蛎礁体，约15 个月后修复区内侧的互花米草盐沼高程增加了 6.3cm，而对照区（没有牡蛎礁修复）互花米草盐沼高程损失了 3.2cm；McClenachan 等（2020）运用数字岸线分析系统量化研究了美国佛罗里达州一个潟湖中 89 个牡蛎礁修复项目对岸线侵蚀的影响，结果显示，牡蛎礁修复能将岸线侵蚀逆转为岸线淤长，其累计净岸线增量为 288.91m²/年。在美国许多海岸带修复工程中，通常设计牡蛎礁来稳定岸线，以控制侵蚀和风暴潮对盐沼湿地的侵蚀作用。

（五）固碳储碳

牡蛎礁中由牡蛎主导的碳循环过程主要包括钙化过程（Calcification）、生物同化过程（Bioassimilation）和生物沉积过程（Biodeposition）。其中，钙化过程是碳源，而生物同化和生物沉积过程是碳汇。尽管相当多的研究者认为牡蛎礁是碳汇，但学术界仍未提出直接的证据，并对此持有争议。Fodrie 等（2017）探讨牡蛎礁的碳源与碳汇问题，研究发现，浅水潮下带牡蛎礁［净固碳（1.0 ± 0.4）Mg/（hm²·年）］和邻近盐沼的牡蛎礁［净固碳（1.3 ± 0.4）Mg/（hm²·年）］由于生物沉积封存了大量沉积物有机碳，因此它们均为净碳汇；而位于潮间带沙地上的牡蛎礁主要是以碳酸盐沉积为主，因此被认为是碳源［净排碳（7.1 ± 1.2）Mg/（hm²·年）］。该研究指出牡蛎礁是碳源还是碳汇主要与有机碳库和无机碳库作用下的埋藏量相关。Lee 等（2020）则在实验环境下模拟了欧洲平牡蛎形成的牡蛎礁对生物沉降和物理沉积过程的促进作用，并通过量化沉积物中的有机碳与无机碳比例，判断牡蛎礁的固碳作用。结果显示，修复后的活体牡蛎礁能够有效地将水体中的悬浮颗粒物与有机碳运输到海底，每 1m² 活体牡蛎礁的悬浮颗粒物沉积速率和有机碳沉降速率比死亡后的牡蛎礁分别高 2.9 倍和 3 倍。

三、牡蛎礁的全球分布及现状

牡蛎礁广泛分布于温带、亚热带和热带的河口、海湾和潟湖中。根据历史文献资料记载，牡蛎礁曾广泛分布北美洲、南美洲、欧洲和澳大利亚海岸，而亚洲和非洲等地由于历史资料较少，牡蛎礁自然分布的相关信息比较缺乏。

Beck 等（2011）基于历史数据和调查资料评估了全球 40 个生态区 144 个海湾（河口、海湾、海岸的合称）的牡蛎礁生态状况。33%海湾和 35%生态区中牡蛎礁的生态状况评级为"差"（其分布面积不到历史水平的 10%），如欧洲和中国沿海；37%海湾和 28%生态区中牡蛎礁评级为"功能性灭绝"（其分布面积不到历史水平的 1%），如北美洲、澳大利亚和欧洲等地；30%海湾和 37%生态区中牡蛎礁生态现状评级为"一般"和"好"，大多分布于墨西哥湾、南美洲和新西兰等地。总体上，过去 100 多年来全球牡蛎礁分布面积约下降 85%。

东岸牡蛎是美国东海岸和墨西哥湾沿岸的造礁物种。但过去 100 多年来东岸牡蛎的资源量及牡蛎礁面积均急剧下降（Beck et al.，2011；Jeremy et al.，2001），主要有以下原因：①过度捕捞，以切萨皮克湾为例，据历史资料记载，1887 年东岸牡蛎收获量达到 55 000t，1950 年收获量为 13 586t，2004 年的收获量仅为 39.6t，过度捕捞既降低了牡蛎资源补充量，也严重破坏了牡蛎礁生境；②病害，20 世纪 50 年代开始，两种原生动物寄生虫（MSX 和 Dermo）使切萨皮克湾东岸牡蛎数量迅速下降，现在数量仅为历史水平的 1%（图 1 - 1）；③环境污染，河口及滨海水体的环境质量日趋恶化严重影响牡蛎的生长繁殖；④其他的原因，如生境破坏、人为干扰和气候变化等。

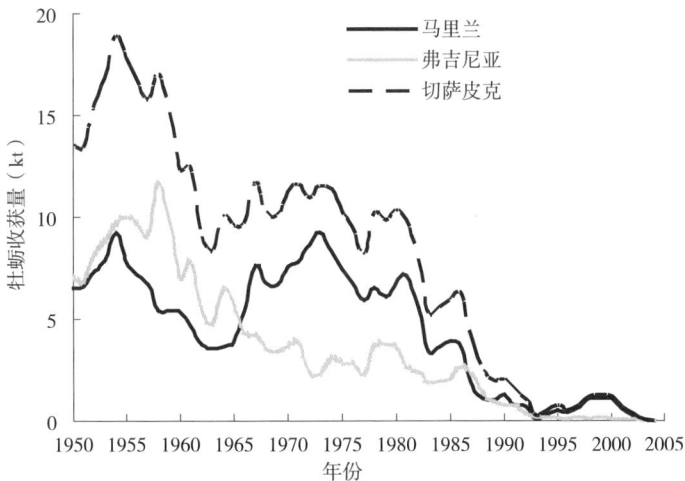

图 1 - 1　1950—2004 年美国切萨皮克湾东岸牡蛎的收获量（全为民等，2004）

欧洲平牡蛎自然分布于从挪威到摩洛哥的沿海，作为一种"生态系统工程师"，能形成生物礁栖息地，从而提供各种生态系统服务功能。该物种作为食物来源已有3 000多年的历史，自18世纪以来在欧洲各地被广泛开发，导致欧洲沿海种群严重下降。在德国，该物种自20世纪50年代以来就被认为功能性灭绝（zu Ermgassen et al.，2020）。

安加西牡蛎曾广泛分布于澳大利亚南部海岸，并形成牡蛎礁生境。但过度捕捞、生境破坏、水体污染等导致澳大利亚安加西牡蛎形成的牡蛎礁栖息地骤减，仅在塔斯马尼亚州的乔治湾和圣海伦湾还存有天然牡蛎礁（Gillies et al.，2020；Crawford et al.，2019；Gillies et al.，2018）。

牡蛎礁曾广泛分布我国沿海，从最北端的鸭绿江口至最南边的海南博鳌港都有牡蛎礁分布的记录（全为民等，2022；俞鸣同等，2001；耿秀山等，1991；姚庆元，1985）（表1-2）。20世纪80年代以前，在辽东湾、渤海湾和莱州湾的大多数河口都分布有牡蛎礁，牡蛎礁的集中分布区位于渤海湾沿岸，从北边的河北曹妃甸至天津，再到山东的滨州和东营这一带，几乎每个河口都分布有牡蛎礁（全为民等，2022；耿秀山等，1991）。

表1-2　中国沿海牡蛎礁自然分布记录

气候带	海区	入海位置	河口
温带、亚热带	渤海	莱州湾	圩河口
			小清河口
			淄脉沟口
			永丰河口
		渤海湾	套尔河口
			弯弯沟口
			杨克君沟口
			挑河口
			蓟运河口
		辽东湾	盖平西河口
			鸿崖河口
			溯河口（曹妃甸-乐亭）
	黄海	西朝鲜湾	鸭绿江口
		苏北中部海岸	射阳河口
		南黄海	小庙洪水道（古长江口）
	东海	金塘水道	甬江口
		乐清湾	白溪口
		厦门湾	九龙江口
		深沪湾	金门水道、深沪湾

气候带	海区	入海位置	河口
热带	南海	海门湾	练江口
		甲子港	甲子河口
		深圳湾	深圳河口
		海南博鳌港	万泉河口

我国目前现存的活体牡蛎礁已比较少了，较大规模的自然牡蛎礁主要有天津大神堂牡蛎礁和江苏海门蛎蚜山牡蛎礁。天津大神堂牡蛎礁位于潮下带，礁区总面积约 $3km^2$（孙万胜等，2014；房恩军等，2007）。江苏海门蛎蚜山牡蛎礁是我国目前现存面积最大的潮间带天然活体牡蛎礁，礁区面积约为 $5km^2$（全为民等，2016；全为民等，2012；张忍顺等，2007；张忍顺等，2004）。另外，近年来通过调查发现，随着渤海环境治理，牡蛎礁在渤海沿海快速恢复当中，如河北曹妃甸、山东滨州等地陆续发现新的活体牡蛎礁。其中，以河北唐山曹妃甸-乐亭海域牡蛎礁面积最大，初步估计牡蛎礁区面积达到 $15km^2$（全为民等，2022；范昌福等，2010）。

第二节　牡蛎礁保护与生态修复进展

一、牡蛎礁生态保护与修复的国外进展

由于过度捕捞、环境污染、生境破坏和病害浸染等原因，世界各地牡蛎种群数量和牡蛎礁分布面积急剧下降，严重破坏了滨海生态系统的结构与功能，近岸海域富营养化问题越来越严重（Beck et al.，2011；Jeremy et al.，2001）。牡蛎礁生态保护修复行动最早开始于 20 世纪 60 年代的美国，早期牡蛎礁修复的目标是增殖牡蛎资源量、维持可持续利用和重建牡蛎产业；但21 世纪初以来，随着牡蛎礁的生态系统功能和服务价值越来越受关注，牡蛎礁生态修复的目标转变为发挥其生态系统服务功能，如维持生物多样性、净化水体和养护渔业资源等（Coen and Luckenbach，2000）。此后，美国在大西洋及墨西哥湾沿岸开展了一系列牡蛎礁修复行动（全为民等，2006），如 1993—2003 年，弗吉尼亚州通过"牡蛎遗产"项目在滨海共建造了 69 个牡蛎礁，平均每个礁体面积为 $4\,047m^2$；2001—2004 年，南卡罗来纳州在东海岸 28 个地点建造了 98 个牡蛎礁，共用掉约 250t 牡蛎壳；2000—2005 年"牡蛎修复伙伴"组织在切萨皮克湾 82 个地点共计投放了 5 亿多个牡蛎。美国各级政府部门对牡蛎礁修复技术的研究也越来越重视，如美国大气与海洋

管理局（NOAA）切萨皮克湾办公室对牡蛎礁修复的资助经费也呈快速增加趋势，1995年的资助金额仅为2万美元，2004年用于资助牡蛎礁修复研究的经费达到400多万美元。同时，牡蛎礁修复是一项十分复杂的系统工程，需要大量的人力物力，如在美国修复4 047m²牡蛎礁，约需要38万美元和3 000m³的牡蛎壳，许多州都成立了专门进行牡蛎礁修复的组织，它们除申请联邦政府的财政资助以外，更多通过宣传活动使广大民众了解牡蛎礁的生态系统服务功能，接受社会各界的捐助，组织志愿者参与牡蛎礁修复行动。这对其他地区的牡蛎礁修复行动是有借鉴意义的。1987—2017年美国共开展了1 178个牡蛎礁修复项目，累计修复牡蛎礁面积达到5 199hm²，其中墨西哥湾沿岸修复3 186hm²牡蛎礁，切萨皮克湾修复1 828hm²牡蛎礁（Hernández et al.，2018）。

欧洲直到2010年后才开展牡蛎礁修复（zu Ermgassen et al.，2020a；2020b）。欧盟栖息地指令（理事会指令92/43/EEC）也通过将欧洲平牡蛎列入"生物礁"类别或作为"河口"和"大型浅水入口和海湾"中的关键物种，间接地在一些国家开展欧洲平牡蛎栖息地保护。例如，据欧盟海洋战略框架指令（2008/56/EC）实现良好环境状态的目标，德国经济专属区Natura 2000指定管理计划中包括修复本地牡蛎礁。这些官方行动推动了全欧洲本地牡蛎的保护与修复。由于牡蛎礁修复成本很高，欧洲牡蛎礁修复仍处于起步阶段，目前大多数项目都侧重于试点研究，并严重依赖于保护、生态和水产养殖从业者之间的合作关系。为了更好地推进欧洲牡蛎修复实践，2017年成立了由13个国家牡蛎修复和管理方面专家组成的本地牡蛎修复联盟（NORA），通过学术交流解决牡蛎修复中面临的障碍和挑战。在柏林举行的第一届NORA会议上，普遍关注的关键主题包括牡蛎生产、选址、疾病管理和监测等（zu Ermgassen et al.，2020a）。

二、牡蛎礁生态保护与修复的国内进展

我国对牡蛎礁生态重要性的认识起步于21世纪初期（全为民等，2006；Quan et al.，2009）。根据国内该领域的发展进程，可将我国牡蛎礁生态保护修复进展划分为以下两个阶段：

第一阶段为早期探索实验阶段（2000—2019年）。中国水产科学研究院东海水产研究所于2002—2004年开展了长江口牡蛎礁修复工程，为我国国内第一个牡蛎礁生态修复项目（Quan et al.，2012；Quan et al.，2009；全为民等，2006）；全为民等（2006）在国内学术刊物上发表了《河口地区牡蛎礁的生态功能及恢复措施》，为我国学者第一篇系统介绍牡蛎礁生态功能的研究文献；2006年国家海洋局批准建立了江苏海门蛎岈山牡蛎礁海洋特别保护区

（2012 年更名为江苏海门蛎岈山国家级海洋公园）；2012 年国家海洋局批准建立了天津大神堂牡蛎礁国家级海洋特别保护区（2021 年更名为天津滨海国家海洋公园）；2013—2014 年中国水产科学研究院东海水产研究所开展了江苏海门蛎岈山牡蛎礁修复项目（全为民等，2017）；2018—2019 年中国科学院海洋研究所在黄河口开展了牡蛎礁生态修复项目；2016—2019 年唐山海洋牧场实业有限公司在河北唐山海域通过投放石礁构建了牡蛎礁海洋牧场（Wang et al.，2022）。

第二阶段为快速发展阶段（2020 年至今）。2020 年，中国海洋工程咨询学会组织编制并发布了团体标准《海岸带生态系统现状调查与评估技术导则 第7 部分：牡蛎礁》（T/CAOE 20.7—2020）（孙丽等，2020a）和《海岸带生态减灾修复技术导则 第 6 部分：牡蛎礁》（T/CAOE 21.6—2020）（孙丽等，2020b），指导牡蛎礁生态保护与修复行动；2022 年，中国水产学会组织编制并发布了团体标准《海洋牧场牡蛎礁建设技术规范》（T/SCSF 0015—2022）（张涛等，2022）。同时，在自然资源部"蓝色海湾"综合整治行动、海岸带保护修复工程项目以及海洋生态补偿资金的支持下，国内牡蛎礁修复行动发展迅速，特别是在河北、天津、山东、江苏、上海、浙江等地开展实施了一些牡蛎礁修复项目。但由于缺乏前期系统的科学论证和专业的技术指导，牡蛎礁修复效果总体不佳。

三、牡蛎礁生态修复的关键技术

（一）选址

选址是决定牡蛎礁修复项目成功与否的最重要因素之一。早期的牡蛎礁修复项目更多选址于历史上有牡蛎或牡蛎礁自然分布的区域，主要基于海图或调查记录确定牡蛎礁修复地点（Howie and Bishop，2021；全为民等，2006）。但近年来，越来越多的研究者提出牡蛎礁修复项目选址还应考虑海区的自然环境变化，选择目前和将来的海洋环境适宜于牡蛎礁生长和发育的区域。2004年召开的美国牡蛎礁修复从业者研讨会提出了针对东海岸牡蛎修复选址应评估的主要指标（Brumbaugh and Coen，2009），包括 14 个物理指标和 6 个生物指标。综合起来，牡蛎礁修复选址的量化指标包括水质、水文、地形、食物丰度、污染状况和生物因子等（表 1－3）。基于这些指标，近年来很多的研究采用生境适宜度指数（Habitat suitability index，HSI）模型来量化确定适宜的牡蛎礁修复项目选址（Theuerkauf et al.，2019；Theuerkauf and Lipcius，2016）。但由于不同牡蛎对理化环境和生物因子的耐受程度存在差异，在牡蛎礁修复项目的选址中应充分考虑拟选择的造礁牡蛎种类和拟修复区域的特殊性。

表 1 - 3 牡蛎礁修复选址的主要因素和指标

因素	指标
水质	水温、盐度、浊度、溶解氧、pH
水文	流速、流向、潮汐
地形	水深、坡度、侵蚀、高程、淤积、底质类型
食物	浮游植物、颗粒有机物
生物	病害、捕食、竞争
人为	污染、海洋功能区划

(二)底物材料

牡蛎礁修复项目中最常使用的底物(Substrate)为牡蛎壳,足够数量的牡蛎壳成为牡蛎礁修复的制约因子,因此美国许多州向普通民众宣传循环利用牡蛎壳,将废弃的牡蛎壳上交给有关部门,作为牡蛎礁修复的底物(Goelz et al.,2020;全为民等,2006)。在牡蛎礁建设中,通常选择放置了6个月的牡蛎壳,因为新鲜的牡蛎壳通常会变质发臭,并可能会携带小昆虫和寄生虫。

为弥补牡蛎壳的不足,并满足大规模牡蛎礁修复的需求,许多可替代的底物被用于牡蛎礁修复项目。替代底物材料主要包括瓷砖、石灰石、非钙石(沙石或花岗岩)、混凝土、其他双壳贝壳和工程礁体(Goelz et al.,2020;Schulte et al.,2009)。Goelz 等(2020)基于生物的、结构的、化学的和经济的行为指标对这6类底物材料进行了综合评价(表1-4),评价结果表明,石灰石总体上是最适宜的底物材料。然而,底物的适宜性也有可能随修复牡蛎的种类和修复地点而变化,因此通常在大规模的牡蛎礁修复项目启动前,应针对性开展前期试验来确定最适宜的替代底物材料。

表 1 - 4 牡蛎礁修复替代底物的总体评价

替代底物	行为指标			
	生物的	结构的	化学的	经济的
瓷砖	未定	未定	未定	未定
石灰石	好	好	好	好
非钙石	好	好	未定	好
混凝土	好	—	好	好
其他双壳贝壳	差	差	好	好
工程礁体	未知	好	未知	未知

注:"未定"指存在相互矛盾的结果,"未知"指没有数据。

（三）礁体设计

复杂度、空间配置（大小、形状、破碎化）和垂直高度是牡蛎礁的关键结构特征，影响着牡蛎礁发育、恢复力和生态系统服务功能（Howie and Bishop，2021；McAfee et al.，2018；Coen et al.，2007）。这些结构特征在牡蛎礁修复项目中的相对重要性依赖于项目目标和海域条件。

生境复杂度可为受胁迫的物种提供庇护性的微生境，其通常与生物多样性呈正相关性（Strain et al.，2020）。在牡蛎附着后高死亡率的环境中开展牡蛎礁修复时，应尽可能提高修复礁体的结构复杂度，以降低捕食和环境压力对附着牡蛎稚贝的致死效应（表1-5）。

礁体的空间配置影响捕食、定植和滤水等生物过程和防波消浪等物理过程（Harwell et al.，2011）。具有更大周长的牡蛎礁体有利于在礁体边缘捕食和寻求庇护的鱼类和蟹类栖息；相反，具有最大内部/边缘比值的礁体通常更有利于小型无脊椎动物的定植和存活（Hanke et al.，2017）。

垂直高度对于低底层流和底层缺氧的潮下带礁体或淤积环境下的潮间带礁体十分重要（Grabowski and Peterson，2017；Grabowski et al.，2012）。国际上修复牡蛎礁的垂直高度大多为0.1～1.0m，有研究显示牡蛎礁的垂直高度临界值为0.3m，当高度大于0.3m时修复项目取得成功的可能性较高，当高度小于0.3m时修复项目取得成功的可能性较小（Colden et al.，2017）。

表1-5　牡蛎礁设计中应考虑的关键结构特征

结构特征	受影响的过程	受影响的生态服务功能
表面复杂度	增加牡蛎幼虫附着及补充的表面积，缓解环境（如热压力）和生物（如捕食）压力	生境提供
礁体斑块大小	生物定植的生境面积，牡蛎生物量和滤水作用，礁体宽度和消浪	生境提供，防波消浪，净化水体
礁体破碎化程度	边缘/内部比值影响资源补充和捕食	生境提供
垂直高度	促进淤泥层及海底缺氧层上面的牡蛎生长，影响牡蛎礁的消浪作用	岸线稳定，防波消浪

（四）牡蛎增殖

有多种牡蛎具有造礁能力，且通常在一个海区内多种造礁牡蛎物种共存分布，因此在礁体修复设计中需考虑造礁牡蛎的选择。根据国内外牡蛎礁修复实践，主要根据下列原则选择适宜的造礁牡蛎物种（Howie and Bishop，2021；Gillies et al.，2018；Brumbaugh and Coen，2009）：

（1）在目前和未来的环境条件下，修复地点对于牡蛎物种的生境适宜度；

（2）牡蛎物种对于病害和捕食者的敏感性；

（3）牡蛎物种获得预期生态系统功能的能力；

（4）增殖苗种供应的可靠性。

在牡蛎礁修复项目，尽可能选择土著牡蛎物种开展增殖，而外来的牡蛎物种仅仅在下列状况才予以考虑：

（1）环境条件不再适宜于土著牡蛎种群的建立，而外来的牡蛎物种可以耐受本地环境的胁迫；

（2）外来的牡蛎物种与土著种具有功能等同性；

（3）外来牡蛎物种完全适应当地环境，已经归化了；

（4）外来牡蛎物种的收益已经超过其负面的生态或社会经济影响。

在补充量受限的海区开展牡蛎礁修复项目时，需要在修复礁体上人为添加牡蛎苗或牡蛎成体，但通常的做法是补充牡蛎稚贝。牡蛎苗来源于野生或人工繁育。野生苗是补充礁体的一种传统手段，通常需要将附着底物放置在补充量高的海域，以捕捉自然牡蛎幼虫，然后将附着稚贝转移至修复地点。野生苗通常比人工繁育更可行、成本效益更高、更易于大规模应用。人工繁育通常需要先繁育出牡蛎幼虫，然后投放附着底物，让幼虫"定居"（附着）在底物上，并经培育至一定规格后移植至修复礁体中。

第二章　江苏海门蛎岈山牡蛎礁国家级海洋公园概况

第一节　地理位置与功能区划

一、地理位置

江苏海门蛎岈山国家级海洋公园位于江苏省南通市海门区海门港新区东灶港东北方向约 4n mile 的黄海海域。海洋公园东至海门区和启东市的海域行政界线，南至海堤，西至东灶港 2 万 t 级通用码头引桥，北至小庙洪水道（彩图 2）。千百年来，当地渔民一直称牡蛎为蛎岈，蛎岈山的"蛎"就是牡蛎的蛎，"岈"字则形容蛎岈山地形的峻峭，因此得名"蛎岈山"。海洋公园的主体是由黄泥灶、泓西堆、大马鞍、扁担头、十八跳等大小不等的 30 余个牡蛎堆坨积而成的天然牡蛎礁，平均高出海平面 4.5m。

二、功能区划

江苏海门蛎岈山国家级海洋公园总面积为 1 545.91hm²，其中重点保护区面积为 169.03hm²、生态与资源恢复区面积为 643.78hm²、适度利用区面积为 733.10hm²（表 2 - 1）。目前，江苏海门蛎岈山国家级海洋公园的所有范围都已纳入《江苏省国家级生态保护红线规划》和《江苏省海洋生态红线保护规划》之中。海洋公园的重点保护区被划定为禁止类红线区，而生态与资源恢复区和适度利用区则被划定为限制类红线区。

重点保护区内实行严格的保护制度，禁止实施各种与牡蛎礁保护无关的工程建设活动，不得擅自改变重点保护区内牡蛎礁地形地貌及其他自然生态环境条件，严格控制游人进入。

生态与资源恢复区内严格控制人为干扰，禁止实施改变区内自然生态条件的生产活动和工程建设活动。实施人工牡蛎礁生态修复工程，恢复蛎岈山海洋生态、资源与关键生境。建设海上监管监测站，适当开展海洋生态旅游活动。

适度利用区内，在确保海洋生态系统安全的前提下，鼓励实施与海洋公园保护目标相一致的生态型资源利用活动。对适度利用区内周围的岸线进行景观修复，建设碧海金沙、游艇俱乐部等滨海特色的旅游服务配套设施，发展海洋生态旅游产业。科学确定旅游区的游客容量，合理控制游客流量，禁止超过允许容量接纳游客或在没有安全保障的区域开展游览活动。

表 2-1　江苏海门蛎岈山国家级海洋公园保护边界及功能区拐点坐标

拐点编号	东经	北纬	所属功能区
1	121°32′28.93″	32°09′20.12″	重点保护区
2	121°32′19.70″	32°08′59.86″	重点保护区
3	121°32′41.39″	32°08′43.95″	重点保护区
4	121°32′53.01″	32°09′00.89″	重点保护区
5	121°32′34.24″	32°09′20.19″	重点保护区
6	121°33′30.11″	32°09′20.24″	重点保护区
7	121°33′24.44″	32°09′06.01″	重点保护区
8	121°33′14.80″	32°08′55.75″	重点保护区
9	121°33′13.01″	32°08′18.46″	重点保护区
10	121°33′42.86″	32°08′18.85″	重点保护区
11	121°33′42.18″	32°09′07.53″	重点保护区
12	121°32′19.78″	32°09′22.73″	生态与资源恢复区
13	121°31′03.75″	32°08′10.96″	生态与资源恢复区
14	121°31′09.33″	32°08′08.33″	生态与资源恢复区
15	121°31′10.53″	32°08′02.99″	生态与资源恢复区
16	121°31′45.21″	32°07′51.67″	生态与资源恢复区
17	121°32′24.88″	32°08′11.91″	生态与资源恢复区
18	121°33′49.47″	32°08′10.80″	生态与资源恢复区
19	121°33′49.79″	32°08′12.10″	生态与资源恢复区
20	121°33′49.80″	32°09′24.79″	生态与资源恢复区
21	121°33′26.80″	32°09′23.63″	生态与资源恢复区
22	121°30′46.71″	32°06′43.43″	适度利用区
23	121°31′21.60″	32°06′38.61″	适度利用区
24	121°31′23.65″	32°06′30.03″	适度利用区
25	121°31′52.27″	32°06′30.67″	适度利用区

拐点编号	东经	北纬	所属功能区
26	121°32′02.97″	32°06′19.81″	适度利用区
27	121°32′48.31″	32°07′49.38″	适度利用区

第二节　保护机构与重点保护对象

一、保护机构

（一）机构设置及职能

2009 年南通市设立江苏海门蛎岈山牡蛎礁海洋特别保护区管理处，2013 年 5 月江苏海门蛎岈山牡蛎礁海洋特别保护区管理处更名为江苏海门蛎岈山国家级海洋公园管理处（以下简称"管理处"），2013 年 9 月设立中国海监江苏海门蛎岈山国家级海洋公园大队（以下简称"海监公园大队"）。管理处具体职能如下：

（1）贯彻落实国家海洋生态保护和资源开发的法律法规与方针政策，结合实际研究制定配套措施及办法，并组织实施；

（2）研究制定海洋公园发展战略、开发与建设总体规划和工作计划，经批准后组织实施；

（3）负责建设项目的可行性研究，研究提出海洋科研、教育、技术发展规划和办法，经批准后组织实施；

（4）负责海洋公园环境保护工作，组织实施海洋公园内海洋环境调查、监视、监测和评价，依法行使海洋监察，调查处理违规用海和污染事故，管理海洋公园内海洋自然资源；

（5）负责海洋公园内日常巡护管理，促进资源可持续开发利用和生态资源保护与恢复；

（6）组织海洋公园开展对外技术合作与交流；

（7）承担政府交办的其他事项。

根据以上 7 条职能，管理处内设 4 个职能科室，分别为办公室（计划财务科）、保护和开发科、环境监测科，下设中国海监江苏海门蛎岈山国家级海洋公园大队。目前，管理处及下属海监大队在岗人员共 7 名，其中主任 1 名，副主任 1 名，保护与开发科科长 1 名，环境监测科科长 1 名，办公室科员 1 名，海监大队大队长 1 名、队员 1 名。

中国海监江苏海门蛎岈山国家级海洋公园大队履行海洋执法职责，并接受中国海监上级机构的管理和指导，主要职能如下：

（1）根据法律法规的授权和海洋行政主管部门的委托，依法履行海洋行政执法职能；

（2）研究制定海洋公园内海洋行政执法监督检查工作计划，经批准后组织实施；

（3）负责海洋公园内海域使用、海洋倾废、资源保护的监督检查，调查处理海洋环境污染事故；

（4）负责海洋公园内海域使用巡查，调查处理海域使用纠纷，维护海域使用秩序，保护海域使用权人的合法权益；

（5）负责海洋行政执法队伍建设，组织开展执法人员的学习教育培训工作。

（二）能力建设

为提高巡护执法能力，江苏海门蛎蚜山国家级海洋公园建有海上多功能平台、监管平台和避风港监管基地等基础设施，配置了照相机、全球定位系统（GPS）定位仪、执法记录仪等设备；为应对周边海洋工程建设可能对蛎蚜山造成的环境影响，管理处配置了多参数水质分析仪、采水器、电子天平等设备，设置了1个应急检测实验室。

为了践行海洋公园的科研、教育、环境保护、生态资源保护和修复、可持续开发利用等多项职能，在海洋公园内规划设立了以下5项建筑与设施：

1. 华夏第一龙桥——东灶港栈桥

华夏第一龙桥桥长约1 280m、宽约4m，其间设有3个10m宽的会车点，横跨一道浅水湾，在栈桥上间隔设置下桥楼梯，它既是游客通向和了解蛎蚜山的一座桥梁，同时也是中国龙文化形象展示的一个舞台。

2. 海上监管平台——蛎蚜山海上监管平台

海上监管平台位于蛎蚜山国家级海洋公园的东北角，有靠船码头、圆形平台和阶梯，总建筑面积达1 000m²。该平台由48根42m长的管桩托起于海平面之上，集监管、监测、宣传、救生等功能于一体。

3. 海上多功能平台——江苏海门蛎蚜山牡蛎礁特别保护区监管基地平台

海上多功能平台位于蛎蚜山国家级海洋公园南缘，平台由内径26m、外径56m的圆环平台和35m×23m的矩形平台两个部分构成，建筑总面积为3 584.6m²。平台的设计旨在满足海洋公园生态环境保护、海洋环境及海域使用监管、海洋知识科普宣讲等多种功能需要。

4. 监管基地避风港

监管基地避风港位于海门港新区区域建设用海东区南北向主堤东侧，东灶港龙桥北侧，占地面积4.88hm²。该基地工程通过长约402m的L形挡潮堤的形式构建了一个避风港，港池长约219m、宽80~132m，边线距现有围堤堤脚约 74m。避风港可以满足最大长度为 20m、宽度为 5m 的 4 艘船只在 7 级风以内停靠避风。此外，港池及航道的疏浚工程还能够满足吃水为 1m 的船只在最低潮位情况下正常进出和停靠。

5. 蛎蚜山海洋科普展示馆

蛎蚜山海洋科普展示馆位于海门港新区科创楼三楼，总面积达到 192m²。通过弧幕影院、多点触摸屏等互动体验手段将海洋知识和海洋生物标本融合展示，引导参观者积极参与其中。参观者不仅可以在静态的观展过程中了解海洋自然保护地和牡蛎礁，还能通过动态的表现形式深入了解海洋的奥秘。展示馆成为一个交流和学习的平台，让更多人了解和关注牡蛎礁生态保护。

（三）制度建设

江苏海门蛎蚜山国家级海洋公园管理处积极贯彻执行《江苏省国有渔业水域占用补偿暂行办法》《关于加强近岸海域污染防治工作的意见》《江苏省海洋生态文明建设行动方案》和《江苏省生态红线区域保护规划》等要求，加强海洋公园保护管理，制定了一系列蛎蚜山海洋公园保护管理的规章制度。如在蛎蚜山海洋公园管理处实施了保护区及功能区界标识项目，在海洋公园陆域范围内的 13、14、15、22、23、24、25、26 号界址点设置了 8 个界桩。

二、重点保护对象

通过相关科研单位的实地考察和论证，蛎蚜山是一个天然的两栖奇岛，蛎蚜山牡蛎礁是目前中国现存面积最大的潮间带天然活体牡蛎礁，具有 1 600 余年的地质年龄，被誉为海洋生物界的"清明上河图"，不仅可以作为探测地球中纬度地区海洋地质变化的参照体，而且在海洋生态环境保护与生物资源养护等方面发挥着巨大的服务功能，是中国唯一、世界罕见的海洋奇观。

江苏海门蛎蚜山国家级海洋公园的主要保护对象是牡蛎礁生境及其生物资源。据调查，牡蛎礁内的生境类型多样，礁体形状千变万化，分布有活体礁（带状礁、环形礁和斑块礁）、贝壳堤、潟湖和沙滩等。牡蛎礁内定居的大型底栖动物种类繁多，包括甲壳动物、软体动物、环节动物等。

第三章　江苏海门蛎岈山国家级海洋公园自然环境调查与评价

第一节　气象水文

一、气象

蛎岈山海洋公园海域属亚热带海洋性季风气候，受海洋调节和季风环流的影响，具有四季分明、降水充沛的特点。据吕四海洋站（121°36′E，32°04′N）的气象资料统计，蛎岈山海洋公园海域气象要素特征如下：

1. 气温

年平均气温 14.9℃；极端最高气温 38.7℃（1978 年 7 月 7 日）；极端最低气温－11.4℃（1958 年 1 月 16 日）；全年日最高气温≥35℃出现日数平均为 4.8d。

2. 降水

平均年降水量 1 045.3mm；一日最大降水量 314.0mm（1960 年 8 月 4 日）；平均日降水量≥25mm 的天数 10.5d；6—9 月降水量约占全年降水量的 55.3%，连续降水日数可达 l5d。

3. 湿度

年平均相对湿度为 81%。

4. 雾

多年平均雾日数为 8.4d，以平流雾为主。80% 的雾出现在 3—7 时，雾最长持续时间为 27h 41min。

5. 雷暴

年平均出现雷暴 23d。

6. 风

本地区夏季以 SE 向风为主，冬季以 NNW 向风为主；春秋两季多 NNE 向和 SW 向。全年的常风向为 ESE 向，频率为 11.6%；次常风向为 N 向，频率为 8.9%。强风向 NNW 向，最大风速达 25m/s。全年出现≥6 级风的日数平均为 21.9d，最多可达 70d（1969 年）；全年≥7 级风的日数平均为 14.2d，最多可达 22d。

7. 台风

1949—2005 年影响本地区的台风共有 124 个，平均每年 2.2 个，1989 年最多达 7 个，常发生在 5—11 月。台风影响时的风向多为 NE～SE 向，最大风速可达 29m/s。以 8114 号台风（1981 年 9 月 1 日）危害最严重，曾对渔业、农业和海岸工程造成较大的破坏。

2000—2009 年的台风对浙江、上海、江苏沿海带来不同程度影响，其中"桑美"是 2000 年最强的热带气旋，受台风外围和冷空气的共同作用，形成风雨潮并袭，江苏省沿海地区潮位猛涨，部分江海堤防一线水利工程遭不同程度破坏，直接经济损失 1.13 亿元。

二、水文

1. 潮汐

蛎岈山海洋公园海域潮汐属正规半日潮，据吕四海洋站实测资料统计潮汐特征值为：最高潮位 7.71m（1989 年 10 月 16 日）；最低潮位－0.37m（1989 年 4 月 5 日）；平均高潮位 5.14m；平均低潮位 1.41m；最大潮差 7.31m（1989 年 9 月 17 日）；最小潮差 0.32m（1969 年 9 月 5 日）；平均潮差 3.53m；平均涨潮历时 6h 19min；平均落潮历时 6h 6min。

2. 波浪

蛎岈山海洋公园海域无浪天占全年的 43% 左右，常浪向在 NW 与 SE 之间，强浪向在 NW 与 NE 之间，各方向的年平均波高为 0.48m（不包括无浪天）。从各月累计的波浪统计数据来看，吕四海域大浪主要集中在冬半年（尤其是 11—12 月），＞0.7m 波高所占比例 15% 左右，而其余月份均相对较小。

3. 潮流

小庙洪水道主要受东海潮波的控制，水道内的潮流呈往复流，为正规半日潮流。潮流在潮汐汊道内呈往复运动，大致与深槽的走向一致；离岸较远的东部，潮流旋转性较强，旋转方向为顺时针方向。由于小庙洪水道不与其他潮汐通道相连，且受北部腰沙的隔离作用，水动力条件较为单一，故潮流作用是小庙洪水道主导水动力因素。

第二节　地形地貌

小庙洪水道是苏北辐射沙洲最南缘的一条大型潮汐汊道，总长 38km，口门宽 15km，水道中段宽约 4.5km，10m 等深线基本贯通。小庙洪水道总体和吕四海堤走向基本相同，呈西北－东南向。与苏北辐射沙洲中部其他大型潮汐汉道不同的是，小庙洪水道尾部并不与其他潮汐通道串联，且腰沙将其与相邻潮汐水道隔离，所以小庙洪水道是辐射沙脊群中一个相对独立的水道-沙洲系统。

基于 2014 年和 2017 年江苏海门蛎蚜山国家级海洋公园海域水下地形测量结果，各功能区的水下地形变化如下：

1. 重点保护区一水下地形变化分析

重点保护区一的面积为 53.359 6hm²，位于测区的西北侧，靠近 2 万 t 级码头引桥，该段水域总体上是淤积的，普遍淤积基本在 0.2~0.5m，个别地方最大淤积达到了 0.9m。总体淤积量为 9.84 万 m³，冲刷量为 1.33 万 m³。

2. 重点保护区二水下地形变化分析

重点保护区二的面积 115.670 8hm²，位于测区的东北侧，北侧靠近救生平台，南侧靠近海上监管平台。该段水域北侧刷深，南侧淤积。北侧靠近救生平台进入深水区，−21m 的等深线刷深较多，以往在此区域内水深一般为−19m，刷深近 2m。−19m 至 −10m 等深线比较稳定，只有在东侧范围线边有所刷深，最大刷深量在 1.8m。在救生平台南侧 300m，往东 280m 处刷出一个深潭，潭底最深点达到了 −7.8m，刷深近 3.4m。−4m 至 −2m 等深线也有刷深，平均刷深量 0.4m 左右。北侧 −1m 等深线至最南侧海上监管平台区域，普遍淤积，淤积量在 0.3m 左右，淤积最大在最南侧靠近保护区范围线−6m 至 −7m 等深线，近 1.5m。总体淤积量为 26.02 万 m³，冲刷量为 15.36 万 m³。

3. 生态与资源恢复区水下地形变化分析

生态与资源恢复区整体上来看是冲淤结合，救生平台靠近外侧航道周围明显刷深，普遍刷深了 2m。刷深最大在其东北角的航道，航道内变化较大，刷深了近 4m；海上监管平台附近明显淤积，其东侧水平方向平均淤积近 1.5m。西侧水平略偏北长度约 950m、宽度约 50m 范围内，淤积最为严重，最大量近 4m。万吨级码头引桥东冲淤结合，冲刷淤积量普遍在 0.5m 上下。其余地方变化不大。总体淤积量为 164.8 万 m³，冲刷量为 223.7 万 m³（彩图 3）。

4. 适度利用区水下地形变化分析

适度利用区整体上来看是淤积，蛎蚜山龙桥附近普遍淤积，淤积量在0.3~0.4m。淤积量最大在龙桥头部附近，达到了 1.7m。原先龙桥通往外侧的航道淤积了近 1m；而外侧下游有所刷深，最大刷深量在 0.7m。总体淤积量为 181.35 万 m³，冲刷量为 27.17 万 m³。

5. 冲淤综合分析

2014—2017 年间蛎蚜山海洋公园海床基本稳定，总体淤积大于冲刷。重点保护区一内淤积较为严重，最小潮时，所看到的蛎蚜山基本被淤泥所包围；

而重点保护区二内外侧深水航道刷深，里侧淤积。

第三节　海洋生态环境和生物资源监测及评价方法

一、监测内容

海门蛎岈山海域海洋生态环境及渔业资源监测内容包括：

1. 海水水质环境

透明度、悬浮物（TSS）、水温、盐度、酸碱度（pH）、溶解氧（DO）、化学需氧量（COD）、无机氮［铵氮（NH_4^+-N）、硝酸盐（NO_3^--N）和亚硝酸盐（NO_2^--N）］、活性磷酸盐、石油类、硫化物、挥发酚、Cu、Zn、Pb、Cd、Hg、As 和 Cr。

2. 沉积物环境

含水率、密度、粒径、Cu、Zn、Pb、Cd、Hg、As、Cr、硫化物、石油类和有机碳。

3. 生态环境

叶绿素、浮游植物、浮游动物、底栖生物。

4. 渔业资源

鱼卵、仔稚鱼和渔业资源。

5. 生物体质量

Cu、Zn、Pb、Cd、Hg、As。

二、监测站位

在海门蛎岈山国家级海洋公园及周边海域设置 14 个监测站位（表 3-1）。其中，水质监测站位 14 个，沉积物站位 10 个，生态站位 9 个，渔业资源和生物体质量监测站位 6 个。另外，在海门蛎岈山国家级海洋公园南、北侧各设置 1 个潮间带生物调查断面。其中，水质及生态监测指标分涨、落潮采样分析测定，其他监测指标不区分涨落潮采样。

表 3-1　海洋生态环境和生物资源监测站位和监测内容

站点	东经	北纬	监测内容
A1	121°30′30.16″	32°8′31.18″	水质
A2	121°31′25.39″	32°9′10.43″	水质、沉积物、渔业、生物体质量
A3	121°32′48.98″	32°9′42.11″	水质、沉积物、生态、渔业、生物体质量
A4	121°33′26.19″	32°10′12.76″	水质、沉积物、生态、渔业、生物体质量

站点	东经	北纬	监测内容
A5	121°32′17.02″	32°9′50.77″	水质、沉积物、生态、渔业、生物体质量
A6	121°31′23.26″	32°10′14.41″	水质
A7	121°33′19.29″	32°9′27.05″	水质、沉积物、生态、渔业、生物体质量
A8	121°34′21.01″	32°9′2.52″	水质
A9	121°33′56.12″	32°8′20.32″	水质、沉积物、生态
A10	121°33′12.32″	32°8′14.00″	水质、沉积物、生态
A11	121°32′45.22″	32°8′11.31″	水质、沉积物、生态、渔业、生物体质量
A12	121°31′52.26″	32°8′6.89″	水质
A13	121°31′4.81″	32°7′24.83″	水质、沉积物、生态
A14	121°31′28.34″	32°7′22.21″	水质、沉积物、生态

三、调查采样与分析方法

（一）海水水质

现场样品采集、贮存、运输与分析等要求按照《海洋监测规范》（GB 17378—2007）、《海洋调查规范》（GB/T 12763—2007）等相关要求进行（表 3-2）。

表 3-2　海水水质监测指标及其分析方法

序号	监测指标	预处理	分析方法
1	水温	直接测量	温度计原位测量
2	盐度	直接测量	盐度计原位测量
3	透明度	直接测量	透明度原位测量
4	悬浮物	取水样，不过滤	重量法
5	pH	pH 计法	pH 计原位测量
6	DO	直接测量	DO 计原位测量
7	COD_{Mn}	不过滤	高锰酸盐指数法
8	NO_3^--N	过滤	营养盐自动分析仪
9	NO_2^--N	过滤	营养盐自动分析仪
10	NH_4^+-N	过滤	营养盐自动分析仪
11	活性磷酸盐	过滤	营养盐自动分析仪

序号	监测指标	预处理	分析方法
12	石油类	现场实验室萃取	紫外分光光度法
13	Cu	过滤	火焰原子吸收分光光度法
14	Zn	过滤	火焰原子吸收分光光度法
15	Pb	过滤	火焰原子吸收分光光度法
16	Cd	过滤	火焰原子吸收分光光度法
17	Hg	不过滤	原子荧光法
18	As	不过滤	原子荧光法
19	Cr	过滤	火焰原子吸收分光光度法
20	硫化物	不过滤	亚甲基蓝分光光度法
21	挥发酚	不过滤	4-氨基安替比林分光光度法

（二）海洋沉积物

现场采样方法具体按照《海洋监测规范》（GB 17378—2007）、《海洋调查规范》（GB/T 12763—2007）相关技术规程进行（表 3 - 3）。沉积物样品采用抓斗式采泥器采集到甲板后，先排放上覆水。用塑料刀或勺从采泥器中取上部 $0 \sim 1cm$ 和 $1 \sim 2cm$ 表层沉积物样品。

表 3 - 3　海洋沉积物监测指标及其分析方法

序号	监测指标	分析方法
1	含水率	重量法
2	粒径	激光粒度仪
3	密度	重量法
4	Cu	火焰原子吸收分光光度法
5	Zn	火焰原子吸收分光光度法
6	Pb	火焰原子吸收分光光度法
7	Cd	火焰原子吸收分光光度法
8	Hg	原子荧光法
9	As	原子荧光法
10	Cr	火焰原子吸收分光光度法
11	石油类	紫外分光光度法

序号	监测指标	分析方法
12	有机碳	有机碳分析仪
13	硫化物	亚甲基蓝分光光度法

(三) 海洋生态

现场采样按照《海洋监测规范》（GB 17378—2007）、海洋调查规范（GB/T 12763—2007）的要求进行（表3-4）。

叶绿素a：在各站位采集1 000mL水样，现场用0.45μm混合纤维微孔滤膜进行减压过滤后，将滤膜置于暗处低温干燥保存。

浮游植物（水采）：每个站位采集1 000mL表层水样，用鲁哥氏溶液固定后，带回实验室进行镜检分析。

浮游动物（网样）：采用浅水Ⅰ型浮游生物网从底至表层垂直拖网获取，落网为0.5m/s，起网为0.5~0.8m/s；浮游动物样品用5%福尔马林溶液现场固定后带回实验室进行镜检分析。

底栖生物：用采泥器（0.025m²）进行采集，每站采集4次，取4次平均值为该站的生物量和栖息密度。底栖动物样品在船上用5%福尔马林溶液固定保存后带回实验室称重（软体动物带壳称重）、分析、计数、鉴定到种，并换算成单位面积的生物量（mg/m²）和栖息密度（个/m²）。

表3-4　海洋生态监测指标及其分析方法

序号	监测指标	分析方法
1	叶绿素a	荧光分光光度法
2	浮游植物	计数法
3	浮游动物	湿重、计数法
4	大型底栖生物	湿重、计数法

(四) 渔业资源

监测项目包括鱼卵、仔稚鱼、渔业资源调查。

鱼卵、仔稚鱼调查方法：在9个站位开展了鱼卵、仔稚鱼调查，每站在涨潮期和落潮期各采集一次。定量样本采用浅水Ⅰ型浮游生物网由底至表垂直拖曳采集。定性样本采用同样网具挂于船尾水平拖曳采集，速度维持在1.5kn，作业10min。所获样本固定保存在5%福尔马林溶液中，带回实验室后鉴定到尽可能细的分类阶元并计数。

渔业资源调查方法：调查与采样按照《海洋监测规范》（GB 17378—2007）

和《海洋调查规范：海洋生物调查》（GB 12763.6—2007）执行。底拖网调查时拖速为 2～4kn，每站拖网 0.5h，做好渔捞记录。样品编号后置于鱼舱冰鲜保存，带回实验室鉴定分析，记录每一种类的数量（尾）和生物量（g）。评估现存渔业资源量，对资源现状和变化趋势进行分析评估。

（五）生物体质量

以渔业资源样品的优势种为对象，每种采集 500g 肌肉组织进行生物体质量分析（表 3-5）。

表 3-5　海洋生物体质量监测指标及其分析方法

序号	监测指标	监测方法
1	Cu	火焰原子吸收分光光度法
2	Zn	火焰原子吸收分光光度法
3	Pb	火焰原子吸收分光光度法
4	Cd	火焰原子吸收分光光度法
5	Hg	原子荧光法
6	As	原子荧光法

第四节　海水水质

1. 水温

春季海水温度为 20.8～27.2℃，平均水温为 22.2℃。其中，涨潮时海水温度为 21.1～25.7℃，平均水温为 22.6℃；落潮时海水温度为 20.8～27.2℃，平均水温 21.7℃。表层和底层海水温度基本一致。

秋季海水温度为 23.8～26.3℃，平均水温为 24.9℃。其中，涨潮时海水温度为 24.1～26.3℃，平均水温为 25.4℃；落潮时海水温度为 23.8～25.2℃，平均水温为 24.5℃。表层和底层海水温度基本一致。

2. 盐度

春季海水盐度为 17.8～26.4，平均盐度为 24.3。其中，涨潮时海水盐度为 24.0～26.4，平均盐度为 24.9；落潮时海水盐度为 17.8～26.0，平均盐度为 23.8。表层和底层海水盐度基本一致。

秋季海水盐度为 16.6～25.2，平均盐度为 23.1。其中，涨潮时海水盐度为 22.8～25.2，平均盐度为 23.7；落潮时海水盐度为 16.6～24.8，平均盐度为 22.6。表层和底层海水盐度基本一致。

3. DO

春季海水 DO 浓度为 6.02～7.10mg/L，平均值为 6.54mg/L。其中，涨

潮时海水 DO 浓度为 6.03～6.99mg/L，平均值为 6.54mg/L；落潮时海水 DO 浓度为 6.02～7.10mg/L，平均值为 6.53mg/L。依据《海水水质标准》（GB 3097—1997），DO 浓度均符合海水水质 I 类标准。表层和底层海水 DO 浓度基本一致。

秋季海水 DO 浓度为 5.72～6.80mg/L，平均值为 6.21mg/L。其中，涨潮时海水 DO 浓度为 5.73～6.67mg/L，平均值 6.22mg/L；落潮时海水 DO 浓度为 5.72～6.80mg/L，平均值为 6.22mg/L。依据《海水水质标准》（GB 3097—1997），DO 浓度均符合海水水质 II 类标准。表层和底层海水 DO 浓度基本一致。

4. pH

春季海水 pH 为 7.85～8.26，平均海水 pH 为 8.09。其中，涨潮时海水 pH 为 7.92～8.26，平均海水 pH 为 8.13；落潮时海水 pH 为 7.85～8.13，平均海水 pH 为 8.05。依据《海水水质标准》（GB 3097—1997），均符合海水水质 I 类标准。

秋季海水 pH 为 7.84～8.25，平均海水 pH 为 8.12。其中，涨潮时海水 pH 为 7.94～8.25，平均海水 pH 为 8.14；落潮时海水 pH 为 7.84～8.15，平均海水 pH 为 8.05。依据《海水水质标准》（GB 3097—1997），均符合海水水质 I 类标准。

5. 透明度

春季海水透明度为 0.40～0.90m，平均海水透明度为 0.64m。其中，涨潮时海水透明度为 0.50～0.90m，平均海水透明度为 0.71m；落潮时海水透明度为 0.40～0.70m，平均海水透明度为 0.58m。总体上，涨潮时透明度高于落潮。

秋季海水透明度为 0.40～0.90m，平均海水透明度为 0.66m。其中，涨潮时海水透明度为 0.40～0.90m，平均海水透明度为 0.68m；落潮时海水透明度为 0.40～0.80m，平均海水透明度为 0.56m。总体上，涨潮时透明度高于落潮。

6. TSS

春季海水 TSS 浓度为 28.67～1 696.00mg/L，平均海水 TSS 浓度为 149.87mg/L。其中，涨潮时海水 TSS 浓度为 37.00～368.67mg/L，平均海水 TSS 浓度为 111.25mg/L；落潮时海水 TSS 浓度为 28.67～1 696.00mg/L，平均海水 TSS 浓度为 190.53mg/L。总体上，涨潮时 TSS 浓度低于落潮。

秋季海水 TSS 浓度为 36.20～1 792.00mg/L，平均海水 TSS 浓度为 179.69mg/L。其中，涨潮时海水 TSS 浓度为 36.20～1 392.60mg/L，平均海水 TSS 浓度为 150.36mg/L；落潮时海水 TSS 浓度为 38.80～1 792.00mg/L，

平均海水 TSS 浓度为 203.93mg/L。总体上，涨潮时 TSS 浓度低于落潮（表
3-6、表3-7）。

表3-6　春季蛎蚜山海洋公园海域海水监测情况

站位	潮位	水层	温度（℃）	盐度	pH	DO（mg/L）	透明度（m）	TSS（mg/L）
A1	涨	表	21.4	24.3	8.04	6.72	0.6	118.00
A1	落	表	21.6	17.8	8.12	6.02	0.4	59.33
A2	涨	表	21.5	24.6	7.92	6.03	0.7	98.62
A2	落	表	21.6	23.8	7.95	6.50	0.5	81.67
A3	涨	表	22.7	24.4	8.18	6.05	0.8	86.67
A3	涨	底	22.2	24.7	8.21	6.21	—	74.33
A3	落	表	21.9	23.8	8.08	6.17	0.5	80.67
A3	落	底	21.6	24.6	8.09	6.81	—	73.00
A4	涨	表	23.0	24.4	8.23	6.34	0.7	38.33
A4	涨	底	22.8	24.7	8.14	6.48	—	98.33
A4	落	表	21.4	24.8	8.13	6.55	0.6	69.00
A5	涨	表	23.3	24.4	8.19	6.92	0.7	37.00
A5	涨	底	23.0	24.7	8.12	6.37	—	69.00
A5	落	表	20.9	22.9	8.09	7.06	0.7	83.00
A5	落	底	21.3	25.2	7.98	7.10	—	105.33
A6	涨	表	23.2	24.6	8.10	6.41	0.8	88.67
A6	涨	底	22.8	24.7	8.11	6.22	—	68.33
A6	落	表	20.8	22.8	8.03	6.91	0.7	55.00
A6	落	底	20.9	24.8	8.02	6.45	—	28.67
A7	涨	表	23.2	24.0	8.18	6.99	0.9	41.00
A7	涨	底	23.0	24.9	8.15	6.69	—	60.67
A7	落	表	21.5	24.7	8.13	6.53	0.6	140.00
A7	落	底	21.7	23.8	8.13	6.35	—	201.33
A8	涨	表	23.0	24.3	8.26	6.19	0.8	145.00
A8	涨	底	21.6	26.4	8.21	6.66	—	194.00
A8	落	表	21.8	23.5	8.12	6.42	0.7	95.00
A8	落	底	21.8	23.8	8.1	6.56	—	162.00
A9	涨	表	21.1	25.8	8.07	6.72	0.6	213.67

站位	潮位	水层	温度（℃）	盐度	pH	DO（mg/L）	透明度（m）	TSS（mg/L）
A9	落	表	21.5	24.0	8.05	6.5	0.5	85.00
A10	涨	表	21.4	25.9	8.07	6.95	0.7	104.00
A10	落	表	21.4	24.0	8.02	6.42	0.7	52.67
A11	涨	表	21.4	25.8	8.08	6.62	0.8	368.67
A11	落	表	21.5	24.3	8.11	6.61	0.6	73.67
A12	涨	表	21.5	25.8	8.07	6.68	0.7	103.00
A12	落	表	21.5	22.6	8.06	6.13	0.5	72.00
A13	涨	表	25.7	24.6	8.17	6.54	0.5	97.67
A13	落	表	27.2	26.0	7.87	6.42	0.5	1 696.00
A14	涨	表	24.2	24.7	8.06	6.94	0.6	120.00
A14	落	表	20.8	24.5	7.85	6.64	0.6	406.67

表 3-7　秋季蛎蚜山海洋公园海域海水监测情况

站位	潮位	水层	温度（℃）	盐度	pH	DO（mg/L）	透明度（m）	TSS（mg/L）
A1	涨	表	24.4	23.1	8.06	6.42	0.8	276.6
A1	落	表	24.6	16.6	8.14	5.72	0.6	38.8
A2	涨	表	24.5	23.4	7.94	5.73	0.7	36.2
A2	落	表	24.6	22.6	7.97	6.20	0.6	84.6
A3	涨	表	25.7	23.2	8.20	5.75	0.9	148.4
A3	涨	底	25.2	23.5	8.23	5.91	—	101.6
A3	落	表	24.9	22.6	8.10	5.87	0.4	111.4
A3	落	底	24.6	23.4	8.11	6.51	—	83.4
A4	涨	表	26.0	23.2	8.25	6.04	0.6	38.0
A4	落	表	25.8	23.5	8.16	6.18	—	74.4
A5	涨	表	24.4	23.6	8.15	6.25	0.5	56.4
A5	涨	底	26.3	23.2	8.21	6.62	0.8	1 392.6
A5	落	表	26.0	23.5	8.14	6.07	—	69.6
A5	落	底	23.9	21.7	8.11	6.76	0.8	74.2
A6	涨	表	24.3	24.0	8.00	6.80	—	42.2
A6	涨	底	26.2	23.4	8.12	6.11	0.6	68.6
A6	落	表	25.8	23.5	8.13	5.90	—	305.4

站位	潮位	水层	温度（℃）	盐度	pH	DO（mg/L）	透明度（m）	TSS（mg/L）
A6	落	底	23.8	21.6	8.05	6.59	0.6	76.8
A7	涨	表	23.9	23.6	8.04	6.13	—	44.6
A7	涨	底	26.2	22.8	8.20	6.67	0.8	79.2
A7	落	表	26.0	23.7	8.17	6.37	—	51.8
A7	落	底	24.5	23.5	8.15	6.21	0.5	69.0
A8	涨	表	24.7	22.6	8.12	6.03	—	54.4
A8	涨	底	26.0	23.1	8.25	5.87	0.9	102.0
A8	落	表	24.6	25.2	8.20	6.34	—	53.6
A8	落	底	24.8	22.3	8.11	6.10	0.6	1 792
A9	涨	表	24.8	22.6	8.09	6.24	—	171.4
A9	涨	底	24.1	24.6	8.06	6.40	0.7	62.8
A9	落	表	24.5	22.8	8.04	6.18	0.5	114.4
A10	涨	表	24.4	24.7	8.06	6.63	0.6	51.8
A10	落	表	24.4	22.8	8.01	6.1	0.7	71.4
A11	涨	表	24.4	24.6	8.07	6.3	0.4	90.8
A11	落	表	24.5	23.1	8.10	6.29	0.8	114.4
A12	涨	表	24.5	24.6	8.06	6.36	0.6	113.2
A12	落	表	24.5	21.4	8.05	5.81	0.4	99.2
A13	涨	表	25.7	23.4	8.16	6.22	0.6	49.4
A13	落	表	25.2	24.8	7.86	6.10	0.4	79.0
A14	涨	表	24.3	23.5	8.05	6.62	0.6	153.2
A14	落	表	23.8	23.3	7.84	6.32	0.5	511.2

7. 硝酸盐

春季海水硝酸盐浓度为 0.096～0.512mg/L，平均浓度为 0.281mg/L。其中，涨潮时海水硝酸盐浓度为 0.125～0.512mg/L，平均浓度为 0.293mg/L；落潮时海水硝酸盐浓度为 0.096～0.434mg/L，平均浓度为 0.269mg/L。涨潮时硝酸盐浓度略高于落潮。

秋季海水硝酸盐浓度为 0.040～0.331mg/L，平均浓度为 0.203mg/L。其中，涨潮时海水硝酸盐浓度为 0.113～0.331mg/L，平均浓度为 0.216mg/L；落潮时海水硝酸盐浓度为 0.040～0.315mg/L，平均浓度为 0.190mg/L。涨潮时硝酸盐浓度略高于落潮。

8. 铵盐

春季海水铵盐浓度为 0.008～0.199mg/L，平均浓度为 0.106mg/L。其中，涨潮时海水铵盐浓度为 0.033~0.180mg/L，平均浓度为 0.106mg/L；落潮时海水铵盐浓度为 0.008~0.199mg/L，平均浓度为 0.106mg/L。涨、落潮铵盐浓度基本一致。

秋季海水铵盐浓度为未检出至 0.139mg/L，平均浓度为 0.029mg/L。其中，涨潮时海水铵盐浓度为未检出至 0.078mg/L，平均浓度为 0.030 mg/L；落潮时海水铵盐浓度为 0.002~0.139mg/L，平均浓度为 0.027mg/L。涨、落潮铵盐浓度比较接近。

9. 亚硝酸盐

春季海水亚硝酸盐浓度为 0.001~0.060mg/L，平均浓度为 0.017 mg/L。其中，涨潮时海水亚硝酸盐浓度为 0.001~0.054mg/L，平均浓度为 0.016mg/L；落潮时海水亚硝酸盐浓度为 0.001~0.060mg/L，平均浓度为 0.019mg/L。涨潮时亚硝酸盐浓度略低于落潮。

秋季海水亚硝酸盐浓度为 0.015~0.082mg/L，平均浓度为 0.043 mg/L。其中，涨潮时海水亚硝酸盐浓度为 0.015~0.068mg/L，平均浓度为 0.039mg/L；落潮时海水亚硝酸盐浓度为 0.015~0.082mg/L，平均浓度为 0.045mg/L。涨潮时亚硝酸盐浓度略低于落潮。

10. 无机氮

春季海水无机氮浓度为 0.178~0.658mg/L，平均浓度为 0.404mg/L。其中，涨潮时海水无机氮浓度为 0.228~0.658mg/L，平均浓度为 0.414mg/L；落潮时海水无机氮浓度为 0.178~0.588mg/L，平均浓度为 0.393mg/L。涨潮时无机氮浓度略高于落潮。参照《海水水质标准》（GB 3097—1997），仅 2.56% 站位检测值符合海水水质 Ⅰ 类标准，海水 Ⅳ 类和超 Ⅳ 类的比例达到 58.97%。

秋季海水无机氮浓度为 0.142~0.411mg/L，平均浓度为 0.274mg/L。其中，涨潮时海水无机氮浓度为 0.155~0.411mg/L，平均浓度为 0.284mg/L；落潮时海水无机氮浓度为 0.142~0.408mg/L，平均浓度为 0.262mg/L。涨潮时无机氮浓度略高于落潮。参照《海水水质标准》（GB 3097—1997），23.08% 站位检测值符合海水水质 Ⅰ 类标准，33.33% 符合 Ⅱ 类，38.46% 符合 Ⅲ 类，海水 Ⅳ 类的比例为 5.13%（表 3-8 至表 3-11）。

表 3-8 春季蛎岈山海洋公园海域海水营养盐浓度（mg/L）

站位	潮位	水层	硝酸盐	亚硝酸盐	铵氮	无机氮	活性磷酸盐
A1	涨	表	0.337	0.027	0.161	0.525	0.048
A1	落	表	0.360	0.029	0.199	0.588	0.054
A2	涨	表	0.310	0.015	0.134	0.459	0.018

站位	潮位	水层	硝酸盐	亚硝酸盐	铵氮	无机氮	活性磷酸盐
A2	落	表	0.309	0.013	0.149	0.471	0.015
A3	涨	表	0.512	0.015	0.131	0.658	0.022
A3	涨	底	0.201	0.012	0.173	0.386	0.015
A3	落	表	0.234	0.014	0.172	0.420	0.024
A3	落	底	0.310	0.009	0.139	0.458	0.021
A4	涨	表	0.304	0.002	0.058	0.364	0.189
A4	涨	底	0.181	0.002	0.122	0.305	0.015
A4	落	表	0.238	0.012	0.061	0.311	0.018
A5	涨	表	0.270	0.002	0.180	0.452	0.027
A5	涨	底	0.131	0.004	0.144	0.279	0.209
A5	落	表	0.096	0.013	0.166	0.275	0.007
A5	落	底	0.156	0.001	0.083	0.240	0.012
A6	涨	表	0.241	0.054	0.101	0.396	0.096
A6	涨	底	0.350	0.047	0.070	0.467	0.011
A6	落	表	0.265	0.060	0.123	0.448	0.015
A6	落	底	0.187	0.053	0.008	0.248	0.006
A7	涨	表	0.260	0.001	0.094	0.355	0.011
A7	涨	底	0.385	0.001	0.035	0.421	0.011
A7	落	表	0.434	0.001	0.125	0.560	0.014
A7	落	底	0.388	0.015	0.112	0.515	0.008
A8	涨	表	0.392	0.026	0.076	0.494	0.005
A8	涨	底	0.346	0.025	0.074	0.445	0.005
A8	落	表	0.311	0.019	0.077	0.407	0.015
A8	落	底	0.265	0.013	0.163	0.441	0.007
A9	涨	表	0.371	0.014	0.133	0.518	0.034
A9	落	表	0.292	0.026	0.097	0.415	0.035
A10	涨	表	0.125	0.012	0.142	0.279	0.027
A10	落	表	0.26	0.015	0.046	0.321	0.013
A11	涨	表	0.300	0.013	0.116	0.429	0.010
A11	落	表	0.151	0.010	0.098	0.259	0.020

站位	潮位	水层	硝酸盐	亚硝酸盐	铵氮	无机氮	活性磷酸盐
A12	涨	表	0.178	0.017	0.033	0.228	0.021
A12	落	表	0.336	0.028	0.098	0.462	0.029
A13	涨	表	0.272	0.012	0.070	0.354	0.015
A13	落	表	0.159	0.009	0.010	0.178	0.011
A14	涨	表	0.385	0.015	0.065	0.465	0.009
A14	落	表	0.355	0.021	0.079	0.455	0.009

表 3-9　春季蛎岈山海洋公园海域海水分级评价结果（％）

分级	无机氮	活性磷酸盐	COD	硫化物	石油类	挥发酚
Ⅰ	2.56	56.41	79.49	20.51	100	94.87
Ⅱ	17.96	25.64	12.82	35.90	100	94.87
Ⅲ	20.51	25.64	2.56	35.90	0	2.56
Ⅳ	43.59	5.13	2.56	7.69	0	2.56
超Ⅳ类	15.38	12.82	2.56	0	0	0

表 3-10　秋季蛎岈山海洋公园海域海水营养盐浓度（mg/L）

站位	潮位	水层	硝酸盐	亚硝酸盐	铵氮	无机氮	活性磷酸盐
A1	涨	表	0.197	0.058	0.067	0.322	0.039
A1	落	表	0.150	0.040	0.139	0.329	0.008
A2	涨	表	0.193	0.020	0.060	0.273	0.009
A2	落	表	0.153	0.034	0.013	0.200	0.018
A3	涨	表	0.140	0.046	0.000	0.186	0.013
A3	涨	底	0.145	0.026	0.063	0.234	0.027
A3	落	表	0.231	0.042	0.010	0.283	0.030
A3	落	底	0.234	0.047	0.024	0.305	0.016
A4	涨	表	0.153	0.025	0.021	0.199	0.028
A4	落	表	0.077	0.051	0.017	0.145	0.023
A5	涨	表	0.234	0.030	0.037	0.301	0.009
A5	涨	底	0.191	0.038	0.004	0.233	0.029
A5	落	表	0.235	0.064	0.041	0.340	0.030
A5	落	底	0.040	0.071	0.031	0.142	0.015

站位	潮位	水层	硝酸盐	亚硝酸盐	铵氮	无机氮	活性磷酸盐
A6	涨	表	0.169	0.041	0.078	0.288	0.011
A6	涨	底	0.209	0.020	0.044	0.273	0.008
A6	落	表	0.218	0.052	0.018	0.288	0.027
A6	落	底	0.220	0.082	0.011	0.313	0.033
A7	涨	表	0.261	0.061	0.034	0.356	0.011
A7	涨	底	0.137	0.046	0.046	0.229	0.011
A7	落	表	0.155	0.019	0.002	0.176	0.024
A7	落	底	0.140	0.031	0.015	0.186	0.022
A8	涨	表	0.216	0.059	0.003	0.278	0.030
A8	涨	底	0.268	0.051	0.007	0.326	0.011
A8	落	表	0.114	0.034	0.018	0.166	0.023
A8	落	底	0.130	0.026	0.031	0.187	0.034
A9	涨	表	0.113	0.015	0.027	0.155	0.024
A9	涨	底	0.277	0.022	0.020	0.319	0.055
A9	落	表	0.315	0.046	0.019	0.380	0.064
A10	涨	表	0.304	0.049	0.032	0.385	0.028
A10	落	表	0.309	0.046	0.053	0.408	0.028
A11	涨	表	0.234	0.026	0.017	0.277	0.026
A11	落	表	0.254	0.037	0.018	0.309	0.022
A12	涨	表	0.279	0.035	0.044	0.358	0.031
A12	落	表	0.243	0.035	0.023	0.301	0.018
A13	涨	表	0.331	0.068	0.012	0.411	0.010
A13	落	表	0.162	0.056	0.015	0.233	0.019
A14	涨	表	0.241	0.066	0.015	0.322	0.023
A14	落	表	0.232	0.051	0.004	0.287	0.032

表 3-11　秋季蛎岈山海洋公园海域海水分级评价结果（％）

分级	无机氮	活性磷酸盐	COD	硫化物	石油类	挥发酚
Ⅰ	23.08	25.64	100	100	100	94.87
Ⅱ	33.33	51.28	0	0	100	94.87
Ⅲ	38.46	51.28	0	0	0	2.56
Ⅳ	5.13	23.08	0	0	0	2.56
超Ⅳ类	0	0	0	0	0	0

11. 活性磷酸盐（DIP）

春季海水活性磷酸盐浓度介于 0.005～0.209mg/L，平均浓度为 0.029mg/L。涨潮时海水活性磷酸盐浓度介于 0.005～0.209mg/L，平均浓度为 0.040mg/L；落潮时海水活性磷酸盐浓度介于 0.006～0.054mg/L，平均浓度为 0.017mg/L；涨潮时活性磷酸盐浓度明显高于落潮。参照《海水水质标准》（GB 3097—1997），56.41%站位检测值符合海水水质Ⅰ类标准，Ⅳ类和超Ⅳ类标准的比例达到 17.95%。

秋季海水活性磷酸盐浓度介于 0.008～0.064mg/L，平均浓度为 0.024mg/L。涨潮时海水活性磷酸盐浓度介于 0.008～0.055mg/L，平均浓度为 0.021mg/L；落潮时海水活性磷酸盐浓度介于 0.008～0.064mg/L，平均浓度为 0.026mg/L；涨潮时活性磷酸盐浓度略低于落潮。参照《海水水质标准》（GB 3097—1997），25.64%站位检测值符合海水水质Ⅰ类标准，51.28%符合Ⅱ类，海水Ⅳ类的比例为 23.08%。

12. COD

春季海水 COD 浓度介于 0.573～5.161mg/L，平均浓度为 1.578mg/L。涨潮时海水 COD 浓度介于 0.655～5.161mg/L，平均浓度为 1.525mg/L；落潮时海水 COD 浓度介于 0.573～4.260mg/L，平均浓度为 1.643mg/L；涨潮 COD 浓度略低于落潮。参照《海水水质标准》（GB 3097—1997），79.49%站位检测值符合海水水质Ⅰ类标准，符合Ⅱ类标准的比例为 12.82%。

秋季海水 COD 浓度介于 0.009～1.274mg/L，平均浓度为 0.588mg/L。涨潮时海水 COD 浓度介于 0.009～0.918mg/L，平均浓度为 0.538mg/L；落潮时海水 COD 浓度介于 0.113～1.274mg/L，平均浓度为 0.616mg/L；涨潮 COD 浓度略低于落潮。参照《海水水质标准》（GB 3097—1997），100%站位检测值符合海水水质Ⅰ类标准。

13. 硫化物

春季海水硫化物浓度介于 0.012～0.138mg/L，平均浓度为 0.050mg/L。涨潮时海水硫化物浓度介于 0.020～0.106mg/L，平均浓度为 0.049mg/L；落潮时海水硫化物浓度介于 0.012～0.138mg/L，平均浓度为 0.051mg/L；涨潮硫化物浓度略低于落潮。参照《海水水质标准》（GB 3097—1997），20.51%站位检测值符合海水水质Ⅰ类标准，符合Ⅱ类标准的比例为 35.90%。

秋季海水硫化物浓度介于 0.004～0.011mg/L，平均浓度为 0.006mg/L。涨潮时海水硫化物浓度介于 0.004～0.011mg/L，平均浓度为 0.007mg/L；落潮时海水硫化物浓度介于 0.004～0.011mg/L，平均浓度为 0.006mg/L；涨、落潮硫化物浓度基本一致。参照《海水水质标准》（GB 3097—1997），100%站位检测值符合海水水质Ⅰ类标准。

14. 石油类

春季海水石油类浓度介于 0.006～0.044mg/L，平均浓度为 0.021mg/L。涨潮时海水石油类浓度介于 0.008～0.040mg/L，平均浓度为 0.021mg/L；落潮时海水石油类浓度介于 0.006～0.044mg/L，平均浓度为 0.021mg/L；涨、落潮石油类浓度基本一致。参照《海水水质标准》（GB 3097—1997），100% 站位检测值符合海水水质Ⅰ类标准。

秋季海水石油类浓度介于 0.001～0.015mg/L，平均浓度为 0.006mg/L。涨潮时海水石油类浓度介于 0.004～0.000 8mg/L，平均浓度为 0.006mg/L；落潮时海水石油类浓度介于 0.001～0.015mg/L，平均浓度为 0.006mg/L。涨、落潮石油类浓度基本一致。参照《海水水质标准》（GB 3097—1997），100% 站位检测值符合海水水质Ⅰ类标准。

15. 挥发酚

春季海水挥发酚浓度介于 0.000 5～0.012 0mg/L，平均浓度为 0.003 0mg/L。涨潮时海水挥发酚浓度介于 0.001 8～0.012 0mg/L，平均浓度为 0.003 3mg/L；落潮时海水挥发酚浓度介于 0.000 5～0.005 3mg/L，平均浓度为 0.002 7mg/L；涨潮挥发酚浓度略高于落潮。参照《海水水质标准》（GB 3097—1997），94.87% 的站位检测值符合海水水质Ⅰ类标准。

秋季海水挥发酚浓度介于 0.000 3～0.005 3mg/L，平均浓度为 0.001 4mg/L。涨潮时海水挥发酚浓度介于 0.000 6～0.002 3mg/L，平均浓度为 0.001 2mg/L；落潮时海水挥发酚浓度介于 0.000 3～0.005 3mg/L，平均浓度为 0.001 6mg/L；涨潮挥发酚浓度略低于落潮。参照《海水水质标准》（GB 3097—1997），94.87% 的站位检测值符合海水水质Ⅰ类标准（表 3 - 12、表 3 - 13）。

表 3 - 12　春季蛎岈山海洋公园海域海水 COD、硫化物、石油类和挥发酚的浓度（mg/L）

站位	潮位	水层	COD	硫化物	石油类	挥发酚
A1	涨	表	2.376	0.081	0.015	0.002 5
A1	落	表	2.949	0.060	0.015	0.001 0
A2	涨	表	1.998	0.069	0.018	0.012 0
A2	落	表	1.884	0.066	0.022	0.000 5
A3	涨	表	0.901	0.041	0.010	0.003 2
A3	涨	底	1.311	0.070	—	0.003 0
A3	落	表	1.556	0.040	0.007	0.002 5
A3	落	底	1.147	0.137	—	0.001 7

站位	潮位	水层	COD	硫化物	石油类	挥发酚
A4	涨	表	2.212	0.035	0.020	0.002 1
A4	涨	底	0.901	0.020	—	0.001 9
A4	落	表	1.393	0.045	0.006	0.003 5
A5	涨	表	2.703	0.032	0.025	0.002 9
A5	涨	底	0.901	0.023	—	0.003 3
A5	落	表	1.229	0.015	0.010	0.002 7
A5	落	底	1.638	0.138	—	0.003 0
A6	涨	表	1.475	0.035	0.032	0.002 1
A6	涨	底	1.475	0.040	—	0.003 2
A6	落	表	0.983	0.043	0.044	0.002 6
A6	落	底	1.475	0.021	—	0.003 0
A7	涨	表	0.655	0.032	0.022	0.003 9
A7	涨	底	0.819	0.062	—	0.003 3
A7	落	表	2.212	0.020	0.024	0.002 7
A7	落	底	0.573	0.018	—	0.003 0
A8	涨	表	1.393	0.034	0.019	0.002 8
A8	涨	底	1.393	0.054	—	0.003 7
A8	落	表	1.556	0.013	0.021	0.001 2
A8	落	底	3.031	0.012	—	0.004 1
A9	涨	表	0.983	0.027	0.008	0.002 9
A9	落	表	0.983	0.062	0.042	0.002 7
A10	涨	表	0.901	0.070	0.040	0.002 8
A10	落	表	0.737	0.054	0.013	0.003 1
A11	涨	表	5.161	0.106	0.016	0.002 2
A11	落	表	0.901	0.018	0.018	0.002 0
A12	涨	表	1.065	0.020	0.013	0.002 9
A12	落	表	1.638	0.079	0.018	0.002 7
A13	涨	表	1.229	0.068	0.028	0.001 8
A13	落	表	4.260	0.032	0.029	0.005 3
A14	涨	表	0.655	0.066	0.027	0.003 2
A14	落	表	0.901	0.093	0.027	0.003 4

表 3 - 13　秋季蛎岈山海洋公园海域海水 COD、硫化物、石油类和
挥发酚的浓度（mg/L）

站位	潮位	水层	COD	硫化物	石油类	挥发酚
A1	涨	表	1.022	0.004	0.005	0.001 7
A1	落	表	0.589	0.007	0.006	0.000 3
A2	涨	表	0.321	0.004	0.006	0.001 0
A2	落	表	1.048	0.007	0.015	0.001 6
A3	涨	表	0.390	0.008	0.008	0.001 8
A3	涨	底	0.806	0.009	—	0.001 8
A3	落	表	0.407	0.006	0.006	0.002 2
A3	落	底	1.057	0.006	—	0.002 2
A4	涨	表	0.511	0.006	0.005	0.002 1
A4	落	表	0.173	0.011	0.006	0.001 3
A5	涨	表	0.009	0.008	0.006	0.002 3
A5	涨	底	0.806	0.011	—	0.002 1
A5	落	表	0.762	0.006	0.005	0.000 9
A5	落	底	0.113	0.006	—	0.001 8
A6	涨	表	0.702	0.007	0.005	0.001 2
A6	涨	底	0.667	0.008	—	0.000 7
A6	落	表	0.399	0.005	0.007	0.000 7
A6	落	底	0.624	0.005	—	0.002 4
A7	涨	表	0.615	0.006	0.007	0.001 0
A7	涨	底	0.399	0.004	—	0.000 8
A7	落	表	1.196	0.010	0.006	0.001 6
A7	落	底	0.892	0.007	—	0.001 0
A8	涨	表	0.537	0.006	0.006	0.000 9
A8	涨	底	0.918	0.006	—	0.001 0
A8	落	表	0.225	0.006	0.001	0.001 1
A8	落	底	0.251	0.006	—	0.001 5
A9	涨	表	0.615	0.004	0.006	0.000 6
A9	涨	底	0.442	0.005	—	0.001 4
A9	落	表	0.814	0.004	0.005	0.001 2
A10	涨	表	0.849	0.004	0.005	0.001 5
A10	落	表	0.113	0.004	0.004	0.001 2

站位	潮位	水层	COD	硫化物	石油类	挥发酚
A11	涨	表	0.632	0.004	0.006	0.000 9
A11	落	表	0.338	0.004	0.004	0.001 6
A12	涨	表	0.286	0.008	0.006	0.000 9
A12	落	表	1.274	0.005	0.006	0.001 3
A13	涨	表	0.407	0.008	0.004	0.000 6
A13	落	表	0.840	0.006	0.005	0.005 3
A14	涨	表	0.312	0.006	0.006	0.000 7
A14	落	表	0.589	0.006	0.005	0.000 6

16. Cu

春季海水 Cu 浓度介于 $0.66\sim4.55\mu g/L$，平均浓度为 $2.36\mu g/L$。涨潮时海水 Cu 浓度介于 $0.67\sim4.55\mu g/L$，平均浓度为 $2.46\mu g/L$；落潮时海水 Cu 浓度介于 $0.66\sim3.97\mu g/L$，平均浓度为 $2.25\mu g/L$；涨潮 Cu 浓度略高于落潮。参照《海水水质标准》（GB 3097—1997），监测结果符合海水水质Ⅰ类标准。

秋季海水 Cu 浓度介于 $0.34\sim4.93\mu g/L$，平均浓度为 $2.01\mu g/L$。涨潮时海水 Cu 浓度介于 $0.34\sim4.93\mu g/L$，平均浓度为 $2.29\mu g/L$；落潮时海水 Cu 浓度介于 $0.48\sim4.18\mu g/L$，平均浓度为 $1.74\mu g/L$；涨潮 Cu 浓度略高于落潮。参照《海水水质标准》（GB 3097—1997），监测结果符合海水水质Ⅰ类标准。

17. Zn

春季海水 Zn 浓度介于 $4.49\sim17.95\mu g/L$，平均浓度为 $11.39\mu g/L$。涨潮时海水 Zn 浓度介于 $4.49\sim17.95\mu g/L$，平均浓度为 $11.01\mu g/L$；落潮时海水 Zn 浓度介于 $4.52\sim17.94\mu g/L$，平均浓度为 $11.79\mu g/L$；涨潮 Zn 浓度略低于落潮。参照《海水水质标准》（GB 3097—1997），监测结果符合海水水质Ⅰ类标准。

秋季海水 Zn 浓度介于 $1.90\sim19.72\mu g/L$，平均浓度为 $11.77\mu g/L$。涨潮时海水 Zn 浓度介于 $1.90\sim19.50\mu g/L$，平均浓度为 $11.35\mu g/L$；落潮时海水 Zn 浓度介于 $2.62\sim19.72\mu g/L$，平均浓度为 $12.18\mu g/L$；涨潮 Zn 浓度略低于落潮。参照《海水水质标准》（GB 3097—1997），监测结果符合海水水质Ⅰ类标准。

18. Pb

春季海水 Pb 浓度介于 $0.33\sim1.73\mu g/L$，平均浓度为 $1.03\mu g/L$。涨潮时海水 Pb 浓度介于 $0.45\sim1.73\mu g/L$，平均浓度为 $1.08\mu g/L$；落潮时海水 Pb 浓度介于 $0.33\sim1.63\mu g/L$，平均浓度为 $0.98\mu g/L$；涨潮 Pb 浓度略高于落潮。

参照《海水水质标准》（GB 3097—1997），48.72%站位监测结果符合海水水质Ⅰ类标准，符合Ⅱ类标准的比例为100%。

秋季海水 Pb 浓度介于 0.13~1.94μg/L，平均浓度为 0.66μg/L。涨潮时海水 Pb 浓度介于 0.13~1.94μg/L，平均浓度为 0.68μg/L；落潮时海水 Pb 浓度介于 0.18~1.30μg/L，平均浓度为 0.64μg/L；涨潮 Pb 浓度略高于落潮。参照《海水水质标准》（GB 3097—1997），监测结果符合海水水质Ⅰ类标准的比例为 87.5%，符合Ⅱ类标准的比例为 12.5%。

19. Cd

春季海水 Cd 浓度介于 0.03~0.31μg/L，平均浓度为 0.17μg/L。涨潮时海水 Cd 浓度介于 0.04~0.31μg/L，平均浓度为 0.18μg/L；落潮时海水 Cd 浓度介于 0.03~0.31μg/L，平均浓度为 0.16μg/L；涨潮 Cd 浓度略高于落潮。参照《海水水质标准》（GB 3097—1997），监测结果符合海水水质Ⅰ类标准。

秋季海水 Cd 浓度介于 0.02~0.27μg/L，平均浓度为 0.12μg/L。涨潮时海水 Cd 浓度介于 0.02~0.25μg/L，平均浓度为 0.12μg/L；落潮时海水 Cd 浓度介于 0.02~0.27μg/L，平均浓度为 0.11μg/L；涨潮 Cd 浓度略高于落潮。参照《海水水质标准》（GB 3097—1997），监测结果符合海水水质Ⅰ类标准。

20. Cr

春季海水 Cr 浓度介于 0.29~1.80μg/L，平均浓度为 0.84μg/L。涨潮时海水 Cr 浓度介于 0.29~1.80μg/L，平均浓度为 0.81μg/L；落潮时海水 Cr 浓度介于 0.50~1.73μg/L，平均浓度为 0.86μg/L；涨潮 Cr 浓度略低于落潮。参照《海水水质标准》（GB 3097—1997），监测结果符合海水水质Ⅰ类标准。

秋季海水 Cr 浓度介于 0.12~0.99μg/L，平均浓度为 0.47μg/L。涨潮时海水 Cr 浓度介于 0.12~0.99μg/L，平均浓度为 0.48μg/L；落潮时海水 Cr 浓度介于 0.16~0.84μg/L，平均浓度为 0.47μg/L；涨潮 Cr 浓度略高于落潮。参照《海水水质标准》（GB 3097—1997），监测结果符合海水水质Ⅰ类标准。

21. Hg

春季海水 Hg 浓度介于 0.02~0.04μg/L，平均浓度为 0.03μg/L。涨潮时海水 Hg 浓度介于 0.02~0.04μg/L，平均浓度为 0.03μg/L；落潮时海水 Hg 浓度介于 0.02~0.04μg/L，平均浓度为 0.03μg/L；涨潮与落潮 Hg 浓度基本一致。参照《海水水质标准》（GB 3097—1997），监测结果符合海水水质Ⅰ类标准。

秋季海水 Hg 浓度介于 0.013~0.046μg/L，平均浓度为 0.028μg/L。涨潮时海水 Hg 浓度介于 0.013~0.046μg/L，平均浓度为 0.027μg/L；落潮时海水 Hg 浓度介于 0.015~0.044μg/L，平均浓度为 0.029μg/L；涨潮 Hg 浓度略低于落潮。参照《海水水质标准》（GB 3097—1997），监测结果符合海水水质Ⅰ类标准。

22. As

春季海水 As 浓度介于 1.08～2.73μg/L,平均浓度为 1.96μg/L。涨潮时海水 As 浓度介于 1.08～2.72μg/L,平均浓度为 1.93μg/L;落潮时海水 As 浓度介于 1.18～2.73μg/L,平均浓度为 1.99μg/L;涨潮 As 浓度略低于落潮。参照《海水水质标准》(GB 3097—1997),监测结果符合海水水质Ⅰ类标准。

秋季海水 As 浓度介于 0.64～2.03μg/L,平均浓度为 1.13μg/L。涨潮时海水 As 浓度介于 0.64～1.67μg/L,平均浓度为 1.10μg/L;落潮时海水 As 浓度介于 0.71～2.03μg/L,平均浓度为 1.15μg/L;涨潮 As 浓度略低于落潮。参照《海水水质标准》(GB 3097—1997),监测结果符合海水水质Ⅰ类标准(表 3 - 14、表 3 - 15)。

表 3 - 14　春季蛎岈山海洋公园海域海水重金属浓度（μg/L）

站位	潮位	水层	Cu	Zn	Pb	Cd	Cr	Hg	As
A1	涨	表	1.61	7.56	1.57	0.119	0.30	0.029	2.20
A1	落	表	2.55	5.47	1.63	0.132	0.68	0.032	2.33
A2	涨	表	1.62	5.37	1.69	0.163	0.82	0.031	2.01
A2	落	表	1.55	5.26	1.56	0.150	0.87	0.033	2.05
A3	涨	表	3.87	9.75	1.46	0.269	0.36	0.031	2.72
A3	涨	底	1.11	8.94	1.22	0.266	0.81	0.022	2.50
A3	落	表	3.75	15.05	1.45	0.190	0.50	0.020	2.62
A3	落	底	2.09	15.01	0.59	0.110	0.70	0.031	2.73
A4	涨	表	4.27	14.34	1.09	0.273	0.29	0.027	2.72
A4	涨	底	0.84	15.00	0.97	0.102	0.91	0.027	2.58
A4	落	表	1.09	15.06	1.21	0.144	0.60	0.025	2.55
A5	涨	表	3.00	10.98	1.24	0.186	0.61	0.035	1.35
A5	涨	底	3.94	11.16	1.14	0.258	0.71	0.039	1.65
A5	落	表	2.31	10.96	0.91	0.248	0.82	0.032	1.33
A5	落	底	2.08	10.64	1.26	0.270	0.90	0.029	1.35
A6	涨	表	1.83	11.02	0.84	0.239	1.34	0.027	1.48
A6	涨	底	3.89	10.40	1.73	0.254	0.56	0.036	1.37
A6	落	表	1.86	17.80	0.76	0.135	1.00	0.039	1.18
A6	落	底	3.62	17.60	0.65	0.107	1.00	0.039	1.79

站位	潮位	水层	Cu	Zn	Pb	Cd	Cr	Hg	As
A7	涨	表	3.22	9.33	1.16	0.232	1.80	0.031	1.08
A7	涨	底	4.55	16.23	0.95	0.044	0.85	0.038	1.34
A7	落	表	0.83	10.18	0.76	0.028	1.21	0.032	2.02
A7	落	底	3.84	11.82	1.03	0.153	1.73	0.025	2.29
A8	涨	表	4.27	11.40	0.70	0.111	1.03	0.028	2.11
A8	涨	底	1.17	10.21	0.60	0.134	1.06	0.030	1.91
A8	落	表	1.87	12.00	1.28	0.308	1.07	0.031	2.26
A8	落	底	2.23	13.06	1.21	0.261	1.00	0.033	1.92
A9	涨	表	1.55	17.95	1.48	0.282	0.75	0.032	2.16
A9	落	表	0.66	17.94	0.33	0.110	0.93	0.036	2.07
A10	涨	表	1.87	8.42	1.29	0.115	0.95	0.033	2.15
A10	落	表	3.73	4.52	0.70	0.234	0.84	0.034	1.92
A11	涨	表	1.48	7.75	0.93	0.049	0.83	0.037	2.14
A11	落	表	2.00	15.32	0.91	0.070	0.61	0.034	1.61
A12	涨	表	0.67	14.12	0.48	0.309	0.68	0.034	1.63
A12	落	表	1.58	8.87	1.04	0.111	0.50	0.036	2.05
A13	涨	表	3.53	4.49	0.45	0.067	0.75	0.034	1.76
A13	落	表	3.97	8.54	0.93	0.138	0.90	0.035	1.79
A14	涨	表	0.98	15.84	0.55	0.057	0.88	0.033	1.72
A14	落	表	1.14	8.95	0.37	0.108	0.51	0.030	1.91

表 3-15　秋季蛎岈山海洋公园海域海水重金属浓度（μg/L）

站位	潮位	水层	Cu	Zn	Pb	Cd	Cr	Hg	As
A1	涨	表	2.64	13.69	1.94	0.250	0.85	0.019	0.81
A1	落	表	1.77	19.72	0.91	0.256	0.45	0.020	0.81
A2	涨	表	0.34	3.36	0.62	0.086	0.38	0.019	0.77
A2	落	表	0.51	3.31	0.49	0.034	0.52	0.017	0.71
A3	涨	表	1.56	11.86	0.33	0.119	0.29	0.016	0.71
A3	涨	底	0.71	7.43	1.07	0.109	0.18	0.015	1.01
A3	落	表	2.29	6.34	1.30	0.075	0.21	0.021	1.16

站位	潮位	水层	Cu	Zn	Pb	Cd	Cr	Hg	As
A3	落	底	1.78	7.57	0.45	0.125	0.26	0.022	1.13
A4	涨	表	0.89	6.57	0.52	0.022	0.16	0.022	0.98
A4	涨	底	3.03	19.50	0.74	0.191	0.48	0.018	1.02
A4	落	表	0.62	15.72	0.47	0.085	0.77	0.019	1.02
A4	落	底	1.63	17.13	1.05	0.083	0.27	0.015	0.77
A5	涨	表	2.57	11.70	0.56	0.144	0.17	0.013	0.77
A5	涨	底	3.40	1.90	0.76	0.221	0.12	0.023	1.67
A5	落	表	4.18	15.70	0.79	0.163	0.47	0.033	1.31
A5	落	底	1.02	2.62	1.09	0.021	0.80	0.036	1.48
A6	涨	表	0.83	18.52	0.13	0.118	0.33	0.037	1.33
A6	涨	底	2.63	18.89	0.35	0.091	0.63	0.041	1.49
A6	落	表	2.42	6.37	0.72	0.111	0.46	0.040	1.44
A6	落	底	1.25	3.92	0.28	0.063	0.68	0.043	1.53
A7	涨	表	3.59	17.15	0.89	0.145	0.19	0.046	1.48
A7	涨	底	1.36	9.82	0.99	0.079	0.82	0.046	1.52
A7	落	表	1.44	19.63	0.24	0.089	0.76	0.043	1.57
A7	落	底	1.43	15.19	0.86	0.134	0.18	0.043	1.47
A8	涨	表	2.79	11.91	0.22	0.047	0.38	0.044	1.40
A8	涨	底	4.93	13.40	0.76	0.205	0.33	0.042	1.46
A8	落	表	1.79	19.49	0.79	0.044	0.16	0.044	1.40
A8	落	底	2.56	13.92	0.81	0.226	0.17	0.041	2.03
A9	涨	表	1.31	16.42	0.93	0.097	0.57	0.036	1.27
A9	落	表	2.15	15.03	0.83	0.085	0.35	0.035	1.17
A10	涨	表	1.14	10.81	0.85	0.070	0.18	0.036	1.22
A10	落	表	0.89	17.04	0.20	0.097	0.28	0.033	1.01
A11	涨	表	4.36	15.29	0.34	0.070	0.93	0.019	0.64
A11	落	表	2.82	13.46	0.68	0.272	0.60	0.019	0.81
A12	涨	表	4.31	11.02	0.55	0.159	0.65	0.021	0.95
A12	落	表	1.88	5.08	0.48	0.193	0.44	0.021	0.78
A13	涨	表	1.20	4.38	0.53	0.229	0.99	0.019	0.72
A13	落	表	1.91	10.70	0.19	0.086	0.70	0.016	0.76

站位	潮位	水层	Cu	Zn	Pb	Cd	Cr	Hg	As
A14	涨	表	2.11	3.43	0.60	0.031	0.89	0.013	0.77
A14	落	表	0.48	15.68	0.18	0.016	0.84	0.021	0.72

第五节 海洋沉积物质量

1. 含水率

春季沉积物含水率介于 26.33%～40.49%，平均含水率为 30.55%。

秋季沉积物含水率介于 21.59%～46.36%，平均含水率为 31.95%。

2. 密度

春季沉积物密度介于 1.106～1.345g/cm³，平均沉积物密度为 1.224g/cm³。

秋季沉积物密度介于 1.011～1.346g/cm³，平均沉积物密度为 1.140g/cm³。

3. 有机碳

春季沉积物有机碳含量介于 0.008%～0.073%，平均沉积物有机碳含量为 0.024%。依据《海洋沉积物质量标准》（GB 18668—2002），沉积物环境质量均为Ⅰ类。

秋季沉积物有机碳含量介于 0.05%～0.15%，平均沉积物有机碳含量为 0.089%。依据《海洋沉积物质量标准》（GB 18668—2002），沉积物环境质量均为Ⅰ类。

4. 硫化物

春季沉积物硫化物含量介于 15.674～34.237mg/kg，平均为 21.005 mg/kg。依据《海洋沉积物质量标准》（GB 18668—2002），沉积物环境质量均为Ⅰ类。

秋季沉积物硫化物含量介于 10.82～31.85mg/kg，平均为 24.236 mg/kg。依据《海洋沉积物质量标准》（GB 18668—2002），沉积物环境质量均为Ⅰ类。

5. 石油类

春季沉积物石油类含量介于 0.5～29.3mg/kg，平均为 8.2mg/kg。依据《海洋沉积物质量标准》（GB 18668—2002），沉积物环境质量均为Ⅰ类。

秋季沉积物石油类含量介于 0.5～29.3mg/kg，平均为 8.2mg/kg。依据《海洋沉积物质量标准》（GB 18668—2002），沉积物环境质量均为Ⅰ类（表3-16、表3-17）。

表 3-16　春季蛎岈山海洋公园海域海洋沉积物密度、含水率、有机碳、
　　　　硫化物和石油类含量

站位	密度（g/cm³）	含水率（%）	有机碳（%）	硫化物（mg/kg）	石油类（mg/kg）
A2	1.241	29.66	0.012	21.457	4.2
A3	1.345	28.76	0.034	17.900	3.0
A4	1.231	32.46	0.035	23.341	0.5
A5	1.186	26.33	0.011	34.237	29.3
A7	1.215	28.80	0.009	17.727	0.7
A9	1.122	27.78	0.021	18.123	5.2
A10	1.309	27.08	0.073	19.631	12.1
A11	1.222	33.43	0.016	18.848	4.8
A13	1.106	40.49	0.008	15.674	12.3
A14	1.262	30.75	0.023	23.111	10.3

表 3-17　秋季蛎岈山海洋公园海域海洋沉积物密度、含水率、有机碳、
　　　　硫化物和石油类含量

站位	密度（g/cm³）	含水率（%）	有机碳（%）	硫化物（mg/kg）	石油类
A2	1.098	36.57	0.05	21.22	4.2
A3	1.011	36.32	0.07	28.21	3.0
A4	1.032	21.59	0.15	31.17	0.5
A5	1.041	33.46	0.05	27.55	29.3
A9	1.019	28.01	0.07	14.70	5.2
A10	1.265	30.48	0.15	27.17	12.1
A11	1.292	26.77	0.07	31.85	4.8
A13	1.160	46.36	0.10	10.82	12.3
A14	1.346	27.95	0.07	25.44	10.3

6. 粒径及类型

　　春季沉积物粒度组成见表 3-18 和图 3-1。结果表明，沉积物中黏土的平均含量为 13.87%，粉砂平均含量 58.43%，砂约占 27.70%，平均粒径为 29.61μm。依据谢帕德沉积物分类方法，10 个站位中，其中 2 个站位（13 号和 14 号）沉积物类型为黏土质粉砂，其他 8 个站位沉积物类型为砂质粉砂。

表 3 - 18　春季蛎岈山海洋公园海域海洋沉积物粒度组成

站位	黏土（%）	粉砂（%）	砂（%）	中值粒径（μm）	沉积物类型
A2	10.23	50.10	39.67	39.82	砂质粉砂
A3	7.70	46.66	45.64	49.61	砂质粉砂
A4	14.68	68.67	16.65	19.54	砂质粉砂
A5	10.48	57.71	31.81	35.04	砂质粉砂
A7	19.51	62.50	17.99	13.68	砂质粉砂
A9	10.50	54.09	35.41	36.52	砂质粉砂
A10	8.10	47.78	44.12	46.94	砂质粉砂
A11	10.85	56.33	32.82	33.86	砂质粉砂
A13	16.47	72.77	10.76	15.28	黏土质粉砂
A14	30.16	67.69	2.15	5.841	黏土质粉砂

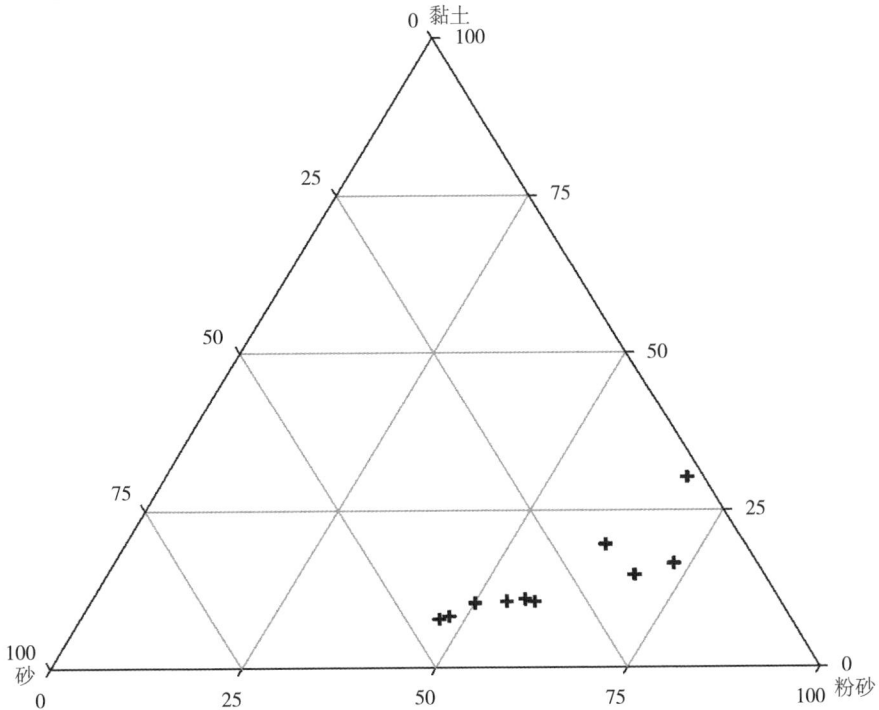

图 3 - 1　春季蛎岈山海洋公园海域海洋沉积物三角形分类图解

秋季沉积物粒度组成见表 3-19 和图 3-2。结果表明，沉积物中黏土的平均含量为 13.72%，粉砂平均含量 60.17%，砂约占 26.10%，平均粒径为 28.15μm。依据谢帕德沉积物分类方法，9 个站位中，其中 4 个站位 3 号、4

号、13 号和 14 号沉积物类型为黏土质粉砂，其他 5 个站位沉积物类型为砂质粉砂。

表 3-19 秋季蛎岈山海洋公园海域海洋沉积物粒度组成

站位	黏土（%）	粉砂（%）	砂（%）	中值粒径（μm）	沉积物类型
A2	10.96	51.1	37.94	37.87	砂质粉砂
A3	18.98	66.48	14.54	12.72	黏土质粉砂
A4	25.21	71.64	3.15	7.14	黏土质粉砂
A5	14.59	63.82	21.59	21.29	砂质粉砂
A9	8.08	45.22	46.7	51.18	砂质粉砂
A10	9.37	55.09	35.54	37.74	砂质粉砂
A11	9.55	54.95	35.5	37.21	砂质粉砂
A13	17.93	74.88	7.19	11.66	黏土质粉砂
A14	8.83	58.38	32.79	36.52	黏土质粉砂

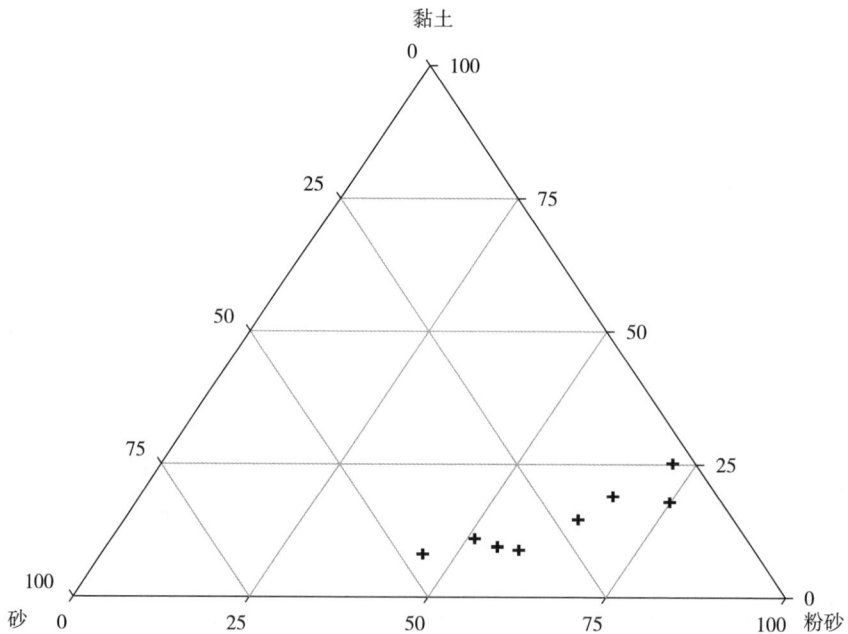

图 3-2 秋季蛎岈山海洋公园海域海洋沉积物三角形分类图解

7. Cu

春季沉积物 Cu 含量介于 14.30～32.84mg/kg，平均沉积物 Cu 含量为 24.22mg/kg。依据《海洋沉积物质量标准》（GB 18668—2002），沉积物环境质量均为 Ⅰ 类。

秋季沉积物 Cu 含量介于 12.85～27.95mg/kg，平均沉积物 Cu 含量为 20.31mg/kg。依据《海洋沉积物质量标准》（GB 18668—2002），沉积物环境质量均为Ⅰ类。

8. Zn

春季沉积物 Zn 含量介于 42.52～90.45mg/kg，平均沉积物 Zn 含量为 24.22mg/kg。依据《海洋沉积物质量标准》（GB 18668—2002），沉积物环境质量均为Ⅰ类。

秋季沉积物 Zn 含量介于 44.17～93.93mg/kg，平均沉积物 Zn 含量为 69.36mg/kg。依据《海洋沉积物质量标准》（GB 18668—2002），沉积物环境质量均为Ⅰ类。

9. Pb

春季沉积物 Pb 含量介于 12.34～45.05mg/kg，平均沉积物 Pb 含量为 28.36mg/kg。依据《海洋沉积物质量标准》（GB 18668—2002），沉积物环境质量均为Ⅰ类。

秋季沉积物 Pb 含量介于 26.15～47.06mg/kg，平均沉积物 Pb 含量为 38.06mg/kg。依据《海洋沉积物质量标准》（GB 18668—2002），沉积物环境质量均为Ⅰ类。

10. Cd

春季沉积物 Cd 含量介于 0.020～0.145mg/kg，平均沉积物 Cd 含量为 0.089mg/kg。依据《海洋沉积物质量标准》（GB 18668—2002），沉积物环境质量均为Ⅰ类。

秋季沉积物 Cd 含量介于 0.075～0.097mg/kg，平均沉积物 Cd 含量为 0.084mg/kg。依据《海洋沉积物质量标准》（GB 18668—2002），沉积物环境质量均为Ⅰ类。

11. Cr

春季沉积物 Cr 含量介于 22.03～72.28mg/kg，平均沉积物 Cr 含量为 50.78mg/kg。依据《海洋沉积物质量标准》（GB 18668—2002），沉积物环境质量均为Ⅰ类。

秋季沉积物 Cr 含量介于 54.88～76.50mg/kg，平均沉积物 Cr 含量为 65.24mg/kg。依据《海洋沉积物质量标准》（GB 18668—2002），沉积物环境质量均为Ⅰ类。

12. Hg

春季沉积物 Hg 含量介于 0.033～0.049mg/kg，平均沉积物 Hg 含量为 0.04mg/kg。依据《海洋沉积物质量标准》（GB 18668—2002），沉积物环境质量均为Ⅰ类。

秋季沉积物 Hg 含量介于 0.029～0.039mg/kg，平均沉积物 Hg 含量为 0.033mg/kg。依据《海洋沉积物质量标准》（GB 18668—2002），沉积物环境质量均为Ⅰ类。

13. As

春季沉积物 As 含量介于 2.35～3.15mg/kg，平均沉积物 As 含量为 2.70mg/kg。依据《海洋沉积物质量标准》（GB 18668—2002），沉积物环境质量均为Ⅰ类。

秋季沉积物 As 含量介于 2.84～3.85mg/kg，平均沉积物 As 含量为 3.32mg/kg。依据《海洋沉积物质量标准》（GB 18668—2002），沉积物环境质量均为Ⅰ类。

14. 石油类

春季沉积物石油类含量介于 0.9～4.3mg/kg，平均沉积物石油类含量为 2.6mg/kg。依据《海洋沉积物质量标准》（GB 18668—2002），沉积物环境质量均为Ⅰ类。

秋季沉积物石油类含量介于 0.7～4.7mg/kg，平均沉积物石油类含量为 2.4mg/kg。依据《海洋沉积物质量标准》（GB 18668—2002），沉积物环境质量均为Ⅰ类（表 3-20、表 3-21）。

表 3-20　春季蛎岈山海洋公园海域海洋沉积物重金属和石油类含量（mg/kg）

站位	Cu	Zn	Pb	Cd	Cr	Hg	As	石油类
A2	27.21	70.11	12.34	0.126	39.92	0.041	2.78	1.2
A3	28.23	84.82	36.27	0.074	61.53	0.040	2.51	2.3
A4	19.58	42.52	13.52	0.102	27.64	0.037	3.01	4.1
A5	18.52	55.46	17.71	0.020	38.79	0.033	2.38	4.3
A7	27.55	58.58	26.70	0.145	64.19	0.038	2.78	3.9
A9	32.84	90.29	27.78	0.131	69.52	0.048	2.58	3.8
A10	20.98	72.34	30.88	0.051	63.53	0.040	3.15	1.0
A11	14.30	64.96	35.23	0.072	22.03	0.045	2.35	0.9
A13	29.92	90.45	45.05	0.048	72.28	0.049	2.76	2.4
A14	23.06	70.91	38.14	0.120	48.43	0.041	2.70	2.2

表 3-21　秋季蛎岈山海洋公园海域海洋沉积物重金属和石油类含量（mg/kg）

站位	Cu	Zn	Pb	Cd	Cr	Hg	As	石油类
A2	18.52	68.90	37.53	0.080	62.33	0.029	3.21	3.6
A3	27.95	88.21	42.31	0.095	67.43	0.036	3.85	0.8

站位	Cu	Zn	Pb	Cd	Cr	Hg	As	石油类
A4	24.07	93.93	42.82	0.075	76.50	0.030	3.22	0.7
A5	24.86	83.11	30.72	0.079	69.14	0.033	2.84	1.1
A9	13.57	52.73	26.15	0.077	63.84	0.029	3.19	2.1
A10	17.92	60.74	38.75	0.078	65.63	0.032	3.78	2.1
A11	16.41	46.11	43.15	0.097	55.27	0.039	3.34	1.8
A13	26.65	86.38	47.06	0.091	72.14	0.037	3.12	4.5
A14	12.85	44.17	34.08	0.084	54.88	0.032	3.36	4.7

第六节 海洋生物体质量

1. Cu

春季鱼类体内 Cu 含量介于 $0.65\sim2.33$mg/kg，平均 Cu 含量为 1.04 mg/kg。甲壳动物体内 Cu 含量介于 $4.41\sim15.17$mg/kg，平均 Cu 含量为 9.79mg/kg。贝类体内 Cu 含量介于 $13.09\sim46.13$mg/kg，平均 Cu 含量为 29.61mg/kg。依据《海洋生物质量》（GB 18421—2001），海洋生物体质量均为Ⅲ类。

秋季海洋鱼类体内 Cu 含量介于 $0.16\sim9.44$mg/kg，平均 Cu 含量为 2.19mg/kg。甲壳动物体内 Cu 含量为 6.18mg/kg。贝类体内 Cu 含量介于 $0.44\sim44.62$mg/kg，平均 Cu 含量为 22.53mg/kg。依据《海洋生物质量》（GB 18421—2001），除牡蛎生物体质量为Ⅲ类外，其他生物的海洋生物体质量均为Ⅰ类。

2. Zn

春季海洋鱼类体内 Zn 含量介于 $5.68\sim18.05$mg/kg，平均 Zn 含量为 8.99mg/kg。甲壳动物体内 Zn 含量介于 $17.87\sim17.94$mg/kg，平均 Zn 含量为 17.91mg/kg。贝类体内 Zn 含量介于 $15.29\sim95.44$mg/kg，平均 Zn 含量为 55.37mg/kg。依据《海洋生物质量》（GB 18421—2001），海洋生物体质量均为Ⅲ类。

秋季海洋鱼类体内 Zn 含量介于 $1.09\sim8.09$mg/kg，平均 Zn 含量为 3.75mg/kg。甲壳动物体内平均 Zn 含量为 15.90mg/kg。贝类体内 Zn 含量介于 $12.85\sim133.83$mg/kg，平均 Zn 含量为 73.34mg/kg。依据《海洋生物质量》（GB 18421—2001），除牡蛎生物体质量为Ⅲ类外，其他生物的海洋生物体质量均为Ⅰ类。

3. Pb

春季海洋鱼类体内 Pb 含量介于 0.04～0.34mg/kg，平均 Pb 含量为 0.15mg/kg。甲壳动物体内 Pb 含量介于 0.09～0.14mg/kg，平均 Pb 含量为 0.12mg/kg。贝类体内 Pb 含量介于 0.09～0.11mg/kg，平均 Pb 含量为 0.10mg/kg。依据《海洋生物质量》（GB 18421—2001），海洋生物体质量均为Ⅰ类。

秋季海洋鱼类体内 Pb 含量介于 0.11～0.37mg/kg，平均 Pb 含量为 0.21mg/kg。甲壳动物体内 Pb 含量为 0.08mg/kg。贝类体内 Pb 含量介于 0.28～0.32mg/kg，平均 Pb 含量为 0.30mg/kg。依据《海洋生物质量》（GB 18421—2001），除甲壳动物的生物体质量为Ⅰ类外，其他生物的海洋生物体质量均为Ⅱ类。

4. Cd

春季海洋鱼类体内 Cd 含量介于 0.065～0.130mg/kg，平均 Cd 含量为 0.09mg/kg。甲壳动物体内 Cd 含量介于 0.082～0.099mg/kg，平均 Cd 含量为 0.09mg/kg。贝类体内 Cd 含量介于 0.050～0.136mg/kg，平均 Cd 含量为 0.09mg/kg。依据《海洋生物质量》（GB 18421—2001），海洋生物体质量均为Ⅰ类。

秋季海洋鱼类体内 Cd 含量介于 0.020～0.036mg/kg，平均 Cd 含量为 0.024mg/kg。甲壳动物体内 Cd 含量为 0.048mg/kg。贝类体内 Cd 含量介于 0.153～0.157mg/kg，平均 Cd 含量为 0.155mg/kg。依据《海洋生物质量》（GB 18421—2001），海洋生物体质量均为Ⅰ类。

5. Hg

春季海洋鱼类体内 Hg 含量介于 0.022～0.037mg/kg，平均 Hg 含量为 0.027mg/kg。甲壳动物体内 Hg 含量介于 0.041～0.044mg/kg，平均 Hg 含量为 0.043mg/kg。贝类体内 Hg 含量介于 0.038～0.048mg/kg，平均 Hg 含量为 0.043mg/kg。依据《海洋生物质量》（GB 18421—2001），海洋生物体质量均为Ⅰ类。

秋季海洋鱼类体内 Hg 含量介于 0.028～0.036mg/kg，平均 Hg 含量为 0.031mg/kg。甲壳动物体内平均 Hg 含量为 0.028mg/kg。贝类体内 Hg 含量介于 0.031～0.035mg/kg，平均 Hg 含量为 0.033mg/kg。依据《海洋生物质量》（GB 18421—2001），海洋生物体质量均为Ⅰ类。

6. As

春季海洋鱼类体内 As 含量介于 0.24～0.97mg/kg，平均 As 含量为 0.68mg/kg。甲壳动物体内 As 含量介于 0.53～0.76mg/kg，平均 As 含量为 0.65mg/kg。贝类体内 As 含量介于 0.65～0.96mg/kg，平均 As 含量为

0.81mg/kg。依据《海洋生物质量》（GB 18421—2001），海洋生物体质量均为Ⅰ类。

秋季海洋鱼类体内 As 含量介于 0.48～0.69mg/kg，平均 As 含量为 0.58mg/kg。甲壳动物体内平均 As 含量为 0.58mg/kg。贝类体内 As 含量介于 0.68～0.72mg/kg，平均 As 含量为 0.70mg/kg。依据《海洋生物质量》（GB 18421—2001），海洋生物体质量均为Ⅰ类（表 3-22、表 3-23）。

表 3-22　春季蛎岈山海洋公园海域生物体内重金属含量（mg/kg）

类群	物种	Cu	Zn	Pb	Cd	Hg	As
鱼类	小头栉孔虾虎鱼	0.66	12.05	0.08	0.087	0.028	0.24
	多鳞鱚	0.65	5.68	0.04	0.089	0.037	0.97
	短吻舌鳎	0.73	7.89	0.17	0.104	0.026	0.93
	牙鲆	0.94	6.37	0.05	0.065	0.022	0.73
	焦氏舌鳎	0.76	5.88	0.07	0.084	0.028	0.61
	拉氏狼牙虾虎鱼	1.16	8.81	0.14	0.056	0.025	0.74
	赤鼻棱鳀	2.33	18.05	0.34	0.114	0.026	0.53
	海鳗	1.10	7.19	0.27	0.130	0.024	0.68
甲壳动物	三疣梭子蟹	4.41	17.87	0.14	0.099	0.044	0.76
	口虾蛄	15.17	17.94	0.09	0.082	0.041	0.53
贝类	脉红螺	13.09	15.29	0.11	0.050	0.038	0.65
	熊本牡蛎	46.13	95.44	0.09	0.136	0.048	0.96

表 3-23　秋季蛎岈山海洋公园海域生物体内重金属含量（mg/kg）

类群	物种	Cu	Zn	Pb	Cd	Hg	As
鱼类	鮸	9.44	1.39	0.22	0.021	0.029	0.48
	中国花鲈	0.16	6.99	0.23	0.021	0.030	0.53
	拉氏狼牙虾虎鱼	0.77	8.09	0.12	0.036	0.036	0.69
	焦氏舌鳎	0.23	1.09	0.11	0.020	0.033	0.67
	短吻舌鳎	0.36	1.21	0.37	0.021	0.028	0.52
甲壳动物	日本蟳	6.18	15.90	0.08	0.048	0.028	0.58
贝类	脉红螺	0.44	12.85	0.32	0.153	0.035	0.68
	熊本牡蛎	44.62	133.83	0.28	0.157	0.031	0.72

第七节　海洋生态

一、叶绿素 a

蛎岈山海洋公园海域表层叶绿素 a 含量介于 $0.24\sim4.75mg/m^3$，平均为 $1.61mg/m^3$；底层叶绿素 a 含量介于 $0.20\sim2.55mg/m^3$，平均为 $1.18mg/m^3$。叶绿素 a 平均含量表层略大于底层（表 3-24）。

春季涨潮期海水叶绿素 a 分布范围为 $0.20\sim2.59mg/m^3$，平均为 $0.85mg/m^3$。其中，表层叶绿素 a 平均值为 $0.24\sim2.59mg/m^3$，平均为 $1.02mg/m^3$；底层叶绿素 a 平均值为 $0.20\sim1.09mg/m^3$，平均为 $0.59mg/m^3$；表层叶绿素 a 含量明显高于底层。表层叶绿素 a 最高值出现在 11 号站，最低值出现在 5 号站和 7 号站；底层叶绿素 a 最高值出现在 4 号站，最低值出现在 7 号站。

春季落潮期海水叶绿素 a 分布范围为 $0.44\sim4.75mg/m^3$，平均为 $1.78mg/m^3$。其中，表层叶绿素 a 平均值为 $0.44\sim4.75mg/m^3$，平均为 $1.92mg/m^3$；底层叶绿素 a 平均值为 $0.65\sim2.55mg/m^3$，平均为 $1.52mg/m^3$；表层叶绿素 a 含量明显高于底层。表层叶绿素 a 最高值出现在 7 号站，最低值出现在 4 号站；底层叶绿素 a 最高值出现在 7 号站，最低值出现在 4 号站。

秋季涨潮期海水叶绿素 a 分布范围为 $0.96\sim4.02mg/m^3$，平均为 $1.71mg/m^3$。其中，表层叶绿素 a 平均值为 $1.29\sim4.02mg/m^3$，平均为 $1.93mg/m^3$；底层叶绿素 a 平均值为 $0.96\sim1.96mg/m^3$，平均为 $1.37mg/m^3$；表层叶绿素 a 含量明显高于底层。表层叶绿素 a 最高值出现在 13 号站，最低值出现在 11 号站和 14 号站；底层叶绿素 a 最高值出现在 4 号站，最低值出现在 14 号站。

秋季落潮期海水叶绿素 a 分布范围为 $0.67\sim2.32mg/m^3$，平均为 $1.58mg/m^3$。其中，表层叶绿素 a 平均值为 $0.67\sim2.32mg/m^3$，平均为 $1.57mg/m^3$；底层叶绿素 a 平均值为 $0.96\sim2.06mg/m^3$，平均为 $1.60mg/m^3$；表层叶绿素 a 含量与底层相当。表层叶绿素 a 最高值出现在 3 号站和 5 号站，最低值出现在 14 号站；底层叶绿素 a 最高值出现在 7 号站，最低值出现在 14 号站。

表 3-24　蛎岈山海洋公园海域海水叶绿素 a 浓度（mg/m^3）

站号	春季涨潮		春季落潮		秋季涨潮		秋季落潮	
	表层	底层	表层	底层	表层	底层	表层	底层
A3	1.19	0.88	2.76	1.91	1.45	1.70	2.32	2.01
A4	1.53	1.09	0.44	0.65	2.32	1.96	1.91	—
A5	0.24	0.21	2.62	1.50	2.27	1.03	2.32	1.39

站号	春季涨潮		春季落潮		秋季涨潮		秋季落潮	
	表层	底层	表层	底层	表层	底层	表层	底层
A7	0.24	0.20	4.75	2.55	1.86	1.34	1.03	2.06
A9	1.06	—	1.06	—	1.60	—	1.70	—
A10	0.68	—	1.50	—	1.30	—	1.29	—
A11	2.59	—	2.11	—	1.29	—	1.53	—
A13	0.44	0.24	0.88	—	4.02	1.23	1.34	—
A14	1.23	0.93	1.19	0.99	1.29	0.96	0.67	0.96
最小值	0.24	0.20	0.44	0.65	1.29	0.96	0.67	0.96
最大值	2.59	1.09	4.75	2.55	4.02	1.96	2.32	2.06
平均值	1.02	0.59	1.92	1.52	1.93	1.37	1.57	1.60

二、浮游植物

（一）种类

蛎岈山海洋公园海域两季调查共记录到浮游植物 4 门 43 属 67 种。其中，硅藻 50 种、甲藻 10 种、蓝藻 4 种和绿藻 3 种（附表 1）。

春季涨潮期共记录到浮游植物 3 门 15 属 19 种。其中，硅藻 11 属 15 种，甲藻 3 属 3 种，蓝藻 1 属 1 种。硅藻的平均丰度为 993 个/L，占总丰度的 98.51%；甲藻平均丰度为 12 个/L，占总丰度的 1.19%；蓝藻平均丰度为 3 个/L，占总丰度的 0.30%（表 3 - 25）。

春季落潮期共记录到浮游植物 4 门 13 属 19 种。其中，硅藻 8 属 14 种，甲藻 2 属 2 种，蓝藻 1 属 1 种，绿藻 2 属 2 种。硅藻的平均丰度为 693 个/L，占总丰度的 92.90%；甲藻平均丰度为 10 个/L，占总丰度的 1.34%；蓝藻平均丰度为 36 个/L，占总丰度的 4.83%；绿藻平均丰度为 7 个/L，占总丰度的 0.94%。

秋季涨潮期共记录到浮游植物 3 门 28 属 41 种。其中，硅藻 22 属 33 种，甲藻 4 属 6 种，蓝藻 2 属 2 种。硅藻的平均丰度为 87 342 个/L，占总丰度的 99.62%；甲藻平均丰度为 109 个/L，占总丰度的 0.12%；蓝藻平均丰度为 228 个/L，占总丰度的 0.26%。

秋季落潮期共记录到浮游植物 4 门 29 属 42 种。其中，硅藻 22 属 33 种，甲藻 4 属 6 种，蓝藻 2 属 2 种，绿藻 1 属 1 种。硅藻的平均丰度为 88 443 个/L，占总丰度的 97.78%；甲藻平均丰度为 338 个/L，占总丰度的 0.37%；蓝藻平均丰度为 1 383 个/L，占总丰度的 1.53%；绿藻平均丰度为 287 个/L，占总丰度的 0.32%。

蛎岈山海洋公园海域浮游植物以硅藻门种类为主。根据浮游植物对温度、盐度环境的适应性及其生态习性和分布规律（毛成责等，2018；梅肖乐和方南娟，2013；王雨等，2012），蛎岈山海洋公园海域浮游植物可划分为 4 种生态类群：①近岸低盐种，代表种有丹麦细柱藻、刚毛根管藻、三舌辐裥藻等。②海洋广布种，中肋骨条藻、菱形海线藻、旋链角毛藻等。其中，中肋骨条藻是突出优势种，在春、秋季及涨、落潮期间均有出现，且优势度大。③河口半咸水种，如具槽直链藻等。④外海高盐种，如笔尖形根管藻、铁氏束毛藻等。

表 3-25　蛎岈山海洋公园海域浮游植物种类组成

季节/潮期		类群	种数	种数占比（%）	丰度（个/L）	丰度占比（%）
春季	涨潮	硅藻	15	78.95	993	98.51
		甲藻	3	15.79	12	1.19
		蓝藻	1	5.26	3	0.30
		合计	19	—	1 008	—
	落潮	硅藻	14	73.68	693	92.90
		甲藻	2	10.53	10	1.34
		蓝藻	1	5.26	36	4.83
		绿藻	2	10.53	7	0.94
		合计	19	—	746	—
秋季	涨潮	硅藻	33	80.49	87 342	99.62
		甲藻	6	14.63	109	0.12
		蓝藻	2	4.88	228	0.26
		合计	41	—	87 679	—
	落潮	硅藻	33	78.57	88 443	97.78
		甲藻	6	14.29	338	0.37
		蓝藻	2	4.76	1 383	1.53
		绿藻	1	2.38	287	0.32
		合计	42	—	90 451	—

（二）丰度

蛎岈山海洋公园海域两季调查浮游植物总丰度介于 150～293 482 个/L，平均总丰度为 45 096 个/L（表 3-26）。

春季涨潮期浮游植物总丰度介于 360～3 300 个/L，平均总丰度为 1 009 个/L，最高值出现在 4 号站，最低值出现在 11 号站。细弱圆筛藻和具槽直链藻为常见种，出现频率均为 88.89%。构成丰度的主要种为具槽直链藻、中肋骨条藻和细弱圆筛藻，三者占总丰度的 83.26%。

春季落潮期浮游植物总丰度介于 150~1 750 个/L，平均总丰度为 746 个/L，最高值出现在 4 号站，最低值出现在 9 号站。具槽直链藻、琼氏圆筛藻和绿色颤藻为常见种，出现频率分别为 77.78%、66.67% 和 55.56%。构成丰度的主要种为具槽直链藻、中肋骨条藻、亚得里亚海杆线藻和绿色颤藻，四者占总丰度的 81.07%。

秋季涨潮期浮游植物总丰度介于 4 410~293 482 个/L，平均总丰度为 87 679个/L，最高值出现在 5 号站，最低值出现在 14 号站。旋链角毛藻、琼氏圆筛藻、虹彩圆筛藻、角状弯角藻、环纹劳德藻、中肋骨条藻和离心列海链藻在各站均有出现。构成丰度的主要种为角状弯角藻、中肋骨条藻、浮动弯角藻和旋链角毛藻，四者占总丰度的 90.48%。

秋季落潮期浮游植物总丰度介于 2 216~257 108 个/L，平均总丰度为 90 450个/L，最高值出现在 7 号站，最低值出现在 14 号站。旋链角毛藻、格氏圆筛藻、琼氏圆筛藻、虹彩圆筛藻、角状弯角藻、刚毛根管藻、斯氏根管藻、中肋骨条藻和离心列海链藻在各站均有出现。构成丰度的主要种为旋链角毛藻、角状弯角藻和中肋骨条藻，三者占总丰度的 90.45%。

从时间上看，秋季蛎岈山邻近海域浮游植物丰度显著高于春季。不同潮时浮游植物丰度差异不大。从空间分布上看，蛎岈山北侧水域浮游植物丰度普遍高于南侧水域。

表 3-26　蛎岈山海洋公园海域浮游植物群落总丰度（个/L）

站位	春季涨潮期	春季落潮期	秋季涨潮期	秋季落潮期
A3	1 140	780	35 686	93 336
A4	3 300	1 750	101 481	110 982
A5	420	750	293 482	118 334
A7	760	390	79 005	257 108
A9	660	150	66 456	102 212
A10	510	930	73 400	22 056
A11	360	760	51 742	63 076
A13	450	360	83 448	44 728
A14	1 480	840	4 410	2 216

（三）优势种

2018 年蛎岈山邻近海域春、秋季浮游植物共同优势种仅 1 种，为中肋骨条藻（表 3-27）。

春季涨潮期浮游植物优势种 3 种，分别为中肋骨条藻、具槽直链藻、细弱圆筛藻。其中，具槽直链藻为第一优势种，其优势度为 0.41，平均丰度占细胞总丰度的 46.48%，其他种类优势度在 0.05～0.14。

春季落潮期浮游植物优势种 5 种，分别为中肋骨条藻、具槽直链藻、琼氏圆筛藻、亚德里亚海杆线藻和绿色颤藻。其中，具槽直链藻为第一优势种，其优势度为 0.25，平均丰度占细胞总丰度的 32.34%；中肋骨条藻次之，其优势度为 0.14，平均丰度占细胞总丰度的 32.19%；其他种类优势度在 0.02～0.03。

秋季涨潮期浮游植物优势种 5 种，分别为中肋骨条藻、旋链角毛藻、角状弯角藻、环纹劳德藻和浮动弯角藻。其中，角状弯角藻为第一优势种，其优势度为 0.49，平均丰度占细胞总丰度的 49.18%；中肋骨条藻次之，其优势度为 0.18，平均丰度占细胞总丰度的 17.95%；其他种类优势度在 0.03～0.14。

秋季落潮期浮游植物优势种 3 种，分别为中肋骨条藻、旋链角毛藻和角状弯角藻。同涨潮期一样，角状弯角藻为第一优势种，其优势度为 0.45，平均丰度占细胞总丰度的 44.77%；中肋骨条藻和旋链角毛藻的优势度均为 0.23，平均丰度分别占细胞总丰度的 23.06% 和 22.61%。

表 3-27　蛎岈山海洋公园海域浮游植物群落的优势种、优势度（Y）和丰度

季节/潮期		种名	优势度	丰度（个/L）	丰度占比（%）
春季	涨潮	细弱圆筛藻	0.05	58	5.75
		具槽直链藻	0.41	469	46.53
		中肋骨条藻	0.14	313	31.05
	落潮	琼氏圆筛藻	0.02	24	3.22
		具槽直链藻	0.25	241	32.31
		亚德里亚海杆线藻	0.03	88	11.80
		中肋骨条藻	0.14	240	32.17
		绿色颤藻	0.03	36	4.83
秋季	涨潮	旋链角毛藻	0.14	12 158	13.87
		角状弯角藻	0.49	43 118	49.18
		浮动弯角藻	0.05	8 310	9.48
		环纹劳德藻	0.03	2 197	2.51
		中肋骨条藻	0.18	15 742	17.95
	落潮	旋链角毛藻	0.23	20 454	22.61
		角状弯角藻	0.45	40 499	44.77
		中肋骨条藻	0.23	20 861	23.06

三、浮游动物

(一) 种类

蛎岈山海洋公园海域两季调查共记录到浮游动物 11 大类 59 种 [不含 14 类浮游幼体 (虫)]。其中，桡足类 21 种，水螅水母 15 种，管水母 7 种，端足类 3 种，糠虾类 3 种，毛颚类 3 种，涟虫类 2 种，栉水母 2 种，被囊类 1 种，多毛类 1 种和磷虾类 1 种 (附表 2)。

春季涨潮期共记录到浮游动物 9 大类 32 种 [不含 7 类浮游幼体 (虫)]。浮游动物组成以桡足类物种数最多，共 14 种，占总种数 43.75%；水螅水母次之，出现 6 种，占总物种数的 18.75%；端足类和糠虾类各 3 种，各占总种数的 9.38%；栉水母出现 2 种，占总物种数的 6.25%；其他各类均出现 1 种，各占总种数的 3.13% (表 3-28)。

春季落潮期共记录到浮游动物 9 大类 27 种 [不含 7 类浮游幼体 (虫)]。浮游动物组成以桡足类物种数最多，共 12 种，占总种数 44.44%；水螅水母次之，出现 4 种，占总物种数的 14.81%；端足类 3 种，占总物种数的 11.11%；栉水母和涟虫类各 2 种，各占总种数的 7.41%；其他各类均出现 1 种，各占总种数的 3.70%。

秋季涨潮期共记录到浮游动物 8 大类 30 种 [不含 12 类浮游幼体 (虫)]。浮游动物组成以水螅水母种数最多，共 9 种，占总种数 30.00%；桡足类次之，出现 8 种，占总物种数 26.67%；管水母 7 种，占总种数 23.33%；毛颚类 2 种，占总物种数的 6.67%；其他各类均出现 1 种，各占总种数的 3.33%。

秋季落潮期共记录到浮游动物 8 大类 31 种 [不含 12 类浮游幼体 (虫)]。浮游动物组成以水螅水母物种数最多，共 10 种，占总种数 32.26%；桡足类次之，出现 8 种，占总物种数 25.81%；管水母 7 种，占总种数 22.58%；毛颚类 2 种，占总种数 6.45%；其他各类均出现 1 种，各占总种数的 3.23%。

表 3-28　蛎岈山海洋公园海域浮游动物群落的种类组成

季节/潮期		类群	种类数	种类数 (%)	丰度 (个/m³)	丰度 (%)
春季	涨潮	端足类	3	9.38	1.76	0.47
		多毛类	1	3.13	0.58	0.16
		糠虾类	3	9.38	1.10	0.30
		涟虫类	1	3.13	0.07	0.02
		磷虾类	1	3.13	3.41	0.92
		毛颚类	1	3.13	3.75	1.01

季节/潮期		类群	种类数	种类数（%）	丰度（个/m³）	丰度（%）
		水螅水母	6	18.75	29.31	7.91
		栉水母	2	6.25	1.47	0.40
	涨潮	桡足类	14	43.75	273.32	73.74
		总计	32	—	370.66	—
		浮游幼体	7	—	55.89	15.08
春季		被囊类	1	3.70	0.04	0.01
		端足类	3	11.11	4.64	1.65
		糠虾类	1	3.70	14.03	4.98
		涟虫类	2	7.41	0.54	0.19
		磷虾类	1	3.70	1.29	0.46
	落潮	毛颚类	1	3.70	1.48	0.53
		水螅水母	4	14.81	9.53	3.38
		栉水母	2	7.41	13.34	4.74
		桡足类	12	44.44	192.28	68.27
		总计	27	—	281.65	—
		浮游幼体	7	—	44.49	15.80
		端足类	1	3.33	0.22	0.13
		糠虾类	1	3.33	0.11	0.06
		磷虾类	1	3.33	0.11	0.06
		毛颚类	2	6.67	24.78	14.19
	涨潮	管水母	7	23.33	13.67	7.83
		水螅水母	9	30.00	16.11	9.23
		栉水母	1	3.33	13.00	7.45
秋季		桡足类	8	26.67	39.00	22.34
		总计	30	—	174.56	—
		浮游幼体	12	—	67.56	38.70
		端足类	1	3.23	0.11	0.07
		糠虾类	1	3.23	0.33	0.22
	落潮	磷虾类	1	3.23	0.22	0.14
		毛颚类	2	6.45	20.89	13.54
		管水母	7	22.58	11.89	7.71

季节/潮期		类群	种类数	种类数（%）	丰度（个/m³）	丰度（%）
秋季	落潮	水螅水母	10	32.26	13.11	8.50
		栉水母	1	3.23	11.33	7.35
		桡足类	8	25.81	34.33	22.26
		总计	31	—	154.22	—
		浮游幼体	12	—	62.00	40.20

根据浮游动物对温度、盐度环境的适应性及其生态习性和分布规律（陈清潮和章淑珍，1965；王晓波，2016；郑重等，1984），蛎岈山海洋公园海域浮游动物可划分为以下 4 个生态类群：①近岸暖水种，为主要的生态类群，包括中华哲水蚤、太平洋纺锤水蚤、锥形宽水蚤、贝氏真囊水母、卡玛拉水母、双手水母和锥形多管水母等；②近岸低盐种，代表种群有真刺唇角水蚤、虫肢歪水蚤、拟长腹剑水蚤和中华假磷虾等；③广温广盐种，包括异体住囊虫、克氏纺锤水蚤、肥胖箭虫等；④大洋暖水种，包括四叶小舌水母和两手筐水母等。

（二）丰度和生物量

两季调查蛎岈山海洋公园海域浮游动物总丰度介于 14.67～1 602.06 个/m³，平均总丰度为 223.52 个/m³（表 3 - 29）；浮游动物总生物量介于 19.35～432.10mg/m³，平均总生物量为 161.68mg/m³（表 3 - 30）。

春季涨潮期浮游动物总生物量介于 25.32～195.88mg/m³，平均总生物量为 100.02mg/m³；总生物量最大值出现在 5 号站，最小值出现在 9 号站。总丰度介于 14.67～1 602.06 个/m³，平均总丰度为 370.66 个/m³；总丰度最大值出现在 5 号站，最小值出现在 11 号站。各类群中，桡足类数量最为丰富，平均丰度为 273.32 个/m³，占总丰度的 73.74%；浮游幼体次之，平均丰度为 55.89 个/m³，占总丰度的 15.08%；水螅水母平均丰度为 29.31 个/m³，占总丰度的 7.91%；其他各类丰度均较低。

春季落潮期浮游动物总生物量介于 19.35～383.87mg/m³，平均总生物量为 159.88mg/m³；总生物量最大值出现在 10 号站，最小值出现在 14 号站。总丰度介于 75.00～706.45 个/m³，平均总丰度为 281.65 个/m³；总丰度最大值出现在 10 号站，最小值出现在 13 号站。各类群中，桡足类数量最为丰富，平均丰度为 192.28 个/m³，占总丰度的 68.27%；浮游幼体次之，平均丰度为 44.49 个/m³，占总丰度的 15.80%；糠虾类平均丰度为 14.03 个/m³，占总丰度的 4.98%；栉水母平均丰度为 13.34 个/m³，占总丰度的 4.74%；水螅水母平均丰度为 9.53 个/m³，占总丰度的 3.38%；其他各类丰度均较低。

秋季涨潮期浮游动物总生物量介于 75.60～355.70mg/m³，平均总生物量为 180.62mg/m³；总生物量最大值出现在 9 号站，最小值出现在 13 号站。总丰度介于 58.00～258.00 个/m³，平均总丰度为 140.78 个/m³；总丰度最大值出现在 7 号站，最小值出现在 13 号站。各类群中，浮游幼体数量最为丰富，平均丰度为 67.56 个/m³，占总丰度的 38.70%；桡足类次之，平均丰度为 39.00 个/m³，占总丰度的 22.34%；毛颚类平均丰度为 24.78 个/m³，占总丰度的 14.19%；水螅水母平均丰度为 16.11 个/m³，占总丰度的 9.23%；管水母平均丰度为 13.67 个/m³，占总丰度的 7.83%；栉水母平均丰度为 13.00 个/m³，占总丰度的 7.45%；其他各类丰度均较低。

秋季落潮期浮游动物总生物量介于 65.90～432.10mg/m³，平均总生物量为 176.13mg/m³；总生物量最大值出现在 9 号站，最小值出现在 13 号站。总丰度介于 41.00～262.00 个/m³，平均总丰度为 123.22 个/m³；总丰度最大值出现在 7 号站，最小值出现在 13 号站。各类群中，浮游幼体数量最为丰富，平均丰度为 62.00 个/m³，占总丰度的 40.20%；桡足类次之，平均丰度为 34.33 个/m³，占总丰度的 22.26%；毛颚类平均丰度为 20.89 个/m³，占总丰度的 13.54%；水螅水母平均丰度为 13.11 个/m³，占总丰度的 8.50%；管水母平均丰度为 11.89 个/m³，占总丰度的 7.71%；栉水母平均丰度为 11.33 个/m³，占总丰度的 7.35%；其他各类丰度均较低。

从时间上看，春季蛎岈山邻近海域浮游动物丰度显著高于秋季，但生物量则相反。春、秋两季丰度的主要贡献类群差别也较大，秋季相较于春季更为多样化。从空间分布上来看，蛎岈山南侧水域浮游动物普遍较高，低值区主要在岸堤处。

表 3-29   蛎岈山海洋公园海域浮游动物群落的总丰度（个/m³）

站位	春季涨潮期	春季落潮期	秋季涨潮期	秋季落潮期
A3	563.42	184.64	198.00	148.00
A4	228.18	299.38	144.00	106.00
A5	1 602.06	517.38	202.00	154.00
A7	325.37	297.73	258.00	262.00
A9	70.13	160.23	80.00	122.00
A10	295.45	706.45	150.00	145.00
A11	14.67	201.43	98.00	74.00
A13	100.00	75.00	58.00	41.00
A14	137.67	92.26	79.00	57.00

表 3-30 蛎岈山海洋公园海域浮游动物群落的总生物量（mg/m³）

站位	春季涨潮期	春季落潮期	秋季涨潮期	秋季落潮期
A3	132.89	37.50	107.40	98.20
A4	102.73	328.13	236.00	209.00
A5	195.88	194.44	102.70	87.50
A7	87.31	82.50	296.60	301.20
A9	25.32	48.86	355.70	432.10
A10	106.36	383.87	101.30	99.50
A11	34.67	314.29	245.30	212.90
A13	95.00	30.00	75.60	65.90
A14	120.00	19.35	105.00	78.90

（三）优势种

春季和秋季蛎岈山海洋公园海域浮游动物共同优势种仅 1 种，为球形侧腕水母（表 3-31）。

春季涨潮期浮游动物优势种 4 种，分别为中华哲水蚤、球形侧腕水母、火腿许水蚤和真刺唇角水蚤。其中，真刺唇角水蚤为第一优势种，其优势度为 0.47，平均丰度占总丰度的 24.41%；火腿许水蚤次之，其优势度为 0.24，平均丰度占总丰度的 11.01%；其他种类优势度在 0.03~0.05。

春季落潮期浮游动物优势种 7 种，分别为细颈和平水母、球形侧腕水母、火腿许水蚤、真刺唇角水蚤、太平洋纺锤水蚤、虫肢歪水蚤和长额刺糠虾。其中，火腿许水蚤为第一优势种，其优势度为 0.52，平均丰度占总丰度的 23.99%；真刺唇角水蚤次之，其优势度为 0.13，平均丰度占总丰度的 5.89%；其他种类优势度在 0.03~0.08。

秋季涨潮期浮游动物优势种 10 种，分别为双叉薮枝螅水母、带玛拉水母、双生水母、拟细浅室水母、球形侧腕水母、中华哲水蚤、锥形宽水蚤、背针胸刺水蚤、太平洋纺锤水蚤和拿卡箭虫。其中，拿卡箭虫为第一优势种，其优势度为 0.23，平均丰度占总丰度的 2.06%；锥形宽水蚤次之，其优势度为 0.18，平均丰度占总丰度的 7.67%；球形侧腕水母优势度为 0.11，平均丰度占总丰度的 5.25%；其他种类优势度在 0.02~0.08。

秋季落潮期浮游动物优势种 10 种，分别为双叉薮枝螅水母、带玛拉水母、爪室水母、拟细浅室水母、球形侧腕水母、中华哲水蚤、锥形宽水蚤、背针胸刺水蚤、太平洋纺锤水蚤和拿卡箭虫。其中，拿卡箭虫为第一优势种，其优势度为 0.22，平均丰度占总丰度的 23.06%；锥形宽水蚤次之，其优势度为 0.18，平均丰度占总丰度的 3.92%；球形侧腕水母优势度为 0.11，平均丰度占总丰度的 1.44%；其他种类优势度在 0.02～0.09。

表 3-31　蛎岈山海洋公园海域浮游动物群落的优势种、优势度
和丰度（个/m³）

季节	潮期	种名	优势度	丰度	丰度占比（%）
春季	涨潮	球形侧腕水母	0.05	19.71	2.88
		中华哲水蚤	0.03	13.72	2.00
		火腿许水蚤	0.24	75.49	11.01
		真刺唇角水蚤	0.47	167.29	24.41
	落潮	细颈和平水母	0.03	8.19	1.58
		球形侧腕水母	0.05	12.69	2.45
		火腿许水蚤	0.52	124.45	23.99
		真刺唇角水蚤	0.13	30.54	5.89
		太平洋纺锤水蚤	0.08	17.96	3.46
		虫肢歪水蚤	0.03	7.05	1.36
		长额刺糠虾	0.05	14.03	2.70
秋季	涨潮	双叉薮枝螅水母	0.04	5.89	2.38
		带玛拉水母	0.06	6.00	2.42
		双生水母	0.02	2.67	1.08
		拟细浅室水母	0.04	4.67	1.88
		球形侧腕水母	0.11	13.00	5.25
		中华哲水蚤	0.03	3.67	1.48
		锥形宽水蚤	0.18	19.00	7.67
		背针胸刺水蚤	0.08	8.44	3.41
		太平洋纺锤水蚤	0.04	4.33	1.75
		拿卡箭虫	0.23	24.56	2.06
	落潮	双叉薮枝螅水母	0.03	4.44	2.68
		带玛拉水母	0.06	5.78	1.55
		爪室水母	0.02	3.33	1.81
		拟细浅室水母	0.03	3.89	5.26
		球形侧腕水母	0.11	11.33	1.44
		中华哲水蚤	0.03	3.11	7.84
		锥形宽水蚤	0.18	16.89	3.92
		背针胸刺水蚤	0.09	8.44	1.44
		太平洋纺锤水蚤	0.03	3.11	9.54
		拿卡箭虫	0.22	20.56	23.06

四、大型底栖生物

(一) 种类

蛎岈山海洋公园海域两季调查共记录到大型底栖生物 6 大类 25 种。其中，环节动物 15 种、节肢动物 3 种、软体动物 3 种、棘皮动物 2 种、纽形动物 1 种和腕足动物 1 种（附表 3）。

春季共记录到大型底栖生物 5 大类 19 种。其中，环节动物 12 种，占总物种数的 63.16%；节肢动物 3 种，占总种数的 15.79%；棘皮动物 2 种，占总种数的 10.53%；纽形动物和软体动物各 1 种，各占总种数的 5.26%。

秋季共记录到大型底栖生物 4 大类 7 种。其中，环节动物 3 种，占总物种数的 42.86%；软体动物 2 种，占总种数的 28.57%；棘皮动物和腕足动物各 1 种，各占总种数的 14.29%。

(二) 丰度和生物量

蛎岈山海洋公园海域两季调查潮下带大型底栖生物总栖息密度介于 0～130 个/m^2，平均总栖息密度为 32.50 个/m^2；总生物量介于 0～47.92g/m^2，平均总生物量为 6.96g/m^2（表 3-32、表 3-33）。

春季大型底栖生物总栖息密度介于 10～50 个/m^2，平均总栖息密度为 35.56 个/m^2；总栖息密度最大值出现在 5 号、9 号、10 号、13 号站，最小值出现 3 号、7 号站。总生物量介于 0.05～47.92g/m^2，平均生物量为 9.00g/m^2；总生物量最大值出现在 11 号站，最小值出现 7 号站。总栖息密度中以环节动物占优势，平均栖息密度为 20.00 个/m^2，占平均总栖息密度的 56.25%；总生物量则以纽形动物占优势，平均生物量为 4.32g/m^2，占平均总生物量的 48.00%。

秋季大型底栖生物总栖息密度介于 0～130 个/m^2，平均总栖息密度为 25.56 个/m^2；总栖息密度最大值出现在 14 号站。总生物量介于 0～27.03g/m^2，平均总生物量为 3.59g/m^2；总生物量最大值出现在 14 号站。总栖息密度中以环节动物占优势，平均栖息密度为 12.22 个/m^2，占平均总栖息密度的 47.83%；总生物量中以软体动物占优势，平均生物量为 1.51g/m^2，占平均总生物量的 42.11%。

表 3-32　蛎岈山海洋公园海域潮下带大型底栖动物群落的总密度和总生物量

站位	总密度（个/m^2）		生物量（g/m^2）	
	春季	秋季	春季	秋季
A3	10	20	1.52	0.32
A4	20	30	0.08	1.63

站位	总密度（个/m²）		生物量（g/m²）	
	春季	秋季	春季	秋季
A5	50	20	10.02	1.87
A7	10	0	0.05	0
A9	50	20	0.46	0.12
A10	50	0	0.15	0
A11	40	10	47.92	1.3
A13	50	0	0.16	0
A14	40	130	20.64	27.03

表 3-33　蛎岈山海洋公园海域潮下带大型底栖动物群落的栖息密度和生物量组成

时间	类群	栖息密度		生物量	
		均值（个/m²）	占比（%）	均值（g/m²）	占比（%）
春季	环节动物	20.00	56.25	0.82	9.10
	棘皮动物	7.78	21.88	0.30	3.38
	节肢动物	3.33	9.38	1.27	14.07
	纽形动物	2.22	6.25	4.32	48.00
	软体动物	2.22	6.25	2.29	25.44
	总计	35.55	—	9.00	—
秋季	环节动物	12.22	47.83	1.43	39.85
	软体动物	6.67	26.09	1.51	42.11
	棘皮动物	3.33	13.04	0.22	6.07
	腕足动物	3.33	13.04	0.43	11.96
	总计	25.55	—	3.59	—

（三）优势种

春季和秋季潮下带大型底栖动物的优势种均为滩栖阳遂足。

第八节　渔业资源

一、渔业资源

（一）种类

春季拖网调查共记录到 46 种渔业资源生物。其中，鱼类 29 种，占总物种数的 63.04%；虾类 4 种，占比为 8.70%；蟹类 8 种，占比为 17.39%；螺类

2 种，占比为 4.35%；头足类、口足类和腔肠动物各 1 种，各占比为 2.17%（表 3-34）。从生态类群上看，以鱼类种类数最多，虾类和蟹类次之，再次为螺类。

从各物种的出现频率（F，以%为单位）上看，三疣梭子蟹、日本蟳、周氏新对虾、口虾蛄和脉红螺在各站位均有分布，其他出现频率较高的种类有海鳗（83.33%）、棘头梅童鱼（83.33%）、短吻舌鳎（83.33%）和焦氏舌鳎（83.33%）。

从相对丰度占比来看，蛎岈山海洋公园海域渔业资源数量（代号为 N）优势种为三疣梭子蟹（59.49%）、日本蟳（19.26%）、棘头梅童鱼（9.05%）、口虾蛄（3.10%）、焦氏舌鳎（2.25%）、赤鼻棱鳀（1.76%）和小头副孔虾虎鱼（1.05%）。

从相对重量占比来看，蛎岈山海洋公园海域渔业资源重量（代号为 W）优势种为三疣梭子蟹（65.91%）、日本蟳（16.36%）、口虾蛄（3.42%）、脉红螺（2.28%）、焦氏舌鳎（2.10%）、中国花鲈（1.73%）、鲻（1.19%）和海鳗（1.04%）。

综上所述，春季蛎岈山海洋公园海域主要经济种类为三疣梭子蟹、口虾蛄、日本蟳、棘头梅童鱼、中国花鲈和海鳗等。

表 3-34　春季蛎岈山海洋公园海域单拖网调查渔获物的种类组成

类群	种类	拉丁文名	N（尾）	相对丰度占比(%)	W（g）	相对重量占比(%)	F（%）
鱼类	星康吉鳗	*Conger myriaster*	4	0.04	556.4	0.29	33.33
鱼类	海鳗	*Muraenesox cinereus*	26	0.24	2 002.4	1.04	83.33
鱼类	尖吻蛇鳗	*Ophichthus apicalis*	3	0.03	157.9	0.08	16.67
鱼类	赤鼻棱鳀	*Thryssa kammalensis*	194	1.76	785.6	0.41	66.67
鱼类	黄鲫	*Setipinna taty*	1	0.01	21.6	0.01	16.67
鱼类	康氏侧带小公鱼	*Stolephorus commersonnii*	4	0.04	6.7	0.00	33.33
鱼类	黄鮟鱇	*Lophiuslitulon*	1	0.01	37.0	0.02	16.67
鱼类	鲬	*Platycephalus indicus*	15	0.14	117.7	0.06	66.67
鱼类	鲮	*Planiliza haematocheilus*	1	0.01	1 200.0	0.63	16.67
鱼类	鲻	*Mugil cephalus*	3	0.03	2 285.4	1.19	50.00
鱼类	黑棘鲷	*Acanthopagrus schlegeli*	2	0.02	1 400.0	0.73	16.67
鱼类	真赤鲷	*Pagrus major*	5	0.05	11.2	0.01	16.67
鱼类	多鳞鱚	*Sillago sihama*	9	0.08	589.4	0.31	66.67
鱼类	中国花鲈	*Lateolabrax maculatus*	17	0.15	3 316.7	1.73	66.67

类群	种类	拉丁文名	N（尾）	相对丰度占比(%)	W（g）	相对重量占比(%)	F（%）
鱼类	棘头梅童鱼	*Collichthys lucidus*	995	9.05	1 376.8	0.72	83.33
鱼类	鮸	*Miichthysmiiuy*	1	0.01	8.8	0.00	16.67
鱼类	小黄鱼	*Larimichthys polyactis*	31	0.28	600.9	0.31	33.33
鱼类	斑尾刺虾虎鱼	*Acanthogobiusommaturus*	7	0.06	9.2	0.00	16.67
鱼类	髭缟虾虎鱼	*Tridentiger barbatus*	14	0.13	161.5	0.08	33.33
鱼类	拉氏狼牙虾虎鱼	*Odontamblyopus lacepedii*	11	0.10	267.6	0.14	50.00
鱼类	矛尾虾虎鱼	*Chaeturichthys stigmatias*	2	0.02	15.8	0.01	33.33
鱼类	小头副孔虾虎鱼	*Ctenotrypauchen microcephalus*	115	1.05	633.5	0.33	66.67
鱼类	带鱼	*Trichiurus lepturus*	1	0.01	300	0.16	16.67
鱼类	鲹科未定种	Carangidae sp.	1	0.01	8.6	0.00	16.67
鱼类	半滑舌鳎	*Cynoglossus semilaevis*	1	0.01	1 000.0	0.52	16.67
鱼类	短吻舌鳎	*Cynoglossus abbreviatus*	31	0.28	552.3	0.29	83.33
鱼类	焦氏舌鳎	*Cynoglossus joyneri*	247	2.25	4 035.0	2.10	83.33
鱼类	木叶鲽	*Pleuronichthys cornutus*	3	0.03	27.6	0.01	33.33
鱼类	牙鲆	*Paralichthys olivaceus*	35	0.32	467.0	0.24	50.00
蟹类	中华绒螯蟹	*Eriocheir sinensis*	1	0.01	123.0	0.06	16.67
蟹类	豆形拳蟹	*Pyrhila pisum*	1	0.01	62.0	0.03	16.67
蟹类	红线黎明蟹	*Matuta planipes*	5	0.05	64.5	0.03	33.33
蟹类	隆线强蟹	*Eucrate crenata*	2	0.02	40.0	0.02	33.33
蟹类	三疣梭子蟹	*Portunus trituberculatus*	6 544	59.49	126 458.4	65.91	100.00
蟹类	日本关公蟹	*Heikeopsis japonica*	6	0.05	199.2	0.10	16.67
蟹类	日本蟳	*Charybdis japonica*	2 119	19.26	31 389.1	16.36	100.00
蟹类	细点圆趾蟹	*Ovalipes punctatus*	3	0.03	57.6	0.03	16.67
虾类	脊尾白虾	*Exopalaemon carinicauda*	1	0.01	0.4	0.00	16.67
虾类	细巧仿对虾	*Parapenaeopsis tenella*	53	0.48	118.5	0.06	66.67
虾类	鲜明鼓虾	*Alpheusdistinguendus*	25	0.23	24.9	0.01	66.67
虾类	周氏新对虾	*Metapenaeus joyneri*	65	0.59	193.3	0.10	100.00
口足类	口虾蛄	*Oratosquilla oratoria*	341	3.10	6 571.0	3.42	100.00
螺类	脉红螺	*Rapana venosa*	36	0.33	4 371.6	2.28	100.00
螺类	扁玉螺	*Neverita didyma*	4	0.04	75.9	0.04	50.00
头足类	短蛸	*Amphioctopus fangsiao*	7	0.06	59.7	0.03	50.00
腔肠动物	海葵	Actiniaria	7	0.06	102.5	0.05	50.00

秋季拖网调查共记录到 38 种渔业资源生物。其中，鱼类 24 种，占总种数的 63.16%；虾类 7 种，占比 18.42%；蟹类 5 种，占比 13.16%；头足类和口足类各 1 种，分别占比 2.63%（表 3-35）。从生态类群上看，以鱼类种类数最多，虾类和蟹类次之，再次为头足类和口足类。

从出现频率上看，三疣梭子蟹、日本蟳和口虾蛄在各站位均有分布，其他出现频率较高的种类有海鳗（83.33%）、皮氏叫姑鱼（83.33%）、中国花鲈（83.33%）和焦氏舌鳎（83.33%）。

从相对丰度占比来看，蛎岈山海洋公园海域渔业资源数量优势种为皮氏叫姑鱼（15.55%）、三疣梭子蟹（11.95%）、日本蟳（10.32%）、焦氏舌鳎（8.00%）、鮸（7.42%）、中华管鞭虾（5.92%）、口虾蛄（5.34%）和海鳗（5.10%）。

从相对重量占比来看，蛎岈山海洋公园海域渔业资源重量优势种为中国花鲈（22.35%）、鮸（17.69%）、海鳗（16.66%）、鮻（10.40%）、三疣梭子蟹（10.28%）和皮氏叫姑鱼（7.76%）。

综上所述，秋季蛎岈山海洋公园海域主要经济种类为三疣梭子蟹、口虾蛄、日本蟳、皮氏叫姑鱼、中国花鲈和海鳗等。

表 3-35　秋季蛎岈山海洋公园海域单拖网调查渔获物的种类组成

类群	种类	拉丁文名	N（尾）	相对丰度占比（%）	W（g）	相对重量占比（%）	F（%）
鱼类	海鳗	*Muraenesox cinereus*	44	5.10	15 765.1	16.65	83.33
鱼类	鳓	*Ilisha elongata*	12	1.39	65.9	0.07	66.67
鱼类	斑鰶	*Konosirus punctatus*	11	1.28	81.4	0.09	16.67
鱼类	赤鼻棱鳀	*Thryssa kammalensis*	8	0.93	52.1	0.06	50.00
鱼类	康氏侧带小公鱼	*Stolephorus commersonii*	4	0.46	9.4	0.01	33.33
鱼类	中颌棱鳀	*Thryssa mystax*	2	0.23	24.4	0.03	33.33
鱼类	多鳞四指马鲅	*Eleutheronema rhadinum*	26	3.02	2 808.4	2.97	66.67
鱼类	鮻	*Planiliza haematocheilus*	11	1.28	9 847.4	10.40	66.67
鱼类	骨鲻属未定种	*Osteomugil* sp.	2	0.23	59.3	0.06	33.33
鱼类	黑棘鲷	*Acanthopagrus schlegeli*	7	0.81	3 362.8	3.55	66.67
鱼类	中国花鲈	*Lateolabrax maculatus*	37	4.29	21 155.7	22.35	83.33
鱼类	鮸	*Miichthys miiuy*	64	7.42	16 745.8	17.69	66.67
鱼类	黄姑鱼	*Nibea albiflora*	1	0.12	426.6	0.45	16.67
鱼类	小黄鱼	*Larimichthys polyactis*	2	0.23	58.2	0.06	33.33
鱼类	皮氏叫姑鱼	*Johnius belangerii*	134	15.55	7 346.4	7.76	83.33

类群	种类	拉丁文名	N（尾）	相对丰度占比(%)	W（g）	相对重量占比(%)	F（%）
鱼类	鳞鳍叫姑鱼	*Johnius distinctus*	14	1.62	109.6	0.12	50.00
鱼类	棘头梅童鱼	*Collichthys lucidus*	29	3.36	527.0	0.56	50.00
鱼类	拉氏狼牙虾虎鱼	*Odontamblyopus lacepedii*	2	0.23	58.9	0.06	16.67
鱼类	矛尾虾虎鱼	*Chaeturichthys stigmatias*	10	1.16	236.0	0.25	50.00
鱼类	髭缟虾虎鱼	*Tridentiger barbatus*	8	0.93	50.7	0.05	50.00
鱼类	多鳞鱚	*Sillago sihama*	2	0.23	78.1	0.08	33.33
鱼类	短吻舌鳎	*Cynoglossus abbreviatus*	4	0.46	151.2	0.16	33.33
鱼类	焦氏舌鳎	*Cynoglossus joyneri*	69	8.00	1 354.1	1.43	83.33
鱼类	黄鳍东方鲀	*Takifugu xanthopterus*	5	0.58	159.0	0.17	50.00
蟹类	红线黎明蟹	*Matuta planipes*	2	0.23	18.5	0.02	33.33
蟹类	隆线强蟹	*Eucrate crenata*	7	0.81	112.3	0.12	66.67
蟹类	三疣梭子蟹	*Portunus trituberculatus*	103	11.95	9 727.0	10.28	100.00
蟹类	日本关公蟹	*Heikeopsis japonica*	4	0.46	27.7	0.03	33.33
蟹类	日本蟳	*Charybdis japonica*	89	10.32	3 004.1	3.17	100.00
虾类	脊尾白虾	*Exopalaemon carinicauda*	4	0.46	13.6	0.01	50.00
虾类	中华管鞭虾	*Solenocera crassicornis*	51	5.92	124.8	0.13	66.67
虾类	日本对虾	*Penaeus japonicus*	8	0.93	102.5	0.11	50.00
虾类	中国对虾	*Fenneropenaeus chinensis*	16	1.86	250.6	0.26	66.67
虾类	周氏新对虾	*Metapenaeus joyneri*	3	0.35	32.9	0.03	16.67
虾类	哈氏仿对虾	*Parapenaeopsis hardwickii*	17	1.97	40.6	0.04	33.33
虾类	葛氏长臂虾	*Palaemon gravieri*	3	0.35	1.9	0.00	33.33
口足类	口虾蛄	*Oratosquilla oratoria*	46	5.34	638.2	0.67	100.00
头足类	金乌贼	*Sepia esculenta*	1	0.12	28.7	0.03	16.67

（二）渔业资源密度

春季蛎岈山海洋公园海域 6 个调查站位渔业资源密度尾数值介于 $4.70 \times 10^4 \sim 130.07 \times 10^4$ 尾/km²，平均为 44.99×10^4 尾/km²（表 3 - 36）。其中，鱼类资源密度尾数值介于 $0.10 \times 10^4 \sim 8.31 \times 10^4$ 尾/km²，平均为 3.78×10^4 尾/km²；虾类资源密度尾数值介于 $0.10 \times 10^4 \sim 2.84 \times 10^4$ 尾/km²，平均为 0.66×10^4 尾/km²；蟹类资源密度尾数值介于 $3.76 \times 10^4 \sim 114.58 \times 10^4$ 尾/km²，平均为 38.46×10^4 尾/km²。

春季蛎岈山海洋公园海域 6 个调查站渔业资源密度重量值介于 1.41～

20.65t/km²，平均为 7.51t/km²（表 3-37）。其中，鱼类资源密度重量值介于 0.17～2.31t/km²，平均为 0.80t/km²；虾类资源密度重量值介于 0.001～0.021t/km²，平均为 0.01t/km²；蟹类资源密度重量值介于 0.91～15.48 t/km²，平均为 6.07t/km²。

表 3-36　春季蛎岈山海洋公园海域各调查站位的渔业资源尾数总密度（万尾/km²）

类群	A2	A3	A4	A5	A7	A11
鱼类	2.44	3.25	0.10	4.78	8.31	3.81
虾类	0.23	0.10	0.18	2.84	0.28	0.30
蟹类	15.32	5.19	3.76	114.58	84.50	7.41
其他	0.13	0.12	0.65	7.86	3.47	0.30
合计	18.12	8.66	4.70	130.07	96.56	11.82

表 3-37　春季蛎岈山海洋公园海域各调查站位的渔业资源重量总密度（t/km²）

类群	A2	A3	A4	A5	A7	A11
鱼类	0.18	0.17	0.29	2.31	0.58	1.29
虾类	0.00	0.00	0.02	0.02	0.02	0.00
蟹类	4.18	1.20	1.40	15.48	13.24	0.91
其他	0.06	0.04	0.16	2.84	0.43	0.19
合计	4.43	1.41	1.88	20.65	14.27	2.40

秋季蛎岈山海洋公园海域 6 个调查站位渔业资源密度尾数值介于 0.72×10^4～0.86×10^4 尾/km²，平均为 0.80×10^4 尾/km²（表 3-38）。其中，鱼类资源密度尾数值介于 0.28×10^4～0.59×10^4 尾/km²，平均为 0.45×10^4 尾/km²；虾类资源密度尾数值介于 0.03×10^4～0.19×10^4 尾/km²，平均为 0.08×10^4 尾/km²；蟹类资源密度尾数值介于 0.18×10^4～0.31×10^4 尾/km²，平均为 0.22×10^4 尾/km²。

秋季蛎岈山海洋公园海域 6 个调查站位渔业资源密度重量值介于 0.42～1.25t/km²，平均为 0.89t/km²（表 3-39）。其中，鱼类资源密度重量值介于 0.33～1.10t/km²，平均为 0.75t/km²；虾类资源密度重量值介于 0.003～0.01t/km²，平均为 6.11kg/km²；蟹类资源密度重量值介于 0.08～0.16 t/km²，平均为 0.12t/km²。

表 3-38　秋季蛎岈山海洋公园海域各调查站位的渔业资源尾数总密度（万尾/km²）

类群	A2	A3	A4	A5	A7	A11
鱼类	0.28	0.39	0.47	0.59	0.44	0.50

类群	A2	A3	A4	A5	A7	A11
虾类	0.03	0.08	0.19	0.05	0.06	0.06
蟹类	0.31	0.24	0.18	0.14	0.24	0.22
其他	0.06	0.06	0.01	0.07	0.07	0.03
合计	0.72	0.77	0.86	0.85	0.81	0.81

表 3 - 39　秋季蛎岈山海洋公园海域各调查站位的渔业资源重量总密度（t/km²）

类群	A2	A3	A4	A5	A7	A11
鱼类	0.60	0.33	0.44	1.10	1.07	0.97
虾类	0.01	<0.01	<0.01	0.01	0.01	<0.01
蟹类	0.10	0.08	0.12	0.12	0.16	0.15
其他	0.01	0.01	0.00	0.01	0.01	<0.01
合计	0.72	0.42	0.56	1.24	1.25	1.12

（三）主要渔获种类

从春季各物种的平均资源密度尾数值来看（表 3 - 40），三疣梭子蟹的平均资源密度最高（241 361.10 尾/km²），其次是日本蟳（142 836.22 尾/km²），再次是口虾蛄（18 745.29 尾/km²）、棘头梅童鱼（12 043.47 尾/km²）和赤鼻棱鳀（9 920.92 尾/km²）。从各物种的平均资源密度重量值来看，三疣梭子蟹的平均资源密度最高（4 172.22kg/km²），其次是日本蟳（1 884.24kg/km²），再次为口虾蛄（445.10kg/km²）、脉红螺（165.25 kg/km²）、鲻（113.03kg/km²）、鲛（94.70kg/km²）和海鳗（88.24 kg/km²）。

表 3 - 40　春季蛎岈山海洋公园海域渔业资源生物的平均资源密度指数

种类	平均资源密度尾数值（尾/km²）	平均资源密度重量值（kg/km²）
星康吉鳗	64.11	7.37
海鳗	1 129.64	88.24
尖吻蛇鳗	138.89	7.31
赤鼻棱鳀	9 920.92	40.74
黄鲫	26.79	0.58
康氏侧带小公鱼	217.80	0.43
黄鲛鳙	46.30	1.71
鲬	705.74	5.78

种类	平均资源密度尾数值（尾/km²）	平均资源密度重量值（kg/km²）
鲛	78.91	94.70
鲻	137.10	113.03
黑棘鲷	66.77	46.74
真赤鲷	231.48	0.52
多鳞鱚	356.61	22.11
中国花鲈	507.06	82.53
棘头梅童鱼	12 043.47	18.78
鮸	78.91	0.69
小黄鱼	837.14	16.22
斑尾刺虾虎鱼	324.07	0.43
髭缟虾虎鱼	421.25	4.53
拉氏狼牙虾虎鱼	239.53	7.67
矛尾虾虎鱼	38.65	0.31
小头副孔虾虎鱼	2 662.52	15.64
带鱼	78.91	23.67
鲹科未定种	46.30	0.40
半滑舌鳎	78.91	78.91
短吻舌鳎	1 112.85	18.65
焦氏舌鳎	4 558.69	83.87
木叶鲽	204.12	1.86
牙鲆	1 472.94	20.92
中华绒螯蟹	46.30	5.69
豆形拳蟹	46.30	2.87
红线黎明蟹	141.18	1.78
隆线强蟹	38.65	0.84
三疣梭子蟹	241 361.10	4 172.22
日本关公蟹	31.57	1.05
日本鲟	142 836.22	1 884.24
细点圆趾蟹	80.38	1.54
脊尾白虾	5.26	0.00

（续）

种类	平均资源密度尾数值（尾/km²）	平均资源密度重量值（kg/km²）
细巧仿对虾	1 990.23	2.86
鲜明鼓虾	817.51	0.59
周氏新对虾	3 731.93	7.86
口虾蛄	18 745.29	445.10
脉红螺	1 544.02	165.25
扁玉螺	191.98	4.41
短蛸	188.06	1.57
海葵	218.49	3.08

从秋季各物种的平均资源密度尾数值来看（表 3－41），日本蟳的平均资源密度最高（1 053.24 尾/km²），其次是三疣梭子蟹（1 035.88 尾/km²），再次是皮氏叫姑鱼（943.29 尾/km²）、焦氏舌鳎（480.32 尾/km²）和口虾蛄（480.32 尾/km²）。从各物种的平均资源密度重量值来看，中国花鲈的平均资源密度最高（190.04kg/km²），其次是鲅（138.61kg/km²），再次为鮸（128.68kg/km²）、海鳗（123.54kg/km²）、三疣梭子蟹（86.77kg/km²）、黑棘鲷（60.16kg/km²）和皮氏叫姑鱼（51.98kg/km²）。

表 3－41　秋季蛎岈山海洋公园海域渔业资源生物的平均资源密度指数

种类	平均资源密度尾数值（尾/km²）	平均资源密度重量值（kg/km²）
海鳗	364.58	123.54
鳓	115.74	0.61
斑鰶	162.04	1.97
赤鼻棱鳀	75.23	0.49
康氏侧带小公鱼	46.30	0.11
中颌棱鳀	17.36	0.17
多鳞四指马鲅	208.33	22.55
鲅	144.68	138.61
骨鲻属	57.87	1.55
黑棘鲷	138.89	60.16
中国花鲈	335.65	190.04
鮸	474.54	128.68
黄姑鱼	5.79	2.47

种类	平均资源密度尾数值（尾/km²）	平均资源密度重量值（kg/km²）
小黄鱼	17.36	0.54
皮氏叫姑鱼	943.29	51.98
鳞鳍叫姑鱼	138.89	0.89
棘头梅童鱼	243.06	4.72
拉氏狼牙虾虎鱼	23.15	0.68
矛尾虾虎鱼	81.02	1.97
髭缟虾虎鱼	196.76	0.99
多鳞鱚	17.36	0.66
短吻舌鳎	115.74	5.41
焦氏舌鳎	480.32	8.93
黄鳍东方鲀	52.08	1.65
红线黎明蟹	17.36	0.16
隆线强蟹	63.66	0.97
三疣梭子蟹	1 035.88	86.77
日本关公蟹	46.30	0.32
日本蟳	1 053.24	34.64
脊尾白虾	40.51	0.15
中华管鞭虾	312.50	0.81
日本对虾	75.23	0.98
中国对虾	162.04	3.49
周氏新对虾	34.72	0.38
哈氏仿对虾	150.46	0.30
葛氏长臂虾	98.38	0.06
口虾蛄	480.32	7.21
金乌贼	5.79	0.17

二、仔稚鱼

（一）种类

春季从定性样本和定量样本中共记录到 8 种鱼卵和 12 种仔稚鱼，共计 16 种，其中 1 种未定种无法鉴定到任何分类水平，其余 15 种隶属于 10 科，物种丰富度最高的为虾虎鱼科（表 3 - 42）。大部分种类在东海、黄海近海和沿岸水域分布较广，其中方氏锦鳚 *Pholis fangi* 仔稚鱼是江苏省沿岸水域比较有代表性的优势种类之一。

秋季调查的样本中未出现鱼卵、仔稚鱼。

表 3-42 春季蛎蚜山海洋公园海域仔稚鱼的种名录

分类阶元	学名	鱼卵	仔稚鱼
鳀科	Engraulidae		
侧带小公鱼属未定种	Stolephorus sp.	＋	＋
凤鲚	Coilia mystus		△
鲱科	Clupeidae		
斑鰶	Konosirus punctatus	＋	＋
狼鲈科	Moronidae		
中国花鲈	Lateolabrax maculatus		△
石首鱼科	Sciaenidae		
小黄鱼	Larimichthys polyactis	△	△
石首鱼科未定种	Sciaenidae sp.	＋	＋
锦鳚科	Pholidae		
方氏锦鳚	Pholis fangi		△
鲔科	Callionymidae		
香斜棘鲔	Repomucenus olidus	＋	
虾虎鱼科	Gobiidae		
普氏缰虾虎鱼	Amoya pflaumi		＋
斑尾刺虾虎鱼	Acanthogobius ommaturus		△
矛尾虾虎鱼	Chaeturichthys stigmatias		＋
竿虾虎鱼	Luciogobius guttatus		＋
鲭科	Scombridae		
蓝点马鲛	Scomberomorus niphonius	△	
日本鲭	Scomber japonicus	△	
舌鳎科	Cynoglossidae		
舌鳎属未定种	Cynoglossus sp.	＋	
未定种	Unidentified sp.		＋

注:"＋"表示在定量样品中出现,"△"表示在定性样品中出现。

另在蛎蚜山牡蛎礁礁体牡蛎壳内发现了大量黏性鱼卵和初孵仔鱼,经DNA条码鉴定均为竿虾虎鱼(彩图4),该种的仔鱼同样出现在大面调查获得的样本中。除了一些虾虎鱼种类外,部分鳚类也在牡蛎壳的缝隙里产卵和育幼,并且牡蛎礁内共存的虾虎鱼类和鳚类会选择不同规格(壳长、缝隙大小)的牡蛎壳,避开空间竞争(Crabtree,1982)。

定量调查中共采集到 839 枚鱼卵和 60 尾仔稚鱼,鱼卵相对丰度最高的是斑鰶和石首鱼科未定种。丰度较高的仔稚鱼种类依次为矛尾虾虎鱼、侧带小公鱼属和竿虾虎鱼。

（二）丰度

春季蛎岈山海洋公园海域鱼卵平均丰度约为 37.11 枚/m³，其中涨潮时平均丰度约为 45.96 枚/m³，落潮时平均丰度约为 28.27 枚/m³；涨潮时 9 号、10 号站位丰度较高，落潮时 4 号、5 号和 10 号站位丰度较高。仔稚鱼平均丰度约为 2.37 尾/m³，其中涨潮时平均丰度约为 1.77 尾/m³，落潮时平均丰度约为 2.96 尾/m³；涨潮时 9 号、10 号、4 号站位丰度较高，落潮时 4 号、5 号和 10 号站位丰度较高（表 3 - 43，表 3 - 44）。

秋季调查的样本中未出现鱼卵、仔稚鱼。

表 3 - 43　春季蛎岈山海洋公园海域鱼卵的数量和密度

种类	涨潮数量 （枚）	涨潮平均丰度 （枚/m³）	落潮数量 （枚）	落潮平均丰度 （枚/m³）
斑鰶	117	10.41	112	10.15
侧带小公鱼属未定种	66	6.34	30	2.73
石首鱼科未定种	298	27.86	143	12.66
舌鳎属未定种	9	1.29	63	2.74
香斜棘鯔	1	0.06	—	—

表 3 - 44　春季蛎岈山海洋公园海域仔稚鱼的数量和密度

种类	涨潮数量 （尾）	涨潮平均丰度 （枚/m³）	落潮数量 （枚）	落潮平均丰度 （枚/m³）
斑鰶	1	0.08	3	0.11
侧带小公鱼属未定种	7	0.51	2	0.12
矛尾虾虎鱼	7	0.36	20	2.13
石首鱼科未定种	3	0.20	—	—
竿虾虎鱼	2	0.11	7	0.41
普氏缰虾虎鱼	—	—	1	0.03
未定种	5	0.51	2	0.16

三、牡蛎礁定居性鱼类

2022 年 10 月和 2022 年 12 月分别调查了牡蛎礁礁区内定居性鱼类。调查参考潮间带底栖生物的采集方法，随机抛掷 20cm×20cm 的样方，在样方内向下挖掘直至泥沙，收集其中的鱼类，测量体长，并用无水乙醇保存。带回实验室后根据 Springer（1975）从形态上鉴定种类，并用 DNA 条码方法进行了验证。

（一）种类

两次调查在蛎岈山牡蛎礁礁体内共采集到 2 种定居性鱼类，经形态鉴定和 DNA 条码法验证，分别确定为斑头肩鳃䲁 *Omobranchus fasciolatoceps* 和斑点

肩鳃鳚 *Omobranchus punctatus*。二者外形上最直观的特征为：斑头肩鳃鳚头顶具有三角形头瓣，斑点肩鳃鳚肩部具数条平行细纵纹。此外，在邻近礁体的泥滩中采集到 2 尾裸项缟虾虎鱼 *Tridentiger nudicervicus*，但不计入分析。

（二）丰度

两次调查共采集到 71 尾肩鳃鳚属鱼类，斑点肩鳃鳚的出现频率约为47.92%，斑头肩鳃鳚仅为 12.50%。斑点肩鳃鳚的丰度也显著较高，约为斑头肩鳃鳚的 10 倍左右（表 3-45）。当前的样本是顺着潮间带底栖生物的断面采集，尚不足解析整个蛎蚜山牡蛎礁内 2 种肩鳃鳚分布的空间格局，它们对牡蛎礁内的小生境的利用模式有待进一步研究。

表 3-45　蛎蚜山牡蛎礁中两种肩鳃鳚属鱼类的数量和丰度

种类	数量（尾）	出现频率（%）	丰度（尾/m²）	丰度范围（尾/m²）
斑点肩鳃鳚	65	47.92	33.85	0～275
斑头肩鳃鳚	6	12.5	3.13	0～25

（三）体长

斑点肩鳃鳚体长范围为 24.0～64.30mm，平均体长为 42.75mm，体长中位数为 45.86mm。斑头肩鳃鳚体长范围为 14.56～45.07mm，平均体长为25.16mm，体长中位数为 23.68mm（图 3-3）。t 检验结果显示斑点肩鳃鳚的平均体长显著大于斑头肩鳃鳚（$P<0.05$）。通过观察标本可以判断这里面有一大部分还是幼鱼，斑头肩鳃鳚的幼鱼比例相对较高。二者在蛎蚜山牡蛎礁是否采取了不同的繁殖策略来达到生态位分化，亦有待于进一步研究。

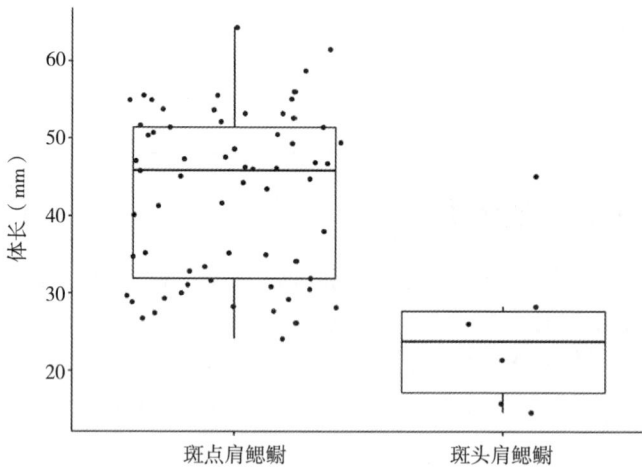

图 3-3　蛎蚜山牡蛎礁中两种肩鳃鳚的体长箱线

第四章　江苏海门蛎岈山国家级海洋公园牡蛎礁生态现状调查与评估

第一节　牡蛎礁自然分布

一、测量方法

（一）潮间带牡蛎礁测量方法

2013 年 11 月 18—21 日期间开展了海门蛎岈山国家级海洋公园潮间带牡蛎礁的无人机航空摄影测量遥感调查工作。共布设了 32 个地面控制点，飞行了 16 条航线，航拍 2 000 余幅地面高分辨率影像，完整覆盖了整个蛎岈山潮间带牡蛎礁区，实现海门蛎岈山潮间带牡蛎礁地理分布和生态现状的高精度遥感调查。

1. 控制点布设

在实施过程中，为了给空中拍摄的影像提供空间定位信息，通常需要地面具体特征地物的精确坐标。卫星遥感时可以辨识的河流的拐弯处或交叉处、小岛、小水塘、桥梁、机场跑道、铁路、水坝和交叉路口等明显地物均可作为地面控制点。由于海门蛎岈山牡蛎礁处于南黄海潮间带，除了南侧和北侧监管平台可作为地面控制点外，没有其他可作为地面控制点的地物特征，所以必须人工布设控制点。控制点的分布要求相对均匀，因此首先布置了控制点的大概位置，再根据实际的情况进行小范围的调整。

2. 控制点的高精度测量

在实施过程中，对地面特征点（地面控制点）进行野外高精度测量时，以测量点的精准定位信息给无人机航拍的影像结果进行几何精纠正。使用高精度 GPS 定位和 GIS 信息采集仪，通过参考站和流动站的同步记录方式进行后处理差分测量。

3. 无人机航拍

采用固定翼无人机对海门蛎岈山潮间带牡蛎礁进行航拍，取得 2317 张地面高分辨率影像。

4. 影像处理

（1）曝光调整 受潮位时间的限制，大部分成像时间都是黎明天亮时分，导致拍摄的光照条件较差，且影像与影像间的光照条件存在明显差异，成像时曝光参数难以较好地设置。在后期影像处理时，对每一张影像进行曝光调整，达到相对一致。

（2）分航线拼接 首先根据航线进行分航线拼接，影像与影像之间有较高重叠度的，比较容易实现同一条航线内影像的两两相拼，可以实现一定程度的自动化拼接。

（3）航线间拼接 由于无人机体积小重量轻，在拍摄时极易受到风的影响，航线与航线的重叠度远小于航线内影像间的重叠度，并且部分区域地表比较均质，航线间影像拼接需要人工干预，为匹配寻找同名点。

（4）四子区拼接 航线内和航线间的影像拼接完成后，分别完成东南、东北、西南、西北四个子区的拼接。

（5）牡蛎礁区影像拼接 将区域东南、东北、西南、西北四个子区拼接成海门蛎岈山潮间带牡蛎礁区域影像，据此分析海门蛎岈山潮间带牡蛎礁的地形地貌和礁体分布情况。

（6）几何纠正与地理定位 在影像上查找所布设的地面控制点，根据地面控制点精确的地理坐标，对影像进行地理几何纠正，并赋予影像地理参考信息。

（二）潮下带牡蛎礁测量方法

2018 年 8 月 25—26 日运用侧扫声呐对海门蛎岈山国家级海洋公园内潮下带牡蛎礁进行了测量。初步确定海门蛎岈山周围 4 个浅水潮下带区域作为重点测量区。其中，礁区 1 位于 2 万 t 级码头南侧水域，礁区 2 和礁区 3 位于海门蛎岈山东侧水域，礁区 4 为海门蛎岈山南侧航道水域。主要测量仪器为剑鱼 1020D 双频侧扫声呐（100/400kHz）、半球 GPS 以及海测大师侧扫声呐导航采集软件。采用 WGS84 坐标系统和横轴墨卡托（UTM）投影。

二、牡蛎礁分布状况

（一）潮间带牡蛎礁的分布状况

海门蛎岈山国家级海洋公园内共发现 750 个潮间带牡蛎礁斑块，牡蛎礁斑块总面积达到 201 519.37m² （图 4-1）（全为民等，2016），各牡蛎礁斑块的具体位置信息见附表 4。牡蛎礁斑块的面积介于 0.98～16 330m²。从数量百分比来看，72.67% 的牡蛎礁斑块面积介于 10～500m²；从面积百分比来看，面积介于 1 000～5 000m² 的牡蛎礁斑块所占比例最大（32.95%）（表4-1）。

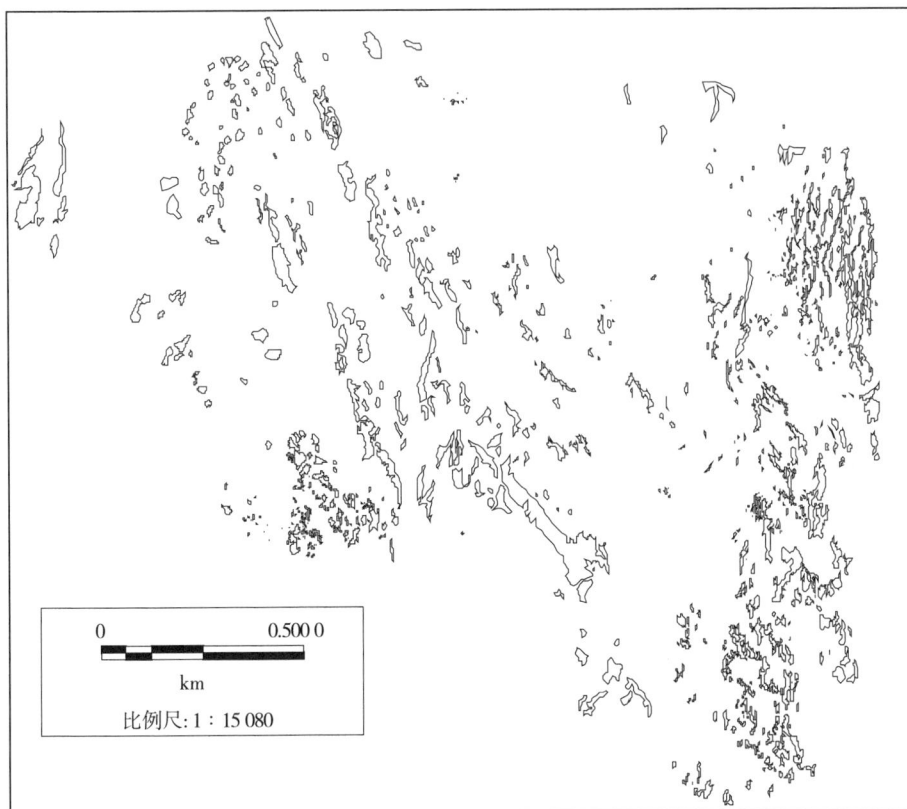

图 4-1 江苏海门蛎蚜山国家级海洋公园潮间带牡蛎礁斑块分布

表 4-1 江苏海门蛎蚜山国家级海洋公园潮间带牡蛎礁的斑块数量及面积统计

斑块面积范围（m^2）	礁体数量（个）	数量百分比（%）	礁体面积（m^2）	面积百分比（%）
S<10	105	14.00	566.64	0.28
10≤S<100	293	39.07	11 594.23	5.75
100≤S<500	252	33.60	57 757.20	28.66
500≤S<1 000	60	8.00	43 637.30	21.65
1 000≤S<5 000	38	5.07	66 400.00	32.95
5 000≤S<10 000	1	0.13	5 225.00	2.59
10 000≤S	1	0.13	16 330.00	8.10

（二）潮下带牡蛎礁的分布状况

海门蛎蚜山国家级海洋公园内共发现 19 个潮下带牡蛎礁，单个牡蛎礁面积介于 364～6 000m^2，总面积约为 45 288m^2，各牡蛎礁斑块的具体位置信息见附表 5。其中，礁区 1 内共有 4 个牡蛎礁，分布于礁区南侧，总面积约为 4 820m^2；礁区 2

内共分布有 6 个牡蛎礁，分布于礁区西侧，总面积约为14 268m²；礁区 3 内共发现 5 个牡蛎礁，分布于礁区中间和西侧，总面积约为 12 400m²；礁区 4 内分布有 4 个牡蛎礁，几乎覆盖整个礁区，总面积约为13 800m²（表 4 - 2）。通过潜水调查摸排，牡蛎礁实际面积小于扫测结果，主要是堆积贝壳会造成礁体判读的误差。

表 4 - 2　江苏海门蛎岈山国家级海洋公园潮下带牡蛎礁数量和面积统计

礁区	牡蛎礁体	牡蛎礁体中心坐标（东经/北纬）	面积（m²）
礁区 1	1	121°32′33.91″/32°09′31.65″	40
	2	121°32′42.40″/32°09′27.74″	280
	3	121°32′49.66″/32°09′25.12″	1 400
	4	121°32′38.91″/32°09′24.45″	3 100
礁区 2	5	121°33′32.13″/32°09′08.96″	2 000
	6	121°33′33.95″/32°09′07.20″	520
	7	121°33′34.94″/32°08′58.69″	4 800
	8	121°33′39.76″/32°08′57.75″	900
	9	121°33′37.73″/32°08′50.42″	6 000
	10	121°33′50.21″/32°08′42.84″	48
礁区 3	11	121°33′30.08″/32°08′33.68″	2 500
	12	121°33′27.35″/32°08′25.33″	2 900
	13	121°33′34.49″/32°08′27.96″	4 500
	14	121°33′42.40″/32°08′30.31″	600
	15	121°33′43.03″/32°08′25.22″	1 900
礁区 4	16	121°31′22.60″/32°08′20.28″	6 200
	17	121°31′33.19″/32°08′20.15″	400
	18	121°31′23.70″/32°08′26.18″	2 100
	19	121°31′35.06″/32°08′13.28″	5 100

第二节　牡蛎生物学

一、调查分析方法

笔者分别于 2013 年和 2018 年的春季（5 月）和秋季（9 月）对海门蛎岈山牡蛎礁内牡蛎各进行 1 次生物学调查。调查内容包括种类、密度、生物量、壳高、肥满度、含肉率、性腺指数、遗传多样性和病害。

（一）调查采样方法

2013 年在海门蛎岈山牡蛎礁内共设置 8 个调查站位（图 4 - 2），每个调查站位采集 6 个 0.25m×0.25m 样方。2018 年在海门蛎岈山牡蛎礁内布设 6 个调查站位（图 4 - 3），每个调查站位采集 5 个 0.25m×0.25m 样方。相邻样方之间的距离不得小于100m。每次调查于大潮低平潮时，待礁体露出登上滩面进行采样。

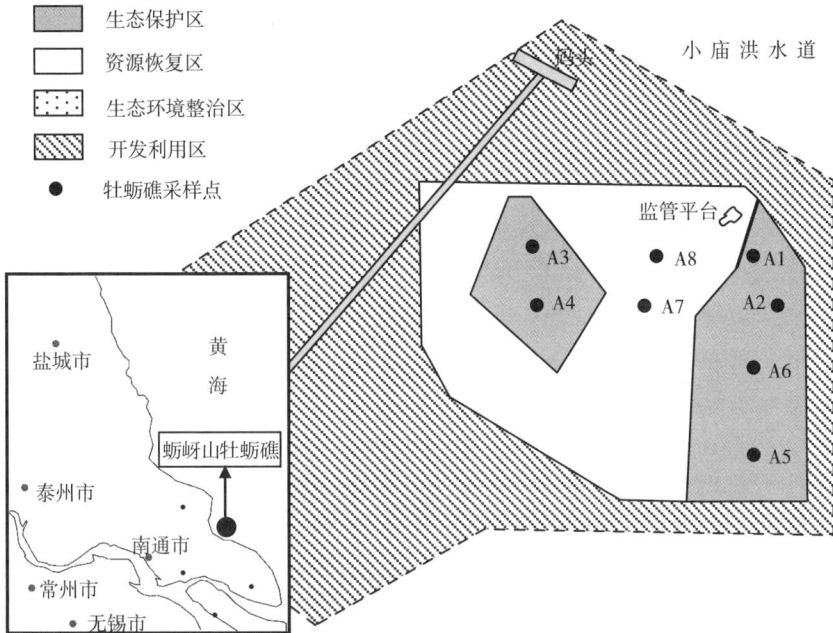

图4-2 2013年蛎岈山牡蛎礁生态现状调查站位

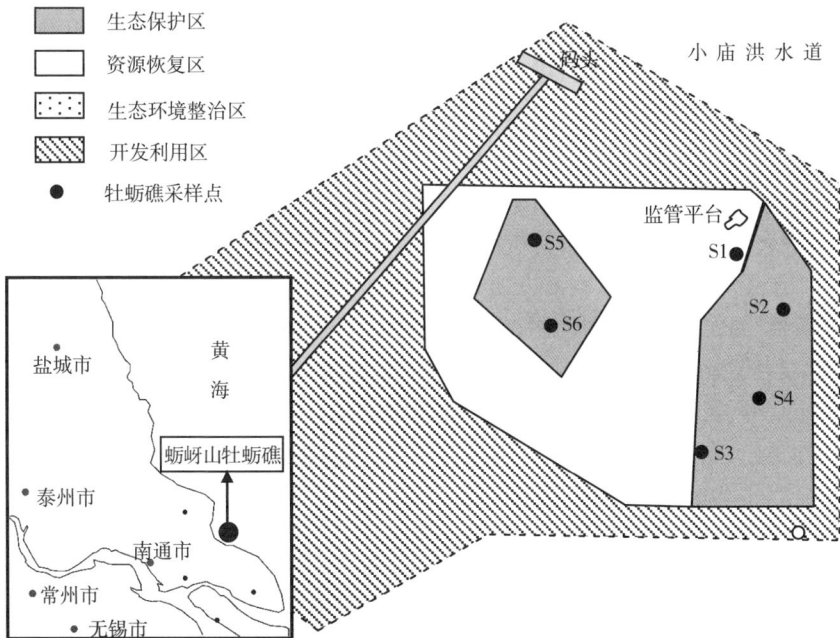

图4-3 2018年蛎岈山牡蛎礁生态现状调查站位

（二）样品分析方法

各指标的测定方法见表4-3。

表4-3　牡蛎生物学指标的调查与分析方法

指标	采样及测定方法	标准及规范
种类	形态学与分子生物学	全为民等，2012
密度	0.25m×0.25m样方，计数	GB 17378—2007
生物量	0.25m×0.25m样方，称重	GB 17378—2007
个体大小	游标卡尺测量	GB 17378—2007
肥满度	重量法	全为民等，2016
含肉率	重量法	全为民等，2016
性腺指数	镜检，称重	全为民等，2016
遗传多样性	分子生物学	全为民等，2016
病害检验	PCR检测	世界动物卫生组织（WOAH）

1. 牡蛎种类鉴定方法

通过线粒体16S rDNA基因扩增及序列分析鉴定牡蛎种类。分别于2013年、2018年和2022年采集海门蛎岈山牡蛎礁上活体牡蛎，取闭壳肌置于−80℃保存备用。使用海洋动物组织基因组DNA提取试剂盒提取牡蛎基因组DNA。聚合酶链式反应（PCR）中所用引物序列为：16Sar（5′-GCC TGT TTA TCA AAA ACA T-3′）；16Sbr（5′-CCG GTC TGA ACT CAG ATC ACGT-3′）。PCR扩增参照全为民等（2012）的方法进行，PCR反应总体积为25 μL：2.0mmol/L MgCl$_2$，0.2mmol/L dNTP，0.2μmol/L16Sar，0.2μmol/L16Sbr，1U Taq plus DNA聚合酶，1×Taq聚合酶缓冲液以及30ng基因组DNA。反应条件：94℃预变性2min；94℃变性45s，50℃退火1min，72℃延伸1min，共30个循环；最后72℃延伸10min。PCR产物用1.5％含EB的琼脂糖凝胶（1×TAE配制）电泳检测，凝胶成像系统拍照记录。通过DNA分子量标准（DL2000）判断PCR产物大小，并将符合预期大小的PCR产物用UNIQ-10柱式纯化试剂盒纯化，纯化产物在ABI 3130型自动测序仪上进行测序。通过MEGA 5.1软件进行序列比对分析后，将一致性序列在GenBank中进行同源性搜索。

2. 体质健康指数检测分析方法

在实验室内，精确测定牡蛎的壳高（mm）和总重（g）后，剥取牡蛎的软组织部分，测定湿壳重（WSW，g）和湿肉重（WTW，g），然后将牡蛎壳和软组织部分放入烘箱中（60℃）烘干至恒重（约24h），并测定其干肉重

（FTW，g）。依据下列公式计算牡蛎的含肉率（FC）和肥满度（CI）：

$$FC=WTW/WSW\times100\%$$

$$CI=FTW/WTW\times100\%$$

式中，FC 代表含肉率（%）、WTW 代表湿肉重（g）、WSW 代表湿壳重（g）、CI 代表肥满度、FTW 代表干肉重（g）。

3. 繁殖力检测分析方法

每种牡蛎各挑选 15 只健康牡蛎个体，撬开贝壳后，分别挑取性腺组织（GW）和非性腺组织（SW）称重。牡蛎性腺指数（GI）的计算公式如下：

$$GI=GWW/SWW\times1\ 000$$

式中，GI 代表性腺指数、GWW 代表性腺组织鲜重（mg），SWW 代表非性腺组织鲜重（g）。

4. 遗传多样性指数检测分析方法

通过线粒体 16S rDNA 序列分析牡蛎种群的遗传多样性。采集牡蛎的闭壳肌，置于−80℃保存备用。使用海洋动物组织基因组 DNA 提取试剂盒提取牡蛎基因组 DNA。线粒体 16S rRNA 基因片段 PCR 扩增参照全为民等（2012）的方法进行。测序后，将所得序列在 NCBI 数据库中进行 BLAST 同源检测确认，再通过 Clustal X（1.83）软件对序列进行排序及校正。利用 MEGA 5.1 软件对比对后的序列进行遗传多样性分析，统计变异位点的百分比，统计个体间的遗传距离，并基于 Kimura 双参数替代模型（K2P）计算单倍型两两间的平均遗传距离。

5. 病害检测分析方法

2013 年利用 PCR 和测序技术检测了象山港和海门蛎蚜山熊本牡蛎种群内派琴虫、包拉米虫、尼氏单孢子虫和马尔太虫 4 种寄生虫的侵染情况。根据文献（王宗祥等，2011；谢丽基等，2012）选用 4 对引物分别用于 4 种寄生虫的分子检测（表 4 − 4）。PCR 扩增条件如表 4 − 5 所示。PCR 产物用 1.5% 含 EB 的琼脂糖凝胶（1×TAE 配制）电泳检测，凝胶成像系统拍照记录。通过 DNA 分子量标准（DL2000）判断 PCR 产物大小，并将符合预期大小的 PCR 产物用 UNIQ-10 柱式纯化试剂盒纯化，纯化产物在 ABI 3130 型自动测序仪上进行测序。将获得的序列在 GenBank 中进行同源序列比对。

表 4 − 4　四种寄生虫分子检测的引物序列及扩增片段长度

寄生虫	引物名称	引物序列	扩增长度
派琴虫	PerkITS85	5′-CCGCTTTGTTTGGMTCCC-3′	703bp
	PerkITS750	5′-ACATCAGGCCTTCTAATGATG-3′	

寄生虫	引物名称	引物序列	扩增长度
包拉米虫	BO	5′-CATTTAATTGGTCGGGCCGC-3′	304bp
	BOAS	5′-CTGATCGTCTTCGATCCCCC-3′	
尼氏单孢子虫	MSX-F	5′-CGACTTTGGCATTAGGTTTCAGACC-3′	573bp
	MSX-R	5′-ATGTGTTGGTGACGCTAACCG-3′	
马尔太虫	MR-F	5′-CCGCACACGTTCTTCACTCC-3′	412bp
	MR-R	5′-CTCGCGAGTTTCGACAGACG-3′	

表 4 - 5　四种寄生虫分子检测 PCR 扩增反应条件

引物名称	扩增条件
PerkITS85/PerkITS750	94℃ 4min，（94℃ 1min，55℃ 1min，65℃ 3min）40cycles，65℃ 5min
BO/BOAS	94℃ 4min，（94℃ 1min，55℃ 1min，72℃ 1min）30cycles，72℃ 5min
MSX-F/MSX-R	94℃ 4min，（94℃ 30s，59℃ 30s，72℃ 90s）35cycles，72℃ 5min
MR-F/MR-R	94℃ 4min，（94℃ 1min，55℃ 1min，72℃ 1min）30cycles，72℃ 5min

二、牡蛎种类

检测结果表明，海门蛎蚜山海洋公园内分布有 6 种牡蛎，即近江牡蛎 *Crassostrea ariakensis*、熊本牡蛎 *Crassostrea sikaema*、长牡蛎 *Crassostrea gigas*、密鳞牡蛎 *Ostrea denselamellosa*、猫爪牡蛎 *Talonostrea talonata* 和巨蛎属未定种 *Crassostrea* sp.。

2013 年采集的牡蛎样本经 PCR 扩增和测序后获得 59 条长度约 600bp 的 16S rDNA 序列。其中，22 条为近江牡蛎的 16S rDNA 序列、33 条为熊本牡蛎的 16S rDNA 序列、4 条为密鳞牡蛎的 16S rDNA 序列。礁体中的活牡蛎绝大多数为熊本牡蛎。

2018 年春季采集的 100 个牡蛎样本经测序后获得 96 条长度约为 463bp 的 16S rDNA 序列。其中，33 个为近江牡蛎、37 个为熊本牡蛎、20 个巨蛎属未定种、6 个为长牡蛎。2018 年秋季采集的 110 个牡蛎样本经测序后获得 94 个长度约 418bp 的 16S rDNA 序列。其中，32 个为近江牡蛎、31 个为熊本牡蛎、24 个为长牡蛎、3 个为猫爪牡蛎、4 个为巨牡蛎属未定种。

2022 年牡蛎样本测序后获得 118 个长度约 450bp 的 16S rDNA 序列。其中，18 个为近江牡蛎、25 个为猫爪牡蛎、68 个为熊本牡蛎、7 个为长牡蛎（表 4 - 6、图 4 - 4、图 4 - 5）。

表 4-6 江苏海门蛎岈山国家级海洋公园牡蛎种类分子鉴定记录

采样时间	2013 年	2018 年春季	2018 年秋季	2022 年
总有效序列（个）	59	96	94	118
近江牡蛎	22	33	32	18
熊本牡蛎	33	37	31	68
长牡蛎	0	6	24	7
密鳞牡蛎	4	0	0	0
猫爪牡蛎	0	0	3	25
巨蛎属未定种	0	20	4	0

```
H1    GTTTAAATCA A.CCG.TC.G GGCTGTATAT .GC.CGGG.A TTCTGTACGT .TGGAAAAA. AATAAGCAGC .TACAAGTCT A.AG..
H9    .TTTAAATCA A.CCG.TC.G GGCTGTATAT .GC.CGGG.A TTCTGTACGT .TGGAAAAA. AATAAGCAGC .TACAAGTCT A.AG..
H4    GTTTAAATCA A.CCG.TC.G GGCTGTATAT .GC.CGGG.A TTCTGTACGT .TGGAAAA-C AATAAGCAGC .TACAAGTCT A.AG..
H10   .......... .C........ .......... .......... .......... .......... .......... .......... ......
H15   .......... .......... .......... .......... .......... .......T.. .......... .......... ......
H25   .......... .......T.. .......... .......... .......... .......... .......... .......... ......
H46   .......... ..AA..TT T. .......... T...G..G. A....G.... GT.AC.AC.. .......T.. .......... T....A..
H48   .......... ..AA..TT T. .......... T...G..G. A....GC... GT.AC.AC.. .......T.. .......T... ......
```

图 4-4 8 个牡蛎样品的 16S rDNA 部分序列碱基变异位点

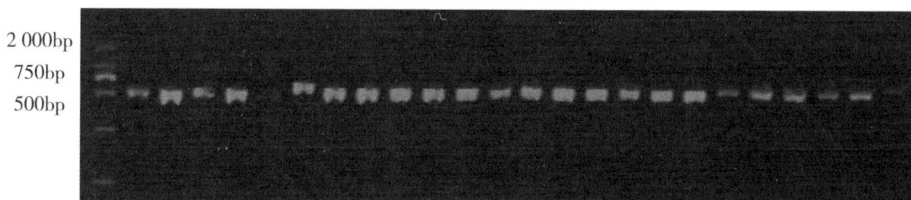

图 4-5 部分牡蛎样品线粒体 16S rDNA 基因扩增电泳图谱

蛎岈山牡蛎种类介绍如下（彩图 5）：

1. 近江牡蛎

别称：蚝、白蚝、蛎黄。

分类：软体动物门—双壳纲—牡蛎科—巨蛎属。

分布：因报道于日本清江而得名。该种广泛分布于我国南北沿海，集中分布于长江口及其邻近水域。多栖息于河口附近盐度较低的内湾、低潮线至水深约 7m 左右的浅水区域，营固着生活；适温范围为 10~33℃，适盐范围为 5~25，滤食浮游生物等。

形态：贝壳大，坚厚，呈圆形、长卵圆形或三角形。右壳略扁平，较左壳小，表面环生薄而平直的鳞片。壳面有灰、青、紫或棕等色彩。左壳较右壳更厚大，同心鳞片的层次少而强壮。壳内面白色，边缘为灰紫色。韧带长而阔，紫黑色。闭壳肌痕大，一般为卵圆形或肾脏形，位于中部背侧。

2. 熊本牡蛎

别称：褶牡蛎、蚵。

分类：软体动物门—双壳纲—牡蛎科—巨蛎属。

分布：熊本牡蛎因产于日本熊本县而得名。1945年被引入美国加利福尼亚州并培育成功，个头较小，口感有鲜明的鲜甜味，在美国甚受欢迎，是美国最著名的生蚝品种之一。该种分布于我国江苏南通以南至广西沿海，常见中潮区附近的岩石上，对盐度具有较强的耐受能力，营固着生活；适温范围为5~30℃，适盐范围为7~30。在我国宁波市象山港和三门县健跳港均有大规模的养殖。

形态：贝壳较小，壳高3~6cm，体形多变化，大多呈延长形或三角形。壳薄而脆。右壳平如盖，壳面有数层同心环状的鳞片，无放射肋。左壳甚凹，呈帽状，具有粗壮的放射肋，鳞片层数较少。壳面多为淡黄色，有紫褐色或黑色条纹，壳内面白色。

3. 长牡蛎

别称：太平洋牡蛎、蚝、白蚝、海蛎子、蛎黄、蚵。

分类：软体动物门—双壳纲—牡蛎科—巨牡蛎属。

分布：主要分布于韩国、日本和中国，常栖息在潮间带及浅海的岩礁海底，以其左壳固定在岩石上。后被引入欧美等开展广泛养殖并成为世界性的养殖种类。如法国生产的名贵生蚝品牌"吉拉多""凯撒""宜思嘉""马杰斯蒂""黑珍珠""白珍珠"，其种类均为长牡蛎。笔者首次在健跳港记录到该种。

形态特征：贝壳长形，壳较薄。壳长为壳高的3倍左右。右壳较平，鳞片坚厚，环生鳞片呈波纹状，排列稀疏。放射肋不明显。左壳深陷，鳞片粗大。左壳壳顶固着面小。壳内面白色，壳顶内面有宽大的韧带槽。闭壳肌痕大。

4. 密鳞牡蛎

别称：拖鞋牡蛎。

分类：软体动物门—双壳纲—牡蛎科—牡蛎属。

分布：主要分布于中国沿海，水深15~30m的浅海域到低潮线下数米处，偶见于蛎岈山低潮区和潮下带。

形态：贝壳大型，圆形、卵圆形，有的略似三角形或四方形。两壳壳顶前后常有耳。左壳下凹很深，右壳较平坦，两壳几乎同样大小。右壳壳顶部鳞片愈合，较光滑，其他鳞片密薄而脆，呈舌状，紧密地以覆瓦状排列。放射肋不明显。壳表面肉色、灰色或混以紫、褐青色。壳内面黄色杂以灰色。左壳表面环生坚厚同心鳞片，表面紫红色、褐黄或灰青色。铰合齿面窄。

5. 猫爪牡蛎

分类：软体动物门—双壳纲—牡蛎科—爪蛎属。

分布：温带和亚热带海洋性种类，零星分布于我国渤海、黄海、东海和南海沿岸。

形态特征：壳小平，表面光滑，鳞片宽稀而平伏，壳缘有数个较深的缺刻。壳表黄色或紫色，具有墨紫或褐色的放射带。左壳附着面小，有5~8条放射肋，肋常突出壳缘，肋面具短棘，形如猫爪。壳小而薄，呈长卵形。壳内面淡紫或白色，后缘有时为紫色，铰合部和韧带槽均小。肌痕长卵形，位近上壳中央背侧。

三、牡蛎密度

（一）2013 年牡蛎密度

2013 年春季海门蛎蚜山潮间带牡蛎礁内熊本牡蛎平均密度和平均生物量分别为（2 079±176）个/m² 和（11 802±929）g/m²。其中，A4 站点牡蛎密度和生物量最高，分别达到（3 993±55）个/m² 和（20 741±2 910）g/m²；而 A7 站点牡蛎密度和生物量为最低，分别为（609±256）个/m² 和（5 833±2 102）g/m²。

2013 年秋季海门蛎蚜山潮间带牡蛎礁内熊本牡蛎平均密度和生物量分别为（2 894±165）个/m² 和（12 038±781）g/m²。其中，A1 站点牡蛎密度最高，达到（3 902±478）个/m²；而 A7 站点牡蛎密度和生物量为最低，分别为（1 428±159）个/m² 和（7 148±1 106）g/m²。显著性检验结果表明，秋季牡蛎的栖息密度显著高于春季（$P < 0.05$），而两个季节间牡蛎生物量没有显著性差异（$P > 0.05$）（表 4 - 7）。

表 4 - 7　2013 年蛎蚜山牡蛎礁内熊本牡蛎的栖息密度和生物量（$n = 8$）

采样点	2013 年春季		2013 年秋季	
	密度（个/m²）	生物量（g/m²）	密度（个/m²）	生物量（g/m²）
A1	1 520±361	8 056±2 249	3 902±478	11 222±2 114
A2	2 280±466	11 204±2 056	3 889±267	14 630±1 663
A3	3 119±447	16 481±2 953	3 283±392	18 454±2 357
A4	3 993±55	20 741±2 910	3 043±223	14 537±2 317
A5	2 218±143	13 241±1 048	2 430±381	12 370±2 216
A6	2 204±449	11 852±2 762	2 043±508	7 667±1 757
A7	609±256	5 833±2 102	1 428±159	7 148±1 106
A8	1 650±262	11 482±1 154	3 137±507	10 278±1 860

（二）2018 年牡蛎密度

2018 年春季海门蛎蚜山潮间带牡蛎礁内熊本牡蛎密度介于 0~3 136 个/m²，熊本牡蛎平均密度为（180±194）个/m²。6 个调查站点间熊本牡蛎分布极不均匀，其中 S1、S2、S5、S6 均未采集到熊本牡蛎活体；S3 站位采集到较多的熊本牡蛎活体，其平均密度达到（1 067±511）个/m²；S4 站位发现零星的牡蛎分布，平均密度为（13±13）个/m²。

2018 年秋季潮间带牡蛎礁内熊本牡蛎密度介于 0~1 200 个/m²，熊本牡蛎平均密度为（108±99）个/m²。6个调查站点间熊本牡蛎分布极不均匀，其中S1、S2、S5、S6 均未采集到熊本牡蛎活体；S3 站位采集到较多的熊本牡蛎活体，其平均密度达到（555±227）个/m²；S4 站位发现零星的牡蛎分布，平均密度为（93±55）个/m²（表4-8）。

表4-8　2018年蛎岈山牡蛎礁内熊本牡蛎的栖息密度（$n=6$）

采样点	春季	秋季
S1	0	0
S2	0	0
S3	1 067±511	555±227
S4	13±13	93±55
S5	0	0
S6	0	0

（三）牡蛎密度的变化趋势

与 2013 年同期相比，2018 年春季海门蛎岈山潮间带牡蛎礁中牡蛎平均密度约下降了 89.66%，秋季牡蛎平均密度约下降了 96.27%（图4-6）。

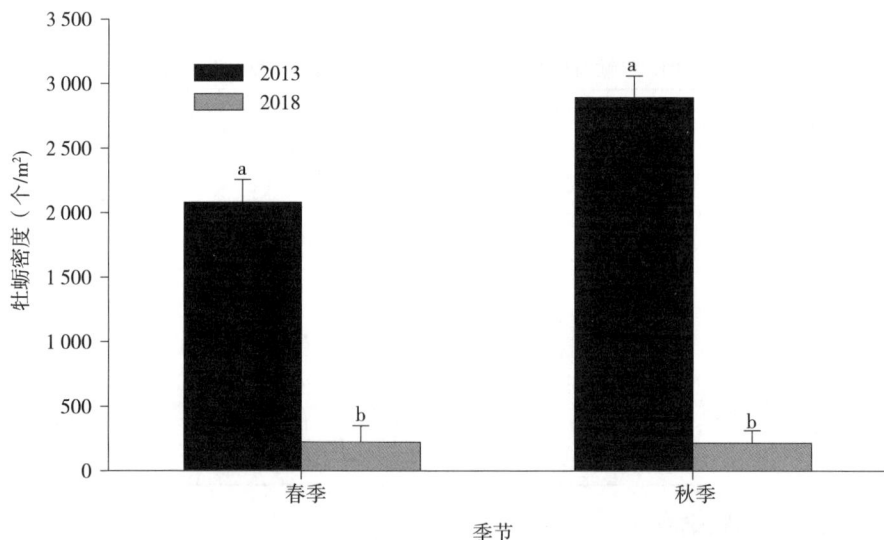

图4-6　蛎岈山潮间带牡蛎礁中熊本牡蛎密度的年际变化
注：不同字母表示在不同采样期具有显著性差异（$P<0.05$）

四、牡蛎壳高

（一）2013 年牡蛎壳高

2013 年春季海门蛎岈山牡蛎礁内熊本牡蛎的壳高介于 10～78mm，平均值为 30mm。壳高介于 20~40mm 的个体在种群内占绝对优势，约占种群总栖息密度的 82.0%。2013 年秋季熊本牡蛎的壳高介于 10~68mm，平均值为 24mm。相对于春季，秋季牡蛎幼虫（壳高<20mm）的百分比显著上升，达到 25.0%，这表明春夏季发生了明显的牡蛎幼虫附着及资源补充。

（二）2018 年牡蛎壳高

2018 年春季海门蛎岈山牡蛎礁内熊本牡蛎壳高介于 1~55mm。以 5~15mm 的群体居多，比例达到 65.09%；其次是 15~20mm 的群体，比例为 11.32%；成体（壳高≥30mm）的比例仅为 8.49%。

2018 年秋季海门蛎岈山潮间带牡蛎礁内熊本牡蛎种群以 20~25mm 的群体居多，比例达到 34.67%；其次是 15~20mm 和 25~30mm 的群体；成体（壳高≥30mm）的比例仅为 9.33%。

2018 年春季采集的熊本牡蛎样品以稚贝（5mm<壳高<15mm）的群体居多，推测是上一年度补充的熊本牡蛎幼虫因环境的影响生长较为缓慢所致。在秋季采集的熊本牡蛎样品中，壳高小于 15mm 的群体出现频率较低，表明在 2018 年度牡蛎繁殖高峰时段熊本牡蛎资源补充量很少。

（三）牡蛎壳高的变化

经生物学统计分析，4 个采样期牡蛎平均壳高的大小顺序为：2013 年春季>2013 年秋季>2018 年秋季>2018 年春季（图 4-7）。

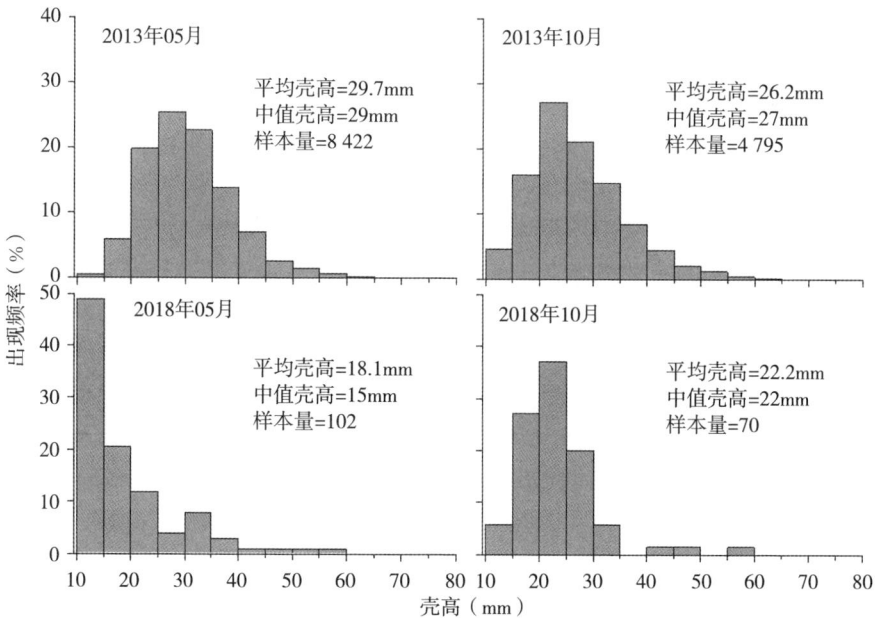

图 4-7　蛎岈山牡蛎礁中熊本牡蛎壳高-频率分布的变化

五、牡蛎体质健康水平

(一) 2013年牡蛎体质健康指数

2013年春季海门蛎蚜山牡蛎礁内熊本牡蛎平均壳高为（42±3）mm，平均体重达（5.9±0.7）g，平均含肉率为（32.2±1.8）%，平均肥满度为（9.8±1.0）%。

2013年春季海门蛎蚜山牡蛎礁内近江牡蛎平均壳高为（101±5）mm，平均体重达到（126.6±21.0）g，平均含肉率为（15.1±1.0）%，平均肥满度为（19.1±1.2）%（表4-9）。

表4-9　2013年春季蛎蚜山牡蛎礁中2种牡蛎的体质健康指数

牡蛎	范围/均值	壳高(mm)	总重量(g)	湿壳重(g)	湿肉重(g)	干肉重(g)	含肉率(%)	肥满度(%)
熊本牡蛎	范围	25~62	2.3~13.4	1.6~9.2	0.6~4.5	0.05~0.46	21.1~52.4	6.0~18.2
	均值	42	5.9	4.4	1.4	1.34	32.2	9.8
近江牡蛎	范围	75~135	53.4~273.1	45.7~233.5	38.5~183.7	1.23~7.13	10.7~20.3	13.0~23.6
	均值	101	126.6	107.6	90.5	3.07	15.1	19.1

(二) 2018年牡蛎体质健康指数

2018年春季海门蛎蚜山牡蛎礁内熊本牡蛎平均壳高为（34±1）mm，平均体重为（6.8±0.5）g，平均含肉率为（25.50±1.00）%，平均肥满度为（19.9±0.4）%。近江牡蛎平均壳高为（66±3）mm，平均体重为（46.6±4.8）g，平均含肉率为（14.2±2.4）%，平均肥满度为（29.8±3.7）%。与2013年同期相比，两种牡蛎的平均肥满度均有提高（表4-10）。

2018年秋季海门蛎蚜山牡蛎礁内熊本牡蛎平均壳高为（37±1）mm，平均体重达（7.3±0.3）g，平均含肉率为（22.48±0.80）%，平均肥满度为（16.8±0.6）%。近江牡蛎平均壳高为（82±3）mm，平均体重达到（72.8±6.1）g，平均含肉率为（16.1±0.7）%，平均肥满度为（20.2±1.2）%（表4-11）。

表4-10　2018年春季蛎蚜山牡蛎礁中2种牡蛎的体质健康指数

种类	范围/均值	壳高(mm)	总重量(g)	湿壳重(g)	湿肉重(g)	干肉重(g)	含肉率(%)	肥满度(%)
熊本牡蛎	范围	26~45	3.1~11.4	2.5~9.5	0.6~2.9	0.13~0.68	17.8~37.6	13.1~24.0
	均值	34	6.8	5.4	1.4	0.28	25.50	19.9
近江牡蛎	范围	32~98	6.7~108.1	4.1~96.5	1.3~15.2	0.93~3.79	4.1~79.0	22.5~107.7
	均值	66	46.6	40.8	5.8	1.73	14.2	29.8

表 4-11　2018 年秋季蛎岈山牡蛎礁中 2 种牡蛎的体质健康指数

种类	范围/均值	壳高（mm）	总重量（g）	湿壳重（g）	湿肉重（g）	干肉重（g）	含肉率（%）	肥满度（%）
熊本牡蛎	范围	26~66	3.8~11.5	3.1~9.6	0.7~2.2	0.14~0.34	15.5~30.6	12.2~28.5
	均值	37	7.3	6.0	1.4	0.17	22.48	16.8
近江牡蛎	范围	48~113	27.6~169.4	23.9~152.7	3.1~24.8	1.11~3.46	8.4~24.6	8.8~38.4
	均值	82	72.8	62.9	10.0	1.78	16.1	20.2

六、牡蛎繁殖力

2013 年春季海门蛎岈山熊本牡蛎的平均性腺指数为（601±116）mg/g，雌雄性比为 1∶3。近江牡蛎的平均性腺指数为（651±74）mg/g，雌雄性比为 4∶1（表 4-12）。

2018 年春季海门蛎岈山熊本牡蛎的平均性腺指数为（1 906±187）mg/g，雌雄性比为 7∶8。近江牡蛎的平均性腺指数为（633±96）mg/g，雌雄性比为 8∶3（表 4-13）。

表 4-12　2013 年春季蛎岈山牡蛎礁中 2 种牡蛎的性腺指数及性比

牡蛎	范围/均值	性腺重（g）	非性腺重（g）	性腺指数（mg/g）	性比（雌∶雄）
熊本牡蛎	范围	0.150~1.491	0.442~2.277	136~1 696	1∶3
	均值	0.553	0.970	601	
近江牡蛎	范围	1.791~8.302	3.001~14.142	266~1 122	4∶1
	均值	4.518	7.444	651	

表 4-13　2018 年春季蛎岈山牡蛎礁中 2 种牡蛎的性腺指数及性比

牡蛎	范围/均值	性腺重（g）	非性腺重（g）	性腺指数（mg/g）	性比（雌∶雄）
熊本牡蛎	范围	0.180~2.011	0.071~0.957	1 089~4056	7∶8
	均值	0.773	0.405	1 906	
近江牡蛎	范围	1.054~9.237	2.528~15.959	184~1 206	8∶3
	均值	4.096	6.850	633	

七、牡蛎遗传多样性

2013 年共获 331 条牡蛎 16S rRNA 基因序列，可比序列长度为 436bp（含插入/缺失），共检测到 44 个单倍型，分属于 5 种牡蛎（表 4 - 14）。牡蛎 44 个单倍型之间共存在插入/缺失位点 12 个，突变位点 109 个。近江牡蛎 3 个群体的核苷酸多样性以海门蛎岈山群体最高（0.000 83），长江口群体的核苷酸多样性最低（0.000 20）；熊本牡蛎的核苷酸多样性以福建泉州群体最高（0.009 32）；密鳞牡蛎仅在江苏海门蛎岈山检测出 4 个个体，包含 2 个单倍型，核苷酸多样性为 0.001 17；葡萄牙牡蛎的核苷酸多样性以福建泉州群体最高（0.005 96）。

表 4 - 14　2013 年牡蛎群体的遗传多样性参数（16S rRNA）

群体	种类	个体数（n）	单倍型数（$NHap$）	单倍型多样性（Hd）	核苷酸多样性指数（π）
海门蛎岈山	近江牡蛎	22	4	0.033 3	0.000 83
	熊本牡蛎	33	3	0.119	0.000 28
	密鳞牡蛎	4	2	0.5	0.001 17
长江口	近江牡蛎	46	3	0.086	0.000 2
	熊本牡蛎	8	1	0	0
上海金山	近江牡蛎	46	6	0.208	0.000 71
温州洞头	葡萄牙牡蛎	47	4	0.125	0.000 3
	熊本牡蛎	1	1	0	0
福建泉州	葡萄牙牡蛎	42	10	0.625	0.005 96
	熊本牡蛎	2	2	1	0.009 32
	棘刺牡蛎	4	3	0.833	0.002 69
福建东山	葡萄牙牡蛎	48	3	0.082	0.000 19
浙江象山港	葡萄牙牡蛎	3	1	0	0
	熊本牡蛎	25	1	0	0

2018 年春季共获得 166 条牡蛎 16S rDNA 序列，可比序列长度为 466bp（含插入/缺失），共检测到 39 个单倍型，分属于 3 种牡蛎（表 4 - 15）。近江牡蛎 3 个群体的核苷酸多样性以海门蛎岈山群体最高（0.003 13），浙江象山港群体最低（0.000 68）；熊本牡蛎的核苷酸多样性以上海芦潮港群体最高（0.008 99）；长牡蛎仅在海门蛎岈山检测出 6 个个体，包含 3 个单倍型，核苷酸多样性为 0.001 42。

2018 年秋季共获得 94 条牡蛎 16S rDNA 序列，可比序列长度为 418bp（含插入/缺失），共检测到 26 个单倍型，分属于 5 种牡蛎（表 4 - 16）。海门蛎岈山牡蛎的核苷酸多样性以长牡蛎最高（0.005 85），近江牡蛎最低（0.001 32）。

表 4 - 15　2018 年春季蛎岈山牡蛎礁中牡蛎群体的遗传多样性参数（16S rRNA）

群体	种类	个体数（n）	单倍型数（Nhap）	单倍型多样性（Hd）	核苷酸多样性指数（π）	多态位点数（S）	核苷酸差异的平均数（k）
浙江象山港	熊本牡蛎	25	5	0.300	0.000 70	4	0.320 00
	近江牡蛎	19	4	0.298	0.000 68	3	0.315 79
上海芦潮港	熊本牡蛎	24	9	0.775	0.008 99	39	4.119 57
	近江牡蛎	22	4	0.260	0.001 93	8	0.896 10
海门蛎岈山	熊本牡蛎	37	6	0.384	0.001 01	5	0.465 47
	近江牡蛎	33	8	0.769	0.003 13	9	1.460 23
	长牡蛎	6	3	0.600	0.001 42	3	0.666 67

表 4 - 16　2018 年秋季蛎岈山牡蛎礁中牡蛎群体的遗传多样性参数（16S rRNA）

群体	种类	个体数（n）	单倍型数（Nhap）	单倍型多样性（Hd）	核苷酸多样性指数（π）	多态位点数（S）	核苷酸差异的平均数（k）
海门蛎岈山	熊本牡蛎	31	10	0.797 8	0.003 27	10	1.419
	近江牡蛎	32	6	0.391 1	0.001 32	5	0.597
	长牡蛎	24	4	0.471	0.005 85	28	2.681
	猫爪牡蛎	3	3	1.000	0.005 52	4	2.667
	Crassostrea sp.	4	3	0.833	0.004 16	4	2.000

八、牡蛎病害

2013 年除尼氏单孢子虫引物有相应的扩增片段（片段大小为 573bp）外（图 4 - 8），其余三种寄生虫的引物均未扩增出相应片段。扩增片段的碱基序列与 Genbank 中 *Haplosporidium nelsoni* 的 small subunit ribosomal RNA gene 序列（登录号 AB080597.1）的同源性达 99%，因此确定牡蛎受尼氏单孢子虫侵染，尼氏单孢子虫检出率为 17.2%。2018 年春季和秋季，在熊本牡蛎和近江牡蛎群体中均没有扩增出相应片段，表明其未受到 4 种寄生虫的侵染。

测得的尼氏单孢子虫的部分序列：

5′-TTTGAGCCAAAGTAATGATTGATAGGAACACGTGGGGGTGCT
AGTATCATCGGGTTAGAGGTTAAATTCTATGACCCCGGTGAGACTGA
CTTATGCGAAAGCATTCACCAAGTGTGTTTTCTTTAATCAAGAACTA
AAGTTGGGGGATCGAAGACGATCAGATACCGTCGTAGTCCCAACTAT
AAACTATGTCGACTAAGCATTGGGCAAGTTTACTTCCTCAGAACTTT

GAGAGAAATCAAAGTTTTCGGACTCAGGGGGGAGTATGCTCGCAAGG
GTGAAACTTGAAGAAATTGACGGAAGGGCACCACCAGATGTGGAGCC
TGCGGCTTAATTTGACTCAACACGGTAAAACTTACCAGGACCAGACA
TAGTAAGGATTGACAGATTCAAGTTCTTTCTTGATTCTATGCATAGT
GGTGCATGGCCGTTCTTAGTTGGTGGAGCGATTTGTCTGGTTAATTC
CGTTAACGAACGAGACCTCAGCCATCTAACTAGCTGTCGCTACATCGG
TTAGCGCCCCC-3′

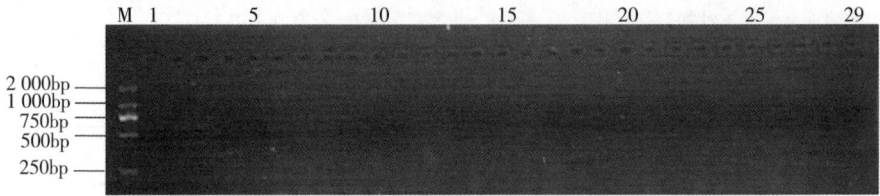

图 4-8　蛎岈山牡蛎礁中熊本牡蛎样本的寄生虫检测结果
注：1、2、3、9、23 为阳性

第三节　牡蛎礁区大型底栖动物

　　牡蛎礁被喻为温带海洋的"珊瑚礁"，其复杂的三维结构使其具备了重要的生态价值，如为固着生活的动物提供附着栖息生境；为重要经济鱼类和游泳性甲壳动物提供避难场所；再加上微粒沉积带来的丰富饵料可成为鱼类重要的索饵场和育幼场。资料显示，海门蛎岈山牡蛎礁曾是我国重点保护水生野生动物松江鲈（*Trachidermus fasciatus*）在黄海南部的重要产卵场（邵炳绪，1980）。牡蛎礁上发现的生物物种数量和丰度远超过周围的软质沉积物环境，是生物多样性较高的海洋生境之一。笔者分别于 2013 年和 2018 年的春季和秋季调查了海门蛎岈山牡蛎礁区定居性动物群落，分析了动物的组成、密度、生物量，并对其空间分布做出了描述，可为牡蛎礁生态系统的功能性研究提供基础资料。

一、种类组成

　　两个年度调查共记录大型底栖动物 7 个类群 101 种，其中定量采样记录 31 种、定性采样记录 70 种，包括软体动物 35 种、环节动物 32 种、甲壳动物 23 种、棘皮动物 5 种、刺胞动物 4 种、纽形动物 1 种和星形动物 1 种。从生境分布来看，牡蛎礁内种类有 75 种，退化牡蛎礁区有 26 种。

　　2013 年海门蛎岈山牡蛎礁定量采样共记录大型底栖动物 4 个类群 27 种。

其中，甲壳动物 8 种，占比为 29.63%；软体动物 11 种，占比为 40.74%；环节动物 7 种，占比为 25.93%；星形动物 1 种，占比为 3.70%。从物种组成来看，以软体动物、甲壳动物和环节动物占优势。从生境分布来看，牡蛎礁区栖息大型底栖动物 25 种，退化礁区栖息大型底栖动物 21 种，牡蛎礁区大型底栖动物种类数高于对照的退化礁区。

2018 年海门蛎岈山牡蛎礁定量采样共记录到大型底栖动物 3 个类群 18 种。其中，甲壳动物 9 种，占比为 50%；软体动物 8 种，占比为 44.44%；环节动物 1 种，占比为 5.56%。从物种组成来看，以软体动物和甲壳动物占优势。从生境分布来看，牡蛎礁区栖息大型底栖动物 17 种，退化礁区栖息大型底栖动物 12 种，牡蛎礁区大型底栖动物种类数高于对照的退化礁区（表 4-17）。

表 4-17　蛎岈山牡蛎礁内大型底栖动物的物种名录

序号	种名	2013 年春季		2013 年秋季		2018 年春季		2018 年秋季	
		礁区	退化区	礁区	退化区	礁区	退化区	礁区	退化区
1	特异大权蟹	√	√	√	√	√	√	√	
2	中华近方蟹	√	√	√		√	√	√	
3	绒螯近方蟹	√	√	√	√	√		√	√
4	四齿大额蟹	√		√				√	
5	中华豆蟹	√							
6	肉球近方蟹		√						
7	日本鼓虾	√	√	√	√	√	√	√	√
8	团水虱	√		√			√		
9	板跳钩虾					√			
10	日本大鳌蜚					√			
11	美丽瓷蟹							√	√
12	齿纹蜒螺	√	√	√	√	√			
13	丽核螺	√	√	√	√	√	√		√
14	黄口荔枝螺	√	√	√	√	√			√
15	西格织纹螺	√	√	√	√			√	
16	纵肋织纹螺		√	√	√				
17	扁玉螺	√	√						
18	中国笔螺		√	√		√		√	
19	红螺	√		√	√			√	
20	托氏蜎螺	√			√				

序号	种名	2013 年春季		2013 年秋季		2018 年春季		2018 年秋季	
		礁区	退化区	礁区	退化区	礁区	退化区	礁区	退化区
21	短滨螺	√							
22	菲律宾蛤仔	√	√		√	√		√	√
23	毛蚶							√	√
24	多齿围沙蚕	√	√	√					
25	岩虫	√	√		√				
26	智利巢沙蚕		√						
27	异足索沙蚕		√	√	√				
28	索沙蚕	√							
29	长吻沙蚕	√							
30	覆瓦蛤鳞虫	√		√					
31	可口革囊星虫	√	√	√	√	√	√	√	
	合计	22	19	19	15	12	7	14	8

二、总密度

（一）牡蛎礁区

2013 年春季牡蛎礁区大型底栖动物的总栖息密度介于 1 111～4 689 个/m²，平均栖息密度为 2 683 个/m²。其中，甲壳动物总栖息密度介于 178～1 389 个/m²，平均栖息密度为 580 个/m²；软体动物总栖息密度介于 100～2 556 个/m²，平均栖息密度为 719 个/m²；环节动物总栖息密度介于 22～633 个/m²，平均栖息密度为 350 个/m²；星形动物总栖息密度介于 233～2 044 个/m²，平均栖息密度为 1 034 个/m²。

2013 年秋季牡蛎礁区大型底栖动物的总栖息密度介于 1 544～4 389 个/m²，平均栖息密度为 2 595 个/m²。其中，甲壳动物总栖息密度介于 200～933 个/m²，平均栖息密度为 494 个/m²；软体动物总栖息密度介于 200～1 744 个/m²，平均栖息密度为 693 个/m²；环节动物总栖息密度介于 89～811 个/m²，平均栖息密度为 374 个/m²；星形动物总栖息密度介于 244～1 900 个/m²，平均栖息密度为 1 033 个/m²。

2018 年春季牡蛎礁区大型底栖动物的总栖息密度介于 112～1 664 个/m²，平均栖息密度为 517 个/m²。其中，甲壳动物总栖息密度介于 0～480 个/m²，平均栖息密度为 153 个/m²；软体动物总栖息密度介于 0～288 个/m²，平均栖息密度为 48 个/m²；定量采样没有记录到环节动物；星形动物总栖息密度介于 0～1 136 个/m²，平均栖息密度为 316 个/m²。

2018 年秋季牡蛎礁区大型底栖动物的总栖息密度介于 150～1 400 个/m²，平均栖息密度为 912 个/m²。其中，甲壳动物总栖息密度介于 50～775 个/m²，平均栖息密度为 428 个/m²；软体动物总栖息密度介于 50～550 个/m²，平均栖息密度为 262 个/m²；定量采样没有记录到环节动物；星形动物总栖息密度介于 0～550 个/m²，平均栖息密度为 222 个/m²（表 4 - 18）。

表 4 - 18　蛎岈山牡蛎礁内定居性大型底栖动物密度（个/m²）

年份/季节	范围/平均	甲壳动物	软体动物	环节动物	星形动物	总计
2013 年春季	范围	178～1 389	100～2 556	22～633	233～2 044	1 111～4 689
	平均	580	719	350	1 034	2 683
2013 年秋季	范围	200～933	200～1 744	89～811	244～1 900	1 544～4 389
	平均	494	693	374	1 033	2 595
2018 年春季	范围	0～480	0～288	0	0～1 136	112～1 664
	平均	153	48	0	316	517
2018 年秋季	范围	50～775	50～550	0	0～550	150～1 400
	平均	428	262	0	222	912

（二）退化牡蛎礁区

2013 年春季退化牡蛎礁区大型底栖动物的总栖息密度介于 33～1 500 个/m²，平均栖息密度为 429 个/m²。其中，甲壳动物总栖息密度介于 0～211 个/m²，平均栖息密度为 27 个/m²；软体动物总栖息密度介于 0～200 个/m²，平均栖息密度为 55 个/m²；环节动物总栖息密度介于 0～322 个/m²，平均栖息密度为 74 个/m²；星形动物总栖息密度介于 0～1 100 个/m²，平均栖息密度为 274 个/m²。

2013 年秋季退化牡蛎礁区大型底栖动物的总栖息密度介于 33～433 个/m²，平均栖息密度为 209 个/m²。其中，甲壳动物总栖息密度介于 0～33 个/m²，平均栖息密度为 10 个/m²；软体动物总栖息密度介于 11～144 个/m²，平均栖息密度为 68 个/m²；环节动物总栖息密度介于 0～167 个/m²，平均栖息密度为 76 个/m²；星形动物总栖息密度介于 0～144 个/m²，平均栖息密度为 56 个/m²。

2018 年春季退化牡蛎礁区大型底栖动物的总栖息密度介于 16～304 个/m²，平均栖息密度为 64 个/m²。其中，甲壳动物总栖息密度介于 0～112 个/m²，平均栖息密度为 28 个/m²；软体动物总栖息密度介于 0～16 个/m²，平均栖息密度为 10 个/m²；定量采样没有记录到环节动物；星形动物总栖息密度介于 0～192 个/m²，平均栖息密度为 26 个/m²。

2018 年秋季退化牡蛎礁区大型底栖动物的总栖息密度介于 25~1 375 个/m²，平均栖息密度为 810 个/m²。其中，甲壳动物总栖息密度介于 0~100 个/m²，平均栖息密度为 20 个/m²；软体动物总栖息密度介于 25~1 375 个/m²，平均栖息密度为 790 个/m²；定量采样没有记录到环节动物和星形动物（表 4 - 19）。

表 4 - 19　蛎岈山退化礁区定居性大型底栖动物密度（个/m²）

年份/季节	范围/平均	甲壳动物	软体动物	环节动物	星形动物	总计
2013 年春季	范围	0~211	0~200	0~322	0~1 100	33~1 500
	平均	27	55	74	274	429
2013 年秋季	范围	0~33	11~144	0~167	0~144	33~433
	平均	10	68	76	56	209
2018 年春季	范围	0~112	0~16	0	0~192	16~304
	平均	28	10	0	26	64
2018 年秋季	范围	0~100	25~1 375	0	0	25~1 375
	平均	20	790	0	0	810

三、变化趋势分析

（一）群落总密度的变化

二维方差分析表明，采样日期（密度：$F_{3\,170}=46.239$，$P<0.001$；物种丰富度：$F_{3\,170}=70.721$，$P<0.001$）和生境类型（密度：$F_{1\,170}=252.573$，$P<0.001$；物种丰富度：$F_{1\,170}=173.809$，$P<0.001$）均显著影响牡蛎礁中定居性大型底栖动物的密度。与 2013 年同期相比，2018 年春季牡蛎礁中大型底栖动物群落的总密度下降了 80.73%，秋季下降了 64.87%（图 4 - 9）。同样，在 2013—2018 年间，4 个主要类群的密度均有显著下降，尤其环节动物下降显著，2018 年定量采样并未到记录到环节动物。

（二）群落组成的变化

NMDS 分析结果表明大型底栖动物群落在 2 种生境间以及 4 个采样时期之间均显著不同，二维 ANOSIM 分析发现生境类型（globe $R=0.886$，$P=0.001$）和采样时期（globe $R=0.594$，$P=0.001$）均显著影响大型底栖动物群落结构（彩图 6）。一维 ANOSIM 检验发现，在任一采样时期中牡蛎礁区和退化礁区间大型底栖动物群落结构显著不同。造成群落结构差异的原因为相对于退化礁区，牡蛎礁区栖息的双齿围沙蚕、特异大权蟹、可口革囊星虫、齿纹蜒螺、丽核螺和绒螯近方蟹丰度较高，而异足索沙蚕和菲律宾蛤仔丰度较低（表 4 - 20）。

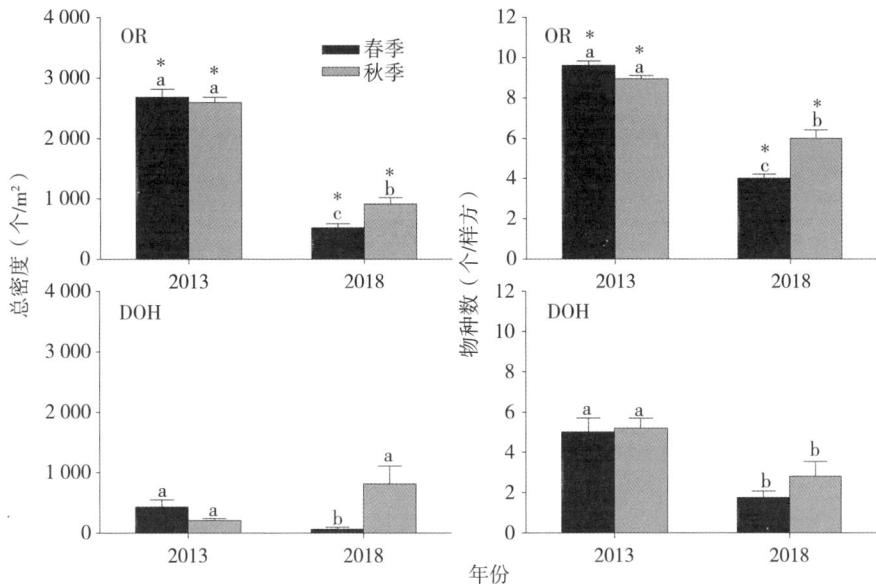

图 4 - 9　蛎蚜山牡蛎礁区（OR）和退化礁区（DOH）大型底栖动物总密度和物种
丰度的变化

注：不同字母表示在不同采样期具有显著性差异（$P<0.05$），＊表示在牡蛎礁区和退化
牡蛎礁区之间具有显著性差异（$P<0.05$）

　　群落结构分析发现海门蛎蚜山潮间带大型底栖动物群落的年度变化大于其
季节变化（表 4 - 21）。主要原因是从 2013 年到 2018 年，双齿围沙蚕、丽核
螺、齿纹蜒螺、绒螯近方蟹的密度明显下降，而黄口荔枝螺和特异大权蟹的密
度却明显增加。退化礁区大型底栖动物群落季节变化不显著，但 2013 年和
2018 年间群落结构显著不同。

表 4 - 20　蛎蚜山牡蛎礁和退化礁区间大型底栖动物群落的 ANOSIM 和 SIMPER 检验结果

采样时期	ANOSIM			SIMPER
	R	P	非相似度	贡献＞50％非相似度的物种
2013 年春季	0.898	＜0.001	66.86	多齿围沙蚕（11.87％），异足索沙蚕（10.48％），特异大权蟹（9.97％），齿纹蜒螺（9.03％），可口革囊星虫（9.00％），绒螯近方蟹（8.68％）
2013 年秋季	0.970	＜0.001	61.31	异足索沙蚕（14.38％），多齿围沙蚕（13.31％），齿纹蜒螺（10.77％），特异大权蟹（9.28％），绒螯近方蟹（8.36％）
2018 年春季	0.615	＜0.001	75.84	可口革囊星虫（24.12％），特异大权蟹（18.89％），丽核螺（14.46％）
2018 年秋季	0.849	＜0.001	78.81	特异大权蟹（19.33％），可口革囊星虫（15.70％），菲律宾蛤仔（14.94％），丽核螺（9.73％）

表 4-21 蛎蚜山牡蛎礁内大型底栖动物群落年际变化和季节变化
的相似性分析和 SIMPER 检验结果

		年际变化			
生境类型	年份	ANOSIM			SIMPER
		R	P	非相似度	贡献>50%非相似度的物种
牡蛎礁区	2013	0.137	<0.001	18.83	齿纹蜒螺（16.67%），中华近方蟹（12.18%），丽核螺（10.88%），多齿围沙蚕（9.29%），绒螯近方蟹（8.10%）
	2018	0.367	<0.001	47.15	丽核螺（13.80%），可口革囊星虫（11.26%），黄口荔枝螺（10.99%），中华近方蟹（10.76%），绒螯近方蟹（10.70%）
退化礁区	2013	−0.032	0.666	—	—
	2018	0.111	0.168	—	—

		季节变化			
生境类型	季节	ANOSIM			SIMPER
		R	P	非相似度	贡献>50%非相似度的物种
牡蛎礁区	春季	0.889	<0.001	51.01	多齿围沙蚕（15.82%），丽核螺（14.20%），齿纹蜒螺（12.52%），绒螯近方蟹（12.47%）
	秋季	0.964	<0.001	54.72	多齿围沙蚕（14.42%），齿纹蜒螺（12.46%），黄口荔枝螺（9.67%），绒螯近方蟹（9.47%），丽核螺（7.70%）
退化礁区	春季	0.483	<0.001	84.85	可口革囊星虫（13.46%），丽核螺（11.97%），异足索沙蚕（11.71%），岩虫（9.26%）
	秋季	0.808	<0.001	88.45	菲律宾蛤仔（13.49%），异足索沙蚕（13.36%），可口革囊星虫（13.31%），丽核螺（10.24%）

相关性检验结果（图 4-10）表明：牡蛎礁区牡蛎密度与大型底栖动物的总密度、物种丰富度（平均每个调查内的物种数）和生物多样性指数之间均呈显著的正相关性，但牡蛎密度与均匀度指数之间的相关性不显著。

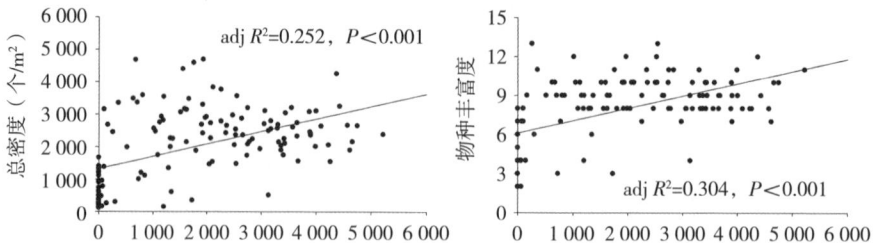

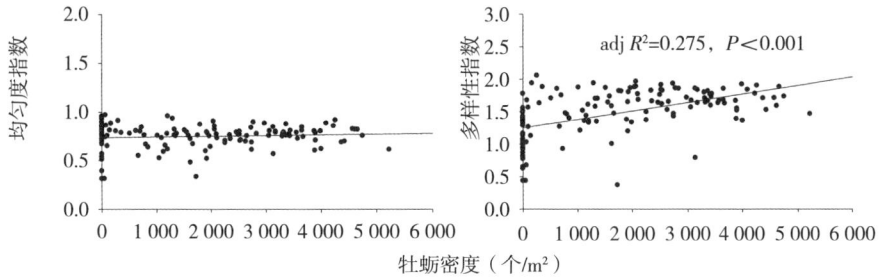

图 4-10 蛎岈山牡蛎礁区牡蛎密度与大型底栖动物群落指数之间的相关性

四、捕食者和竞争者

(一) 捕食者

1. 捕食者密度

捕食作用控制牡蛎种群建立及牡蛎礁发育。海门蛎岈山牡蛎礁中主要的牡蛎捕食者包括黄口荔枝螺、脉红螺、日本蟳和拟穴青蟹。表 4-22 列出了海门蛎岈山牡蛎礁中 2 种螺类捕食者的平均密度，2013 年春季捕食者平均密度高于 2013 年秋季，而 2018 年秋季牡蛎捕食者密度高于 2018 年春季。

表 4-22　蛎岈山牡蛎礁中牡蛎捕食者的平均密度（个/m²）

捕食者	2013 年		2018 年	
	春季	秋季	春季	秋季
黄口荔枝螺	0～100	0～33	0～144	0～175
	18	3	18	58
脉红螺	0～22	0～33	0	0～25
	2	1	0	2

2. 捕食效率

笔者通过室内受控实验测定日本蟳、脉红螺和黄口荔枝螺对不同规格的近江牡蛎和熊本牡蛎的捕食效率，揭示 3 种捕食者对不同规格近江牡蛎和熊本牡蛎的捕食偏好性，研究结果可为牡蛎礁的保护和修复提供理论基础及实践指导（表 4-23）。

实验用的被捕食者（近江牡蛎、熊本牡蛎）和捕食者（日本蟳、脉红螺、黄口荔枝螺）均单独放置于 57L 的循环养殖缸中。为防止种内捕食，日本蟳进行单只饲养。本研究开展 3 个独立实验，每种捕食者与两种牡蛎的捕食关系为 1 个独立实验。每个实验采用两因素随机区组实验设计（表 4-24），2 个自变量为牡蛎种类（近江牡蛎和熊本牡蛎）和牡蛎规格（4 组规格），因变量为捕食效率。

表 4-23　蛎岈山牡蛎礁内 3 种牡蛎捕食者的平均规格及体重

捕食者	规格（mm）	体重（g）
日本蟳	76.67±0.83（甲壳宽）	96.72±2.88
脉红螺	76.00±1.33（壳高）	59.23±2.65
黄口荔枝螺	29.57±0.70（壳高）	6.80±0.36

表 4-24　近江牡蛎和熊本牡蛎 4 个规格处理组的平均壳高（SH）、壳厚（ST）及体重（WBW）

被捕食者	规格（mm）	SH（mm）	ST（mm）	WBW（g）
熊本牡蛎	W1（10~20mm）	16.14±0.34	2.19±0.11	1.14±0.25
	W2（20~30mm）	26.86±0.37	2.77±0.11	7.14±0.26
	W3（30~40mm）	34.82±0.33	3.71±0.09	12.98±0.23
	W4（>40mm）	46.48±0.63	4.48±0.17	21.79±0.52
近江牡蛎	W1（10~20mm）	15.06±0.39	1.56±0.08	0.70±0.21
	W2（20~30mm）	27.06±0.39	3.03±0.11	4.60±0.26
	W3（30~40mm）	34.52±0.38	3.57±0.09	10.12±0.26
	W4（>40mm）	46.21±0.42	3.68±0.15	18.52±0.35

　　日本蟳对 2 种牡蛎的捕食效率的双因素方差分析结果（表 4-25）显示，牡蛎种类对日本蟳捕食效率没有显著性影响（$F=2.149$，$P=0.152$），但牡蛎的规格大小对日本蟳的捕食效率有显著影响（$F=5.472$，$P<0.05$），牡蛎种类与其规格大小没有显著的互作效应（$F=0.543$，$P=0.657$）。日本蟳对 4 组规格近江牡蛎和熊本牡蛎的捕食效率的 Duncan 多重比较结果（表 4-26）显示，日本蟳对 W1 处理组近江牡蛎的捕食效率显著高于 W2 和 W4 处理组（$P<0.05$），对 W3 处理组的捕食效率介于中间（$P>0.05$）。日本蟳对于 W1 处理组熊本牡蛎的捕食效率显著高于 W2 和 W3（$P<0.05$），W4 处理组的被捕食效率与其他处理组均没有显著性差异（$P>0.05$）。

表 4-25　牡蛎种类和规格大小对日本蟳捕食效率影响的两因素方差分析结果

变异源	自由度	方差	均方差	F	P
牡蛎种类	1	0.289	0.289	2.149	0.152
牡蛎规格	3	2.208	0.736	5.472	0.004
种类×规格	3	0.219	0.073	0.543	0.657
合计	39	7.02	0.18		

表 4-26　日本蟳对 4 组规格近江牡蛎和熊本牡蛎的捕食效率（%）

牡蛎规格	捕食效率	
	近江牡蛎	熊本牡蛎
W1	80.0 ± 15.5^a	100 ± 0^a
W2	24.0 ± 16.0^b	52.0 ± 18.3^b
W3	34.0 ± 21.4^{ab}	26.0 ± 19.4^b
W4	28.0 ± 15.9^b	56.0 ± 15.4^{ab}

注：同列中所标的不同小写字母表示不同规格间的差异显著（$P<0.05$），表 4-28 和表 4-30 与此含义相同。

脉红螺对 2 种牡蛎的捕食效率的双因素方差分析结果显示：牡蛎种类和规格大小对脉红螺的捕食效率均无显著性影响（种类：$F=0.296$，$P=0.590$；规格：$F=1.116$，$P=0.357$），牡蛎种类与其规格大小没有显著的互作效应（$F=0.548$，$P=0.653$）（表 4-27）。表 4-28 显示了脉红螺对 4 组规格近江牡蛎和熊本牡蛎的捕食效率，总体上脉红螺的捕食效率很低。

表 4-27　牡蛎种类与规格对脉红螺捕食效率影响的两因素方差分析结果

变异源	自由度	方差	均方差	F	P
牡蛎种类	1	0.063	0.625	0.296	0.590
牡蛎规格	3	0.071	2.358	1.116	0.357
种类×规格	3	0.035	1.158	0.548	0.653
总计	39	0.788			

表 4-28　脉红螺对不同规格的近江牡蛎和熊本牡蛎的捕食效率（%）

牡蛎规格	捕食效率	
	近江牡蛎	熊本牡蛎
W1	8.00 ± 5.83^a	10.00 ± 3.16^a
W2	18.00 ± 19.24^a	22.00 ± 11.14^a
W3	10.00 ± 5.48^a	16.00 ± 9.27^a
W4	2.00 ± 2.00^a	14.00 ± 5.10^a

黄口荔枝螺对 2 种牡蛎的捕食效率的双因素方差分析结果显示：牡蛎种类对黄口荔枝螺的捕食效率无显著性影响（$F=0.011$，$P=0.917$），但规格大小对黄口荔枝螺的捕食效率有显著影响（$F=3.232$，$P=0.035$），牡蛎种类与规格大小没有显著的互作效应（$F=2.551$，$P=0.093$）（表 4-29）。黄口荔枝螺对 4 组规格近江牡蛎和熊本牡蛎的捕食效率的 Duncan 多重比较结果显示：黄口荔枝螺对 4 组规格近江牡蛎的捕食效率没有显著性差异（$P>0.05$），但对

W1 组熊本牡蛎捕食效率显著高于其他 3 个规格处理组（$P<0.05$）（表 4-30）。

表 4-29　牡蛎种类与规格大小对黄口荔枝螺捕食效率的两因素方差分析结果

变异源	方差	自由度	均方差	F	P
牡蛎种类	19.71	1	19.71	0.011	0.917
牡蛎规格	0.080	3	0.027	3.232	0.035
种类×规格	0.042	2	0.021	2.551	0.093
总计	0.408	39			

表 4-30　黄口荔枝螺对不同规格近江牡蛎和熊本牡蛎的捕食效率（%）

牡蛎规格	捕食效率	
	近江牡蛎	熊本牡蛎
W1	10.0±5.48[a]	20.0±6.33[a]
W2	6.0±4.00[a]	4.0±2.45[b]
W3	8.0±5.83[a]	2.0±2.00[b]
W4	4.0±2.45[a]	0±0[b]

图 4-11 显示了近江牡蛎和熊本牡蛎壳高与壳厚之间的线性回归关系。显著性检验结果表明，两种牡蛎的壳高与壳厚之间均存在极显著的正相关关系（$P<0.001$）。近江牡蛎壳厚与壳高之间的线性回归方程为 $ST=1.04+0.074\times SH$（$r^2=0.650$，$P<0.001$），熊本牡蛎壳厚与壳高之间的线性回归方程为 $ST=1.30+0.051\times SH$（$r^2=0.45$，$P<0.001$）。两组方程的线性趋势具有显著性差异，两条曲线斜率对数比 0.371 6（95% 置信区间：0.371 4~0.371 8）。

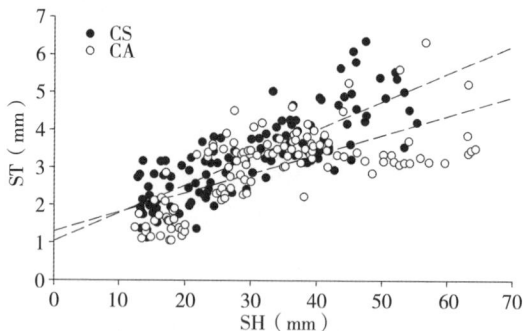

图 4-11　近江牡蛎（CA）和熊本牡蛎（CS）的壳高（SH）与
壳厚（ST）之间的线性相关性

（二）竞争者

海门蛎岈山牡蛎礁中牡蛎的主要竞争者包括白脊藤壶、纵条肌海葵、菲律宾蛤仔，前两种为牡蛎附着的空间资源竞争者，后者为牡蛎生长的食物资源竞争者。表4-31列出了海门蛎岈山牡蛎礁区和退化礁区内菲律宾蛤仔的平均密度。2013年春季和秋季菲律宾蛤仔密度较低；2018年秋季牡蛎礁区和退化礁区菲律宾蛤仔的平均密度明显增加，分别达到41.7个/m²和735.0个/m²。

表4-31　蛎岈山牡蛎礁内菲律宾蛤仔密度的范围和平均值（个/m²）

生境	范围/均值	2013年		2018年	
		春季	秋季	春季	秋季
牡蛎礁区	范围	0~11	0	0~240	0~175
	均值	0.3	0	12.7	41.7
退化礁区	范围	0~11	0~22	未调查	0~1 350
	均值	0.7	2.0	未调查	735.0

五、优势种和经济种

1. 可口革囊星虫

该种隶属星虫动物门，革囊星虫纲，革囊星虫目，革囊星虫科。俗称海丁、海蚂蟥、泥丁、土笋等，主要分布在浙江、福建沿海滩涂，在广东、广西、海南和台湾等省份亦有分布。在海洋公园内，该种主要分布活体牡蛎礁中，最高密度可达2 000个/m²。在各产地均为著名小吃，具有滋阴、补肾、去火的食疗作用，被誉为"动物人参"。在浙江一带加工成"沙虫干"，是著名的海产珍品。在闽南地区用做传统风味小吃"土笋冻"的原料，目前在浙江、福建沿海已开展养殖。

2. 脉红螺

该种隶属腹足纲，狭舌目，骨螺科。俗称红螺、海螺、菠螺、假猎螺。暖温性海洋贝类，在我国主要分布于黄海和渤海海区，在长江口也有分布，为北方沿海重要的经济螺类，在我国辽宁、山东等地已开展人工养殖。在蛎岈山海洋公园，该种主要分布高程相对较低的礁体上，主要以牡蛎为食，是海洋公园内牡蛎的主要捕食者。

3. 黄口荔枝螺

该种隶属软体动物门，腹足纲，狭舌目，骨螺科。暖温性海洋贝类，是我国沿海重要的经济螺类。在蛎岈山海洋公园，该种以成群方式分布于活体牡蛎礁上，主要捕食牡蛎。

4. 日本鲟

该种隶属节肢动物门，甲壳纲，十足目，梭子蟹科。俗称海蟳、石蟹，广泛分布在中国沿海，是目前我国近海捕捞的主要渔获物之一。其肉质细嫩，味道鲜美，营养丰富，是人们喜爱的食用蟹，也是出口水产品之一。在蛎岈山海洋公园内，退潮时该种通常躲避于牡蛎礁的洞穴或孔隙中，数量较多，是当地渔民的重要捕捞对象之一。该种通常以小型贝类为食。

5. 拟穴青蟹

该种隶属节肢动物门，甲壳纲，十足目，梭子蟹科。简称青蟹，俗名叫蟳、膏蟹（雌蟹）、肉蟹（雄蟹），具有重要的营养价值和经济价值。拟穴青蟹为肉食性，主要以软体动物如缢蛏、泥蚶、牡蛎、青蛤、杂色蛤等和小虾蟹、藤壶等为食。在蛎岈山海洋公园内，该种通常躲避于活体牡蛎礁的洞穴中，是当地渔民的重要捕捞对象。

6. 菲律宾蛤仔

该种隶属软体动物门，双壳纲，帘蛤目，帘蛤科。俗称花蛤、杂色蛤，因贝壳表面光滑并布有美丽的红、褐、黑等色花纹而得名。菲律宾蛤仔是市场上常见的贝壳类海产品，广泛分布在中国南北海区，生长迅速，养殖周期短，适应性强（广温、广盐、广分布），离水存活时间长，适合于人工高密度养殖，是中国四大养殖贝类之一。近年来，菲律宾蛤仔在蛎岈山海洋公园内快速蔓延，栖息密度很高，具有较高经济价值。

第四节　生态系统服务价值

一、牡蛎收获价值

江苏海门蛎岈山牡蛎礁表面的活体牡蛎均为熊本牡蛎，其可捕规格为壳高≥40mm。基于2013年春季海门蛎岈山牡蛎礁内牡蛎平均密度和壳高-频率分布，计算得出可捕牡蛎约为200个/m^2，单个体重以10g计算，则$1m^2$牡蛎礁内每年可采捕2kg活体牡蛎。海门蛎岈山牡蛎礁面积约为20hm^2，则每年从海门蛎岈山牡蛎礁内可收获400 000kg牡蛎，以目前牡蛎市场价5元/kg计算，则牡蛎收获产生的经济价值为200万元/年。

二、净水服务价值

牡蛎礁的净水服务包括滤水作用和去氮，通常滤水作用产生的效益很难评估。国际上通常只评估牡蛎礁反硝化去氮的生态效益。参考Grabowski等（2012）的标准，每1hm^2牡蛎礁生境的去氮价值为6 716美元/年，以撰稿时的市场汇率（1：6.89）计算，去氮效益标准约为46 273元/（hm^2·年），则海门蛎岈山牡蛎礁的去氮价值约为93万元/年。

三、栖息地价值

Peterson等（2003）评估表明每10m^2的牡蛎礁生境可提供2.6kg渔业资

源产出，依此标准则海门蛎岈山牡蛎礁每年可增加 $5.2 \times 10^4 \mathrm{kg}$ 渔获量，以目前市场渔获物平均单价 40 元/kg 计算，则海门蛎岈山牡蛎礁的栖息地价值约为 208 万元。

四、岸线防护价值

参考 Grabowski 等（2012）的标准，每 $1 \mathrm{hm}^2$ 牡蛎礁生境的岸线保护服务价值为 85 998 美元/年，以目前市场汇率（1∶6.89）计算，单位服务价值标准约为 592 526 元/（$\mathrm{hm}^2 \cdot$ 年），则海门蛎岈山牡蛎礁的岸线防护价值为 1 185 万元/年。

五、总生态系统服务价值

综合上述评估，海门蛎岈山牡蛎礁的生态系统服务价值约为 1 486 万元/年，此服务价值不包括其滤水价值和固碳价值。

另依据 McLeod 等（2019）提出的牡蛎礁生态系统服务价值 10.6 万美元/（$\mathrm{hm}^2 \cdot$ 年）的标准，海门蛎岈山牡蛎礁的生态系统服务价值为 212 万美元/年，以目前市场汇率（1∶6.89）计算，则海门蛎岈山牡蛎礁的生态系统服务价值为 1 461 万元/年。

上述两种方法对海门蛎岈山牡蛎礁的生态系统服务价值的评估结果十分相近（表 4-32），海门蛎岈山牡蛎礁的生态系统服务价值约是其牡蛎收获经济效益的 7 倍。

表 4-32　海门蛎岈山牡蛎礁的生态系统服务价值评估结果

服务功能	数量	单价	生态系统服务价值（万元）	参考文献
净水（去氮）	20hm²	6 716 美元/（hm²·年）	93	Grabowski 等，2012
增殖渔业	0.26kg/m² 牡蛎礁	40 元/kg	208	Peterson 等，2003
岸线防护	20hm²	85 998 美元/（hm²·年）	1 185	Grabowski 等，2012
合计			1 486	
生态系统服务价值	20hm²	10.6 万美元/（hm²·年）	1 461	McLeod 等，2019

第五章 江苏海门蛎岈山国家级海洋公园牡蛎礁生态修复研究与实践

第一节 钙及赋存形态对牡蛎附着的诱导效应

底物的化学元素组成显著影响着牡蛎幼虫的附着及变态发育，特别是底物中的钙元素是牡蛎幼虫附着的主要诱因之一。Haywood 等（1995）发现石灰石（主要化学成分为 $CaCO_3$）、文蛤壳和石膏（主要化学成分为 $CaSO_4$）等底物对牡蛎幼虫附着的诱导效果显著高于碎石砂砾、废弃路基碎料和砂石（主要化学成分为 SiO_2）。Soniat 等（2005）通过野外实验发现在相同的环境条件下，石灰石上附着的牡蛎稚贝数量显著高于砂石。Tamburri 等（2008）发现相对于人工底物（玻璃纤维、PVC 和不锈钢），近江牡蛎的幼虫偏好附着于自然底物（贝壳等）上。众多研究结果表明：自然的含钙底物（如石灰石、贻贝壳、蛤蜊壳和石膏等）上附着牡蛎稚贝数量通常显著高于其他底物（如砂石、轮胎、玻璃纤维和不锈钢等）。然而迄今为止，国际上很少有研究进一步深入去比较不同钙赋存形态对牡蛎幼虫附着的诱导效应。

基于以往的研究结果，笔者提出了如下假设：碳酸钙对牡蛎幼虫附着的诱导能力大于硫酸钙和有机钙。笔者设计了室内实验检验 3 种钙赋存形态（硫酸钙、有机钙和碳酸钙）实验底物上牡蛎幼虫的附着效果，以探明牡蛎幼虫对不同赋存形态钙的喜好。本研究对于筛选替代底物材料以及牡蛎养殖均具有重要的理论和现实意义。

一、材料与方法

（一）实验地点

本研究于 2015 年 5 月 24 日至 7 月 2 日在山东省莱州市国燕水产育苗场（山东莱州虎头崖镇西原村）内开展。自受精卵开始培育太平洋牡蛎（*Crassostrea gigas*）20d，幼虫发育至具足面盘幼虫（Pediveliger）阶段，此时将实验底物置于附苗池中开展附着实验。

（二）实验设计

本研究采用三因素（海水中牡蛎幼虫丰度、实验底物中钙赋存形态、实验底物中钙含量）随机区组设计。实验设定 2 个牡蛎幼虫丰度处理组（1 个/mL 和 7～8 个/mL）、2 个钙含量处理组和 3 个钙赋存形态处理组。各种底物类型互为对照，共 12 个处理组合，每个处理组合设置 10 个重复，总计 120 个实验底物。实验底物为钙材料、河沙和水泥混合的混凝土模块（10cm 长×10cm 宽×3cm 厚）。硫酸钙处理组的钙材料为石膏粉，有机钙实验组为牛骨粉，碳酸钙实验组为钙粉（表 5-1）。每种原料经粉碎后过 80 目网筛备用。

表 5-1　实验底物的组成成分

钙赋存形态	钙含量	重量比（%）		
		钙材料	河沙	水泥
硫酸钙	低含量组	10	74	16
	高含量组	60	24	16
有机钙	低含量组	10	74	16
	高含量组	60	24	16
碳酸钙	低含量组	10	74	16
	高含量组	60	24	16

（三）实验方法

在育苗车间为 2 个幼虫丰度处理组各准备 1 个附苗池，将实验底物均分 2 组，每组 60 个。每个附苗池架设 6 根竹竿，相邻竹竿间相距 20cm。每根竹竿吊挂随机选择的 10 个实验底物，使实验底物位于水面下 50cm 处，相邻实验底物相距 15cm。实验期间，实验池中的水温约为 24℃，盐度约为 27。每天于 1：00、5：00、9：00、13：00、17：00、21：00 各投饵 1 次，投饵量由育苗场管理人员视幼虫生长状况而定，饵料为金藻。每天于 7：00 和 19：00 各换水 1 次，换水量为附苗池总容量的 1/2。每天光照时间约为 8h，强度为普通日光灯的照明强度。幼虫附着期间充气培养等条件均与育苗车间保持一致。

3d 后将实验底物移置养殖池中暂养，直至附着稚贝清晰可见（约半个月）。用单反相机拍摄每个实验底物表面，在电脑上计数照片上的附着稚贝，并随机选取 20 个稚贝在 Photoshop 软件中测量壳高。为了保证实验结果的一致性，仅观测了实验底物正面附着的稚贝。

（四）数据处理

将每块实验底物上附着数量换算成稚贝的密度，统计不同实验底物上附着牡蛎稚贝的密度（个/cm^2）和平均壳高（mm）。实验数据经过以 10 为底的对数函数处理后，采用 SPSS 19.0 统计软件进行三因素方差分析，使用 LSD 进行后检验，采用 SigmaPlot 10.0 软件绘图。

二、结果

（一）三因素对附着牡蛎稚贝密度和壳高的影响

三因素方差分析结果表明（表 5-2、表 5-3）：三因素交互作用、两因素交互作用和底物钙含量对附着稚贝密度和壳高的影响均不显著（$P > 0.05$），而底物钙形态和海水中牡蛎幼虫丰度均显著影响着附着牡蛎稚贝密度和壳高（$P < 0.05$）。

表 5-2　实验底物上附着牡蛎稚贝密度的三因素方差分析结果

来源	方差	自由度	F	P
钙含量	0.045	1	1.510	0.222
钙形态	0.315	2	10.517	0.000
幼虫丰度	0.193	1	6.468	0.012
钙含量×钙形态	0.024	2	0.819	0.444
钙含量×幼虫丰度	0.002	1	0.052	0.820
钙形态×幼虫丰度	0.014	2	0.465	0.630
钙含量×钙形态×幼虫丰度	0.020	2	0.661	0.518
误差	0.030	105		
总计		117		

表 5-3　实验底物上附着牡蛎稚贝壳高的三因素方差分析结果

来源	方差	自由度	F	P
钙含量	0.006	1	1.416	0.237
钙形态	0.031	2	6.947	0.002
幼虫丰度	0.076	1	17.109	0.000
钙含量×钙形态	0.008	2	1.749	0.180
钙含量×幼虫丰度	0.005	1	1.086	0.300
钙形态×幼虫丰度	0.010	2	2.178	0.119
钙含量×钙形态×幼虫丰度	0.004	2	0.855	0.429
误差	0.004	88		
总计		100		

（二）钙赋存形态及浮游幼虫丰度对附着稚贝密度的影响

钙赋存形态和幼虫丰度对实验底物附着稚贝密度的影响如图 5-1 所示，

在相同的浮游牡蛎幼虫丰度情况下，有机钙底物对牡蛎幼虫附着的诱导效果明显好于碳酸钙与硫酸钙底物（$P < 0.05$），后两者间差异不显著（$P > 0.05$）。

在低钙含量组中，高浮游幼虫丰度下实验底物上牡蛎稚贝密度均显著高于低幼虫丰度处理组（表 5 - 4，图 5 - 1A，$P < 0.05$）；但在高钙含量中，两个幼虫丰度处理组间差异不显著（表 5 - 5，图 5 - 1B，$P > 0.05$）。

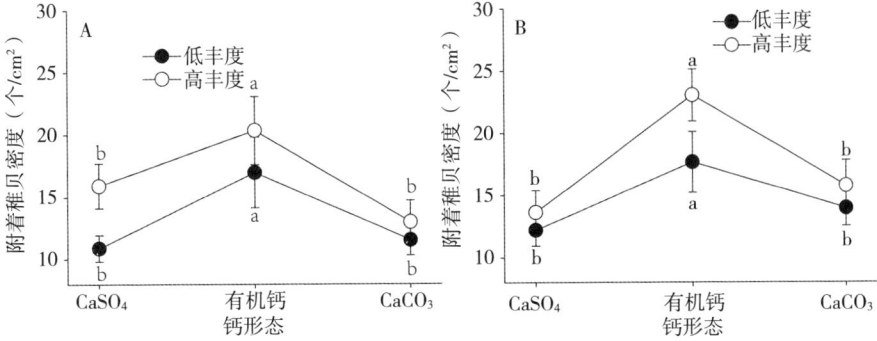

图 5 - 1 低钙和高钙含量下钙形态及幼虫丰度对实验底物上附着牡蛎稚贝密度的影响（$n = 10$）

A. 低钙　B. 高钙

注：不同字母显示在不同钙形态底物间有显著性差异（$P < 0.05$），图 5 - 2 与此含义相同

表 5 - 4　低钙含量下钙赋存形态及浮游幼虫丰度对实验底物附着稚贝密度的影响

变异源	方差	自由度	F	P
钙形态	0.157	2	5.168	0.009
幼虫丰度	0.116	1	3.814	0.056
钙形态×幼虫丰度	0.017	2	0.559	0.575
误差	0.030	53		
总计		59		

表 5 - 5　高钙含量下钙赋存形态及浮游幼虫丰度对实验底物附着稚贝密度的影响

变异源	方差	自由度	F	P
钙形态	0.182	2	6.176	0.004
幼虫丰度	0.079	1	2.700	0.106
钙形态×幼虫丰度	0.016	2	0.558	0.576
误差	0.029	52		
总计		58		

（三）钙赋存形态及浮游幼虫丰度对附着稚贝壳高的影响

钙赋存形态和幼虫丰度对实验底物上附着稚贝壳高的影响如图 5 - 2 所示。

其结果与密度恰好相反：低钙含量下，碳酸钙与硫酸钙实验底物上附着稚贝的壳高相似，没有显著性差异（图 5-2A，$P>0.05$），然而，两个处理组稚贝的平均壳高均显著大于有机钙实验底物（$P<0.05$），且钙形态和幼虫丰度之间呈现显著的互作效应（表 5-6，$F=3.286$，$P=0.030$）；在高钙含量下，不同钙形态底物之间稚贝壳高没有显著性差异（表 5-7，图 5-2B，$P>0.05$）。在相同钙形态底物中，高浮游幼虫丰度实验组中附着稚贝的平均壳高均显著小于低幼虫丰度处理组（$P<0.05$）。

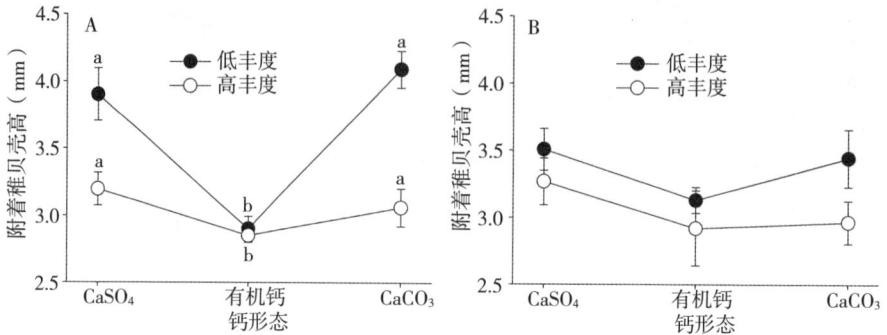

图 5-2　低钙和高钙含量下钙形态及幼虫丰度对实验底物上附着稚贝壳高的影响
A. 低钙　B. 高钙

表 5-6　低钙含量下钙形态及浮游幼虫丰度对实验底物附着稚贝壳高的影响

变异源	方差	自由度	F	P
钙形态	0.029	2	9.471	0.000
幼虫丰度	0.058	1	19.079	0.000
钙形态×幼虫丰度	0.012	2	3.826	0.030
误差	0.003	43		
总计		49		

表 5-7　高钙含量下钙形态及浮游幼虫丰度对实验底物附着稚贝壳高的影响

变异源	方差	自由度	F	P
钙形态	0.008	2	1.434	0.249
幼虫丰度	0.022	1	3.777	0.058
钙形态×幼虫丰度	0.001	2	0.208	0.813
误差	0.006	45		
总计		51		

三、结论

钙赋存形态和海水中牡蛎幼虫丰度显著影响实验底物上牡蛎稚贝附着量，其中有机钙对牡蛎幼虫附着的诱导效应明显好于碳酸钙和硫酸钙底物，而钙含量对牡蛎幼虫的附着没有显著性影响。

第二节　底物大小对牡蛎附着的影响

附着底物的物理和化学性质显著影响海洋无脊椎动物幼虫的附着和生长发育，其中底物大小的影响颇受关注。Jefery（2000）于野外实验中发现藤壶（*Balanus*）幼虫单位附着量随着底物变大依次减少（直径：6cm＜3cm＜1.5cm）。Lillis 等（2010）发现鹅卵石大小对美洲龙虾（*Homarus americanus*）幼虫的附着无显著影响。Fuxhs 等（2013）的野外实验发现东岸牡蛎（*Crassostrea-virginica*）幼虫更喜欢附着于长度较短的底物上。可见，底物大小对海洋无脊椎动物幼虫附着的影响不一。然而，有关底物大小对牡蛎幼虫附着的影响鲜有报道。

基于以往的研究结果和野外观察，猜想在低牡蛎幼虫补充下，牡蛎幼虫附着密度与其底物大小呈现正相关，即随着底物变大，稚贝附着密度逐步增加。于是设计了室内实验和野外实验比较 3 种规格实验底物（A：5cm 长×5cm 宽×3cm 厚，B：10cm 长×10cm 宽×3cm 厚，C：15cm 长×15cm 宽×3cm 厚，以下分别简称 A、B、C）上牡蛎稚贝附着量，以期确认室内和野外自然条件下底物大小、两种实验环境及它们之间的交互作用对牡蛎幼虫的诱导效果。室外实验动物是熊本牡蛎，因其当前还没有规模化人工养殖，室内实验动物选择了长牡蛎。研究结果对牡蛎礁修复中替代底物大小的筛选和牡蛎养殖均具有重要的理论和现实意义。

一、材料与方法

（一）实验材料

室内实验于 2016 年 5 月 7 日至 2016 年 6 月 23 日在山东省莱州市国燕水产育苗场（山东莱州虎头崖镇西原村）内完成。实验生物为太平洋牡蛎的幼虫，自受精卵开始培育 20d 左右至具足面盘幼虫阶段时，将实验底物置于附苗池中开展附着实验。

野外实验于 2018 年 7 月 19 日至 8 月 19 日在浙江省宁波市奉化区莼湖象山港牡蛎养殖区内完成，实验生物为处于具足面盘阶段的熊本牡蛎幼虫。在幼虫附着高峰期（7 月 20 日左右）将底物吊挂于潮间带筏架上开展野外附着实验。

(二) 实验设计

室内和野外实验均采用单因子随机区组设计，实验均设定 3 个底物大小处理组，各个底物大小处理组之间互为对照。每个底物大小处理组设置 10 个重复，室内和野外实验分别总计 3 个处理组合和 30 个实验底物。实验底物为河沙和水泥按比例混合制作的混凝土模块（表 5 - 8）。每种原料经粉碎后过 80目网筛备用。

表 5 - 8   实验底物的组成成分及大小

底物大小	处理组	重量比（%）	
		河沙	水泥
5cm 长×5cm 宽×3cm 厚	A	88	12
10cm 长×10cm 宽×3cm 厚	B	88	12
15cm 长×15cm 宽×3cm 厚	C	88	12

(三) 实验方法

室内实验：在育苗车间准备一个低幼虫丰度（1～2 个/mL）附苗池，其上架设 6 根竹竿，随机选取 10 个实验底物吊挂于竹竿上，使实验底物位于水面下 50cm 处，相邻实验底物相距 15cm，相邻竹竿间相距 20cm。实验期间，将砂滤后加热与未加热海水混合，保持实验池中的水温维持在 24℃ 左右（范围为 23.2～24.6℃）、海水盐度范围为 26.5～27.2。每天于 1：00、5：00、9：00、13：00、17：00、21：00 各投饵 1 次，投饵量由育苗场管理人员根据幼虫生长状况而定，饵料为金藻。每天于 7：00 和 19：00 各换水 1 次，换水量为附苗池总容量的 1/2。每天光照时间约为 8h，光照强度为 100lx 左右。幼虫附着期间充气培养等条件均与育苗车间保持一致。3d 后将两个附苗池中实验底物移至养殖池中暂养，直至附着稚贝清晰可见为止（约 1 个月），用单反相机对每个实验底物表面进行拍照，在电脑上计数，随机选取 20 个附着稚贝，在 Photoshop7.0 中测量壳高。自牡蛎受精卵至实验结束共持续 48d 左右，实验期间，每天不定期观察幼虫生长状况。

野外实验：在熊本牡蛎幼虫处于具足面盘幼虫时，于 2018 年 7 月 19 日将底物吊挂在搭建的竹竿筏架上，底物位于筏架下 50cm 处，其随涨落潮的露干、淹没和饵料等情况与野生牡蛎一致，其间不定期观察附着情况，待附着稚贝清晰可见为止（约 1 个月）。在此期间，实验海域海水温度为 29.9～30.2℃，盐度范围为 23.7～25.7。

考虑到实验结果的一致性，仅统计实验底物正面附着稚贝的密度和壳高，用来表示牡蛎幼虫的附着效果。

（四）数据处理

将每块实验底物上附着的稚贝数量换算成稚贝密度，统计每种实验底物上附着牡蛎稚贝的平均密度（个/cm²）和平均壳高（mm）。实验数据经过以 10 为底的对数函数处理后，用 SPSS19.0 中的 Kolmogorov-Smirnov（以下简称 K-S）正态检验对数据进行正态性检验（$P>0.05$，表 5－9），结果显示均符合正态分布。处理后数据采用 SPSS 19.0 统计软件进行方差分析，使用 LSD 法进行后检验，$P<0.05$ 时差异显著，$P<0.01$ 时差异极其显著。室内和野外实验中分别从 3 个处理组中随机选取 10 个密度值及与其对应的壳高，总计 30 组数据，采用 SPSS 19.0 中的 Pearson 相关性分析。采用 Sigmaplot10.0 软件绘制折线图。

表 5－9　K-S 正态检验结果

实验	项目	P
室内实验	密度	0.200
	壳高	0.070
野外实验	密度	0.055
	壳高	0.200

注：$P>0.05$ 时，表示室内和野外实验中底物大小对应的密度和壳高结果呈正态分布。

二、结果

（一）底物大小对附着稚贝密度的影响

单因素方差分析结果表明：无论室内实验还是野外实验，底物大小对附着稚贝密度的影响均极其显著（表 5－10，$P=0.000$）。

表 5－10　底物大小对附着稚贝密度影响的单因素方差分析结果

变异来源		自由度	方差	F	P	
室内实验	组间	2	1.984	20.125	0.000	
	组内	18	0.099			
野外实验	组间	2	0.430	27.661	0.000	
	组内	18	0.016			

底物大小对附着稚贝密度的影响结果如图 5－3 所示。室内和野外实验中，A、B、C 三个处理组间差异极其显著（$P<0.01$），三个处理组实验底物上的附着稚贝密度高低顺序为：C＞B＞A。

（二）底物大小对附着稚贝壳高的影响

单因素方差分析结果表明：无论室内实验还是野外实验，底物大小对附着稚贝壳高的影响极其显著（表 5－11，$P=0.000$）。

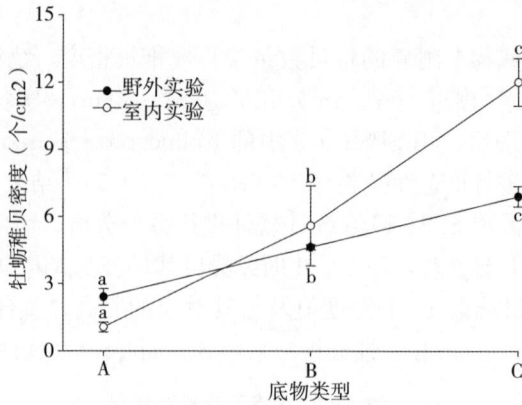

图 5-3　室内实验和野外实验中 3 种实验底物上牡蛎稚贝密度的比较
注：不同字母显示在不同大小底物间有显著性差异（$P < 0.05$），图 5-4 与此含义相同

表 5-11　底物大小对附着稚贝壳高影响的单因素方差分析结果

变异源		自由度	方差	F	P
室内实验	组间	2	0.360	29.651	0.000
	组内	18	0.012		
野外实验	组间	2	0.270	104.686	0.000
	组内	18	0.003		

　　底物大小对附着稚贝壳高的影响结果如图 5-4 所示。室内和野外实验中，3 个实验底物处理组间差异极其显著（$P < 0.01$），附着稚贝壳高大小顺序为：A＞B＞C。室内实验附着稚贝的平均壳高分别为 A 组 14.10mm、B 组

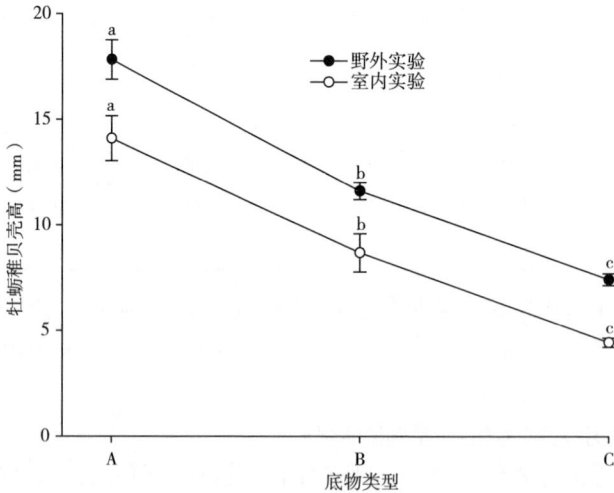

图 5-4　室内实验和野外实验中 3 种实验底物上牡蛎稚贝壳高的比较

8.69mm、C 组 4.44mm；野外实验附着稚贝的壳高分别为 A 组 17.83mm、B 组 11.61mm、C 组 7.43mm。

（三）室内和野外实验附着结果的比较

两因素方差分析结果表明（表 5 - 12、表 5 - 13）：两因素交互作用对附着稚贝密度影响显著（$P<0.05$），而对壳高的影响不显著（$P>0.05$）；实验环境对附着稚贝密度影响不显著（$P>0.05$），对稚贝壳高影响显著（$P<0.05$），且野外实验中附着稚贝的平均壳高显著大于室内实验的平均壳高（$P=0.000$）。

表 5 - 12 室内实验和野外实验附着牡蛎稚贝密度的两因素方差分析结果

变异源	方差	自由度	F	P
环境	0.058	1	1.012	0.321
底物大小	2.177	2	38.143	0.000
环境×底物大小	0.338	2	5.922	0.006
误差	0.057	36		
总计		42		

表 5 - 13 室内实验和野外实验附着牡蛎稚贝壳高的两因素方差分析结果

变异源	方差	自由度	F	P
环境	0.258	1	35.609	0.000
底物大小	0.630	2	87.106	0.000
环境×底物大小	0.011	2	1.554	0.225
误差	0.007	37		
总计		43		

（四）牡蛎稚贝密度与壳高之间的相关性

Pearson 相关性分析结果表明：室内实验和野外实验中牡蛎稚贝密度与壳高相关性很强，且为负相关。其中，室内实验为极强相关性（$r=-0.840$，$P<0.01$），野外实验为强相关性（$r=-0.726$，$P<0.01$）（图 5 - 5）。

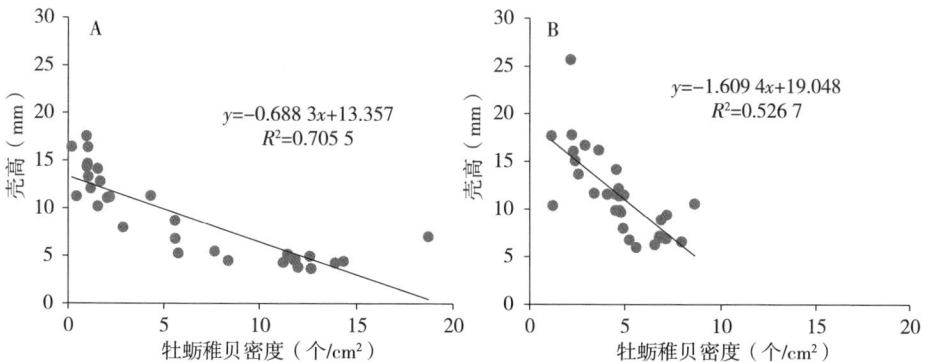

图 5 - 5 室内实验和野外实验中附着牡蛎稚贝密度与壳高的相关性分析
A. 室内实验 B. 野外实验

三、结论

在低幼虫密度下，底物大小与牡蛎稚贝附着密度呈现显著的正相关。因此，在牡蛎礁生态修复中，底物大小是必须特别考虑的因子之一，选择适合规格的底物可显著提高礁体上牡蛎幼虫附着量，从而影响牡蛎礁生态修复的效果。

第三节　底物年龄对牡蛎附着的影响

早期的牡蛎礁修复项目通常优先使用循环回收的本地牡蛎壳建造礁体，但由于牡蛎壳资源量和可获取性的制约，许多牡蛎礁修复项目则使用旧牡蛎壳、蛤壳、混凝土、石块、竹子、木材、塑料和橡胶等替代底物（Quan et al.，2017；Goelz et al.，2020）。人工合成的底物在原材料获取、形状结构设计、礁体投放等方面具有一定的优势，但难免对天然海域环境产生不利影响，甚至会因选材不当等因素造成环境污染。因此，同人工合成的底物相比，牡蛎壳仍是牡蛎幼虫附着和稚贝生长最适合的底物。研究表明，各种底物的附苗效果通常随着时间、地点和项目设计而有较大差异（Quan et al.，2017；Goelz et al.，2020；Coen and Luckenbach，2000；Brmmbaugh and Coen，2009）。

牡蛎礁修复中使用的牡蛎壳分为两类：一类为活牡蛎被食用后循环回收的牡蛎壳（以下简称新壳），另一类为从自然牡蛎礁或海底疏浚回收的牡蛎壳（以下简称旧壳）。由于经济成本低和资源量大，旧壳被大量地应用于牡蛎礁修复中。然而，目前很少研究比较新、旧壳对牡蛎幼虫附着的诱导力和生物接受度（Quan et al.，2017；Goelz et al.，2020）。

研究人员在江苏海门蛎岈山和福建深沪湾牡蛎礁野外调查中均发现：牡蛎礁表面的旧壳上几乎没有牡蛎稚贝补充，而新壳和人工海堤上分布着高密度的活体牡蛎。因此，笔者提出了假设：旧壳对牡蛎幼虫附着的诱导能力显著低于新壳，新壳是更为适宜的牡蛎附着底物。为验证此假设，笔者通过室内和野外附着实验，比较了新、旧壳的附苗效果，检验了生物膜对新、旧壳附苗效率的影响，比较了 2 个潮区中新、旧壳上牡蛎和藤壶附着量的差异，评估了新、旧壳作为牡蛎礁修复底物的适宜性。研究结果对指导牡蛎礁修复和牡蛎增养殖均具有重要意义。

一、材料与方法

（一）实验材料

实验用的 2 种牡蛎壳均采自江苏海门蛎岈山牡蛎礁。新壳为近江牡蛎成体的左壳；旧壳为蛎岈山牡蛎礁剖面下层的死亡近江牡蛎的左壳，经 ^{14}C 年代测定法测得其年龄为 279～86BP（Before present）。牡蛎壳经去除表面污损生物、清洗和曝晒后备用。

（二）实验方法

1. 牡蛎壳和生物膜对牡蛎附着量影响的实验设计

室内附着实验于 2019 年 6 月至 2019 年 7 月在北部湾大学钦州实验基地开展。采用两因素随机区组实验设计，2 个自变量为牡蛎壳（新壳和旧壳）和生物膜（有生物膜处理组和无生物膜对照组）。有生物膜处理组：挑选形态大小基本一致的新、旧壳各 1 只组成一个实验组，放入流动的 300 目筛绢网过滤的自然海水中浸泡 72h 作为生物膜处理，设置 5 个实验重复。无生物膜对照组：挑选形态大小基本一致的新、旧壳各 1 只组成一个实验组，保持干燥作为无生物膜处理，设置 5 个实验重复。实验所用的牡蛎壳拍照后使用 Image J 软件（1.46R）测定其表面积。当育苗池（5m×5m×1.5m）内人工培育的熊本牡蛎浮游幼虫大部分处于眼点幼虫（幼虫密度约 2 个/L）时，将各实验组牡蛎壳吊挂于育苗池水面下 1m 处进行附苗，维持实验水温 28℃、盐度 24，3d 后移至苗种培育池中暂养，15d 后对实验牡蛎壳上附着的牡蛎稚贝进行计数，牡蛎附着量统计为单位牡蛎壳表面积内稚贝的数量（个/cm²）。

野外附着实验在浙江省象山港底部的熊本牡蛎自然采苗区开展，实验设计与上述室内实验一致。2019 年 7 月 26 日将各实验组牡蛎壳吊挂于牡蛎附苗筏架上，保持所有牡蛎壳处于相同潮区（平均最低低水位以上 1.2m）。实验期间海水温度 27～29℃、盐度 22～24。2019 年 9 月 4 日回收实验牡蛎壳，于室内对牡蛎壳上附着的牡蛎稚贝进行计数，牡蛎附着量统计为单位牡蛎壳表面积内稚贝的数量（个/cm²）。

牡蛎附着量数据经正态性检验和方差齐性检验后，采用两因素方差分析（2-way ANOVA）检验牡蛎壳和生物膜对牡蛎附着量的影响，采用 Tukey 后检验进行多重比较（α=0.05）。统计分析在 Sigmaplot 软件（10.0）中完成。

2. 牡蛎壳和潮区对牡蛎和藤壶附着量的影响实验设计

本实验于 2020 年 7—9 月在浙江省三门县健跳港上游潮间带牡蛎养殖区开展。该水域牡蛎优势种为熊本牡蛎，幼虫附着补充高峰期为 8 月，实验期间水温 25.0～32.2℃，盐度 7.2～24.9。采用两因素随机区组实验设计，2 个自变量为牡蛎壳（新壳和旧壳）和潮区（滩面以上 0.6m 和 1.1m）。在潮间带低潮区沿平行于水边线方向搭建附苗架，相邻附苗架间相距 10m，每个附苗架设置 2 个潮区水平，每个潮区设置 5 个实验重复。挑选形态大小基本一致的新、旧壳各 1 只组成 1 个实验组，2020 年 7 月 7 日将 10 个实验组牡蛎壳分别固定到 5 个附苗架的不同潮区，所有牡蛎壳均水平固定、内表面朝上。分别于 15d（7 月 22 日）、45d（8 月 22 日）和 70d（9 月 17 日）后，对实验牡蛎壳上附着的牡蛎和藤壶进行计数；从同一处理水平的实验组中分别随机选取 30 只牡蛎稚贝，使用游标卡尺测量其壳高。运用两因素方差检验牡蛎壳和潮区对牡蛎和藤壶附着量以及牡蛎壳高的影响，数据统计方法同上。

二、结果

（一）牡蛎壳和生物膜对牡蛎附着量的影响

两因素方差分析结果如表 5 - 14 所示：在 2019 年室内附着实验中，牡蛎壳和生物膜均显著影响牡蛎附着量（$P<0.05$），两个因子之间没有显著的交互作用（$P>0.05$）。牡蛎壳和生物膜对牡蛎附着量的影响如图 5 - 6A 所示，在生物膜处理下，新、旧壳上牡蛎附着量的大小顺序为新壳＞旧壳（$P<0.05$）；而在对照组中，新、旧壳间牡蛎附着量无显著差异（$P>0.05$）；生物膜显著提高了新壳的附着量（$P<0.05$），但对旧壳的附着量无显著影响（$P>0.05$）。

表 5 - 14　牡蛎壳和生物膜对牡蛎附着量影响的两因素方差分析结果

变异源	自由度	室内实验			室外实验		
		均方差	F	P	均方差	F	P
牡蛎壳	1	0.841	9.261	0.008	2.665	9.276	0.008
生物膜	1	0.558	6.142	0.025	4.503	15.676	0.001
牡蛎壳×生物膜	1	0.380	4.179	0.058	2.038	7.094	0.017
总计	20						

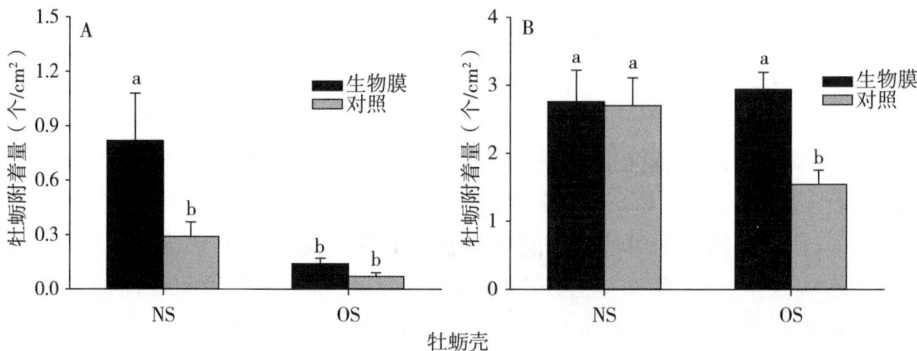

图 5 - 6　2019 年室内实验和野外实验中新壳（NS）和旧壳（OS）上牡蛎附着量
A. 室内实验　B. 野外实验
注：不同小写字母表示具有显著性差异（$P<0.05$）

在 2019 年野外附着实验中，牡蛎壳和生物膜均显著影响牡蛎附着量（$P<0.05$），两个因子之间存在显著的交互作用（$P<0.05$）。牡蛎壳和生物膜对牡蛎附着量的影响如图 5 - 6B 所示，在生物膜处理下，新、旧壳上牡蛎附着量没有显著差异（$P>0.05$）；而在对照组中，牡蛎附着量的大小顺序为新壳＞旧壳（$P<0.05$）；生物膜显著提高了旧壳的牡蛎附着量（$P<0.05$），但对新壳的牡蛎附着量没有显著影响（$P>0.05$）。

（二）牡蛎壳和潮区对牡蛎和藤壶附着量的影响

两因素方差分析结果如表5-15和图5-7所示。在2020年野外附着实验中，牡蛎壳显著影响着牡蛎附着量（$P<0.05$），而潮区对牡蛎附着量没有显著影响（$P>0.05$），两个因子之间无显著的交互作用（$P>0.05$）。在每个潮区中，新、旧壳15d、45d和70d时牡蛎附着量的大小顺序均为新壳＞旧壳（$P<0.05$）；新壳上牡蛎附着量的时间变化为45d和70d均显著高于15d（$P<0.05$）。0.6m潮区中旧壳上牡蛎附着量的时间变化也呈现上述特征（图5-7A，$P<0.05$），而在1.1m潮区中旧壳上牡蛎附着量在各附着周期内均无显著差异（图5-7B，$P>0.05$）。

表5-15 牡蛎壳和潮区对牡蛎和藤壶附着量影响的两因素方差分析结果

变异源	自由度	牡蛎			藤壶		
		均方差	F	P	均方差	F	P
牡蛎壳	1	0.084	50.495	＜0.001	0.148	0.916	0.343
潮区	1	0.001	0.832	0.366	0.737	4.546	0.037
牡蛎壳×潮区	1	0.01	0.569	0.454	0.211	1.305	0.258
总计	60						

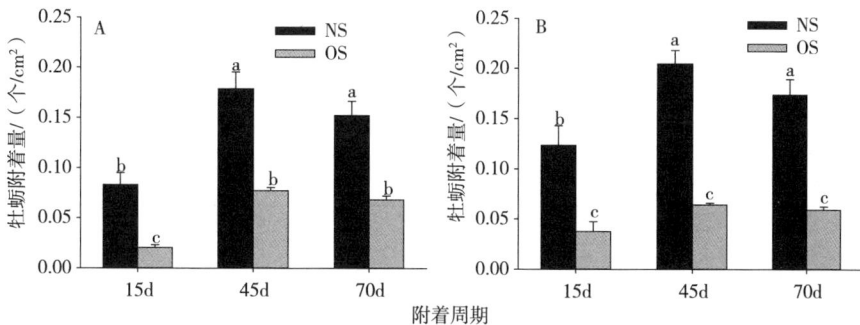

图5-7 2020年野外实验中在两种潮区新壳（NS）和旧壳（OS）上牡蛎附着量

A.0.6m B.1.1m

注：不同小写字母表示具有显著性差异（$P<0.05$）

在2020年野外附着实验中，牡蛎壳对藤壶附着量没有显著影响（$P>0.05$），而潮区显著影响着藤壶附着量（$P<0.05$），两个因子之间没有显著的交互作用（$P>0.05$）（表5-15）。在0.6m潮区中，15d时藤壶附着量的大小顺序为新壳＞旧壳（$P<0.05$）；而在其他实验组中，新、旧壳上藤壶附着量的差异均不显著（$P>0.05$）。在每个潮区中，藤壶附着量的时间变化均呈现为45d和70d均显著高于15d（$P<0.05$）（图5-8）。

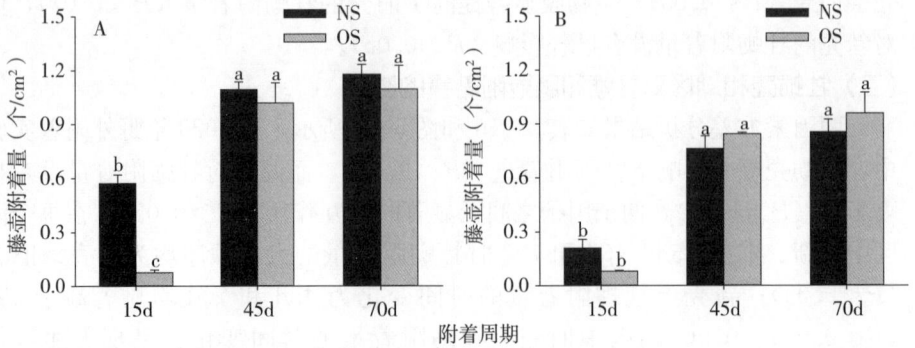

图 5-8 2020 年野外实验中在两种潮区新壳（NS）和旧壳（OS）上藤壶附着量
A. 0.6m B. 1.1m
注：不同小写字母表示具有显著性差异（$P<0.05$）

在 2020 年野外附着实验中，牡蛎壳和潮区对附着牡蛎壳高的影响均不显著（$P>0.05$），两个因子之间没有显著的交互作用（$P>0.05$）（表 5-16）。所有实验组中，新、旧牡蛎壳间附着牡蛎的平均壳高均无显著差异（$P<0.05$）；在每个潮区中，附着牡蛎壳高的时间变化均呈现为 45d 和 70d 显著高于 15d（$P<0.05$）（图 5-9）。

表 5-16 牡蛎壳和潮区对附着牡蛎壳高影响的两因素方差分析结果

变异源	自由度	均方差	F	P
牡蛎壳	1	11.022	0.429	0.513
潮区	1	10.592	0.412	0.521
牡蛎壳×潮区	1	4.713	0.184	0.669
总计	360			

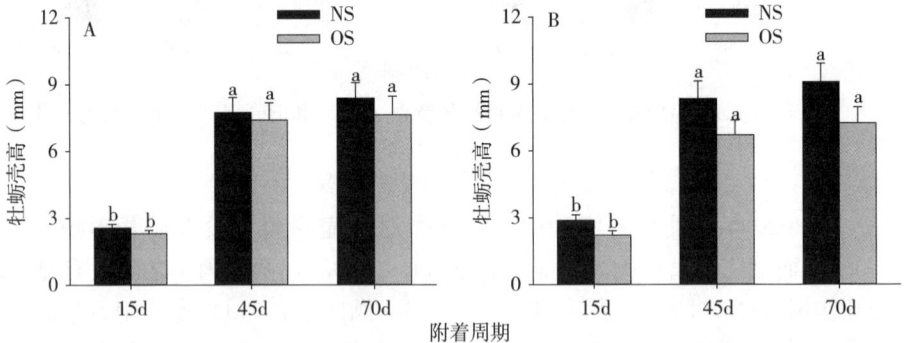

图 5-9 2020 年野外实验中在两种潮区新壳（NS）和旧壳（OS）上附着牡蛎的平均壳高
A. 0.6m B. 1.1m
注：不同小写字母表示具有显著性差异（$P<0.05$）

三、结论

研究发现，新壳的附苗效果总体好于旧壳，而且这种差异贯穿了牡蛎繁殖期、附着期及补充高峰期。因此，在牡蛎礁修复中应优先选取新壳作为底物，尤其是在牡蛎幼虫丰度较低的环境中。未来需进一步从壳表化学组成及微结构等方面阐明 2 种牡蛎壳间附苗效果差异的原因及机理。

第四节　牡蛎人工繁育技术

近江牡蛎和熊本牡蛎是海门蛎岈山牡蛎礁区主要的造礁物种，其人工繁育研究也引起广泛关注。梁广耀等（1983）通过反复试验，初步掌握了近江牡蛎室内育苗的条件和技术。熊本牡蛎原产于日本，因其个体偏小，起初在日本养殖业中并没有受到重视，直到近几年才开始开展熊本牡蛎的苗种培育。Robinson（1992）研究了熊本牡蛎性腺发育周期，并探究了亲贝的最佳促熟时间和幼虫发育的最适温度和盐度，为熊本牡蛎产卵提供了文献参考。吕晓燕（2013）初探了熊本牡蛎人工繁育技术，总结了熊本牡蛎胚胎和幼虫发育周期。许飞（2019）等人利用 COI 种特异性探针鉴定技术发现熊本牡蛎和近江牡蛎之间存在交配前的配子不亲和性隔离，又存在交配后隔离。本节笔者通过室内模拟实验，比较两种牡蛎在繁育上的差异，并对 2 种牡蛎整个浮游阶段生命史做出更系统的记录，以期为繁育提供技术支持。

一、材料与方法

（一）亲贝蓄养及育肥

近江牡蛎于 2018 年 4 月在江苏海门东灶港 2 万 t 级深水码头引桥桥桩上采集，获得亲本 150kg，个体大、体质健康，壳长介于 7.4～13.3cm，壳高介于 9.4～22.5cm，体重介于 0.16～1.00kg。熊本牡蛎取自浙江象山港。

将亲贝表面的附着物清洗干净后，挑选无损伤、健康的个体置于室内人工暂养、育肥催熟。培养用水为砂滤海水（盐度为 21），培育水温为 24℃，充气培养，每天换水三次，每次换水 1/3，每两天倒池一次。前期以等鞭金藻投喂，后期以小球藻和角毛藻为饵料混合投喂，每天投喂两次或三次，藻类密度为 5×10^5 个/mL，根据水色、亲贝摄食情况和发育情况调整投喂量。

（二）幼虫培育

牡蛎出苗 3 天左右显微镜下可观察到 D 形幼虫阶段开始出现。以投喂等鞭金藻饵料为主，每天投喂 2 次，每次投入适量的饵料（表 5-17）。每天换水 2 次，换水量为养殖池容量的 1/2。壳顶幼虫时期牡蛎大小 200μm 左右，饵料主要为小球藻，此阶段的换水量和换水周期均与 D 形幼虫阶段一致，熊本牡蛎壳长、壳高增长速度比近江牡蛎更快。眼点幼虫阶段是变态附着前的重要阶段，牡蛎壳高可达 300μm。此时的牡蛎需要更多的饵料来补充生长发育所需的能量，可视水色及显微镜下牡蛎胃中食物情况，每天多投喂 1~2 次。

(三) 幼苗变态附着

牡蛎大部分出现眼点时即投放附着基。附着基为扇贝壳，100 个扇贝壳为一串，悬挂于养殖池内。当观察到大部分牡蛎附着到扇贝壳上时，移到室外养殖池进行中间培育，加倍投喂藻类以供牡蛎摄食。幼苗 15d 后移至自然海区生长，定期测定生长情况。

表 5-17 近江牡蛎和熊本牡蛎各阶段饵料投喂量的变化（L）

种类	发育阶段			
	D 形幼虫	壳顶幼虫	眼点幼虫	变态发育
近江牡蛎	300	550	850	1 200
熊本牡蛎	400	700	1 000	1 300

注：表中饵料投喂量表示为 1 池牡蛎苗的投喂量。

二、结果

(一) 受精和孵化

2 种牡蛎的培养环境盐度始终保持在 20~22。培养池初始温度为 24℃，随后开始下降，在第 4 天到达 23℃，之后温度逐步升高，在第 12 天达到稳定（27℃）。2 种牡蛎受精孵化情况如表 5-18 所示，近江牡蛎亲本雌雄比例为 4:1，熊本牡蛎亲本雌雄比例 1:1；熊本牡蛎受精率为 80%，高于近江牡蛎；此外，熊本牡蛎孵化率为 90%，而近江牡蛎孵化率仅为 40%。

表 5-18 近江牡蛎和熊本牡蛎受精孵化情况

种类	雌雄比	受精率（%）	孵化率（%）
近江牡蛎	4:1	30	40
熊本牡蛎	1:1	80	90

(二) 幼虫发育

彩图 7 为近江牡蛎的生长发育过程图。D 形幼虫阶段的牡蛎幼虫呈现 D 形，平均壳长范围为（77.00±2.13）~（90±2.98）μm，平均壳高范围是（88.00±2.00）~（97.00±3.00）μm，日龄 3d。刚形成的 D 形幼虫没有形成消化道，不能摄食，消化道形成后则开始摄食。

D形幼虫随着生长发育，壳顶开始慢慢鼓出，进入壳顶幼虫阶段，铰合线稍微隆起，为壳顶初期幼虫；壳顶中期幼虫铰合线明显隆起，面盘和纤毛发达，左壳稍大于右壳；到了后期，壳顶突出，左壳顶比右壳顶更为突出，左、右壳呈不对称状态。壳顶幼虫阶段出现牡蛎雏形，幼虫壳长范围（97.00±3.35）～（270.00±15.35）μm，壳高范围（102.00±3.59）～（309.00±13.03）μm，日龄为10d。

当牡蛎到达300μm左右时，部分牡蛎出现黑色眼点。熊本牡蛎生长速率较快，先于近江牡蛎出现眼点。待大部分牡蛎出现眼点后，视为进入变态附着阶段，投放附着基。变态附着历程较快，2～3d即可完成。

彩图8为熊本牡蛎的生长发育过程图。熊本牡蛎和近江牡蛎的发育阶段生长发育过程很相似，D形幼虫时期经历了3d，壳长范围（68.00±2.49）～（93.00±2.13）μm，壳高范围（82.50±2.27）～（98.00±2.00）μm。壳顶阶段总共经历10天，壳长变化范围为（107.00±3.96）～（293.00±9.55）μm，壳高从（114.00±3.40）μm增高至（334.00±6.53）μm。与近江牡蛎唯一区别是，眼点幼虫阶段的熊本牡蛎发育速度要略微高于近江牡蛎，率先出现眼点的牡蛎幼虫要比近江牡蛎多一些。因而，熊本牡蛎也比近江牡蛎提前1d投放附着基。

（三）幼虫生长

如图5-10所示，发育的前3d，近江牡蛎壳高、壳长均大于熊本牡蛎。从第3天后，两种牡蛎壳高、壳长都在缓慢增长，且熊本牡蛎壳高、壳长逐渐超越近江牡蛎。第8天，2种牡蛎壳高、壳长突然猛增，且熊本牡蛎壳高、壳长总是大于近江牡蛎；第13天，熊本牡蛎壳高率先到达300μm。

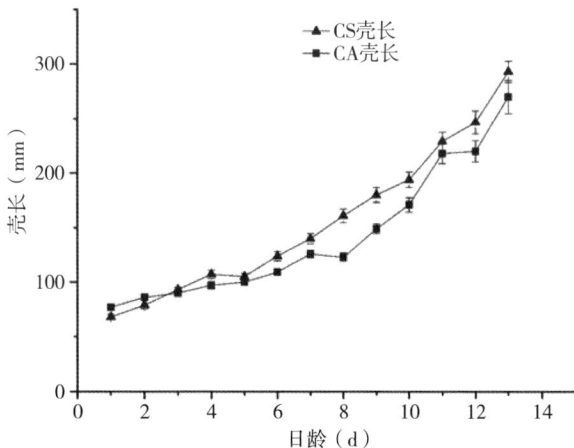

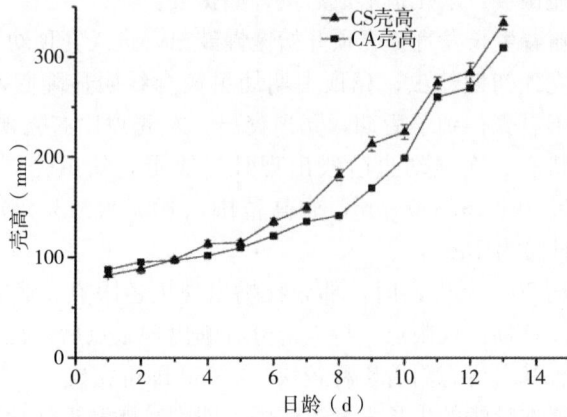

图 5 - 10　近江牡蛎（CA）和熊本牡蛎（CS）浮游幼虫生长

表 5 - 19 为不同日龄的 2 种牡蛎壳高、壳长的方差分析（ANOVA）结果。在 1 日龄和 10 日龄，2 种牡蛎壳长具有显著性差异（$P<0.05$）。在 4 日龄，2 种牡蛎壳高具有显著差异（$P<0.05$）。在 6~10 日龄，2 种牡蛎的壳长、壳高呈现显著或极显著差异（$P<0.01$）。

表 5 - 19　近江牡蛎和熊本牡蛎浮游幼虫壳高、壳长的显著性检验结果

日龄（d）	壳高		壳长	
	F	P	F	P
1	3.310	0.086	7.515	0.013*
2	2.352	0.143	2.882	0.107
3	0.077	0.785	0.669	0.424
4	5.891	0.026*	3.719	0.070
5	1.216	0.285	1.364	0.258
6	8.82	0.008**	9.507	0.006**
7	7.23	0.015*	5.803	0.027*
8	43.373	0.000**	26.522	0.000**
9	24.541	0.000**	14.202	0.001**
10	7.860	0.012*	5.715	0.028*
11	1.313	0.267	0.786	0.387
12	0.095	0.762	3.459	0.081
13	2.940	0.104	1.619	0.219

注：＊＊表示 $P<0.001$，＊表示 $P<0.05$。

三、结论

近江牡蛎和熊本牡蛎繁育温度为 23～27℃，从受精卵到眼点幼虫期一般需要经历 16～17d。在低盐度条件下（<20），熊本牡蛎受精率为 80%，孵化率为 90%；而近江牡蛎在此条件下的受精率为 30%，孵化率为 40%。

第五节　牡蛎资源补充动态及影响机制

"供给侧生态"（Supply-side ecology）强调资源补充对种群丰度和群落发展的重要性（Wasson et al.，2016），了解牡蛎的附着与补充动态对牡蛎礁的保护与修复至关重要。美国自 20 世纪 40 年代末开始就已经建立了牡蛎幼虫补充量的长期监测项目，以探索切萨皮克湾东岸牡蛎的自然补充量动态（Southworth and Mann，2004），从 2006 年起又开展了对西海岸奥林匹亚牡蛎 O. lurida 的年度监测项目。Wasson 等（2016）对这些长期监测数据进行分析，进一步揭示了牡蛎幼体附着的时间格局（如开始附着、持续阶段、附着高峰、停止附着）、空间格局及其驱动因子（温度、盐度、降水量、上升流、水动力、食物丰度等）。结果表明，牡蛎在大区域范围内缺乏附着补充的同步性，突出了研究特定系统内牡蛎的当地种群动态的必要性（Wasson et al.，2016；Grossman et al.，2020）。了解牡蛎幼体附着的时空格局，对牡蛎礁修复地点的选择与修复方案的制定具有重要意义。

海门蛎蚜山位于黄海南部，是我国面积最大的潮间带自然牡蛎礁（Quan et al.，2012；Quan et al.，2016）。由于沉积作用，20 世纪 80 年代中期前存在的三维高层礁（约 2m）完全被低层礁（<0.6m）所取代。2013—2018 年，蛎蚜山熊本牡蛎密度约下降了 90%（Quan et al.，2020）。

在 2019—2020 年，观察到牡蛎幼体低附着量和高死亡率，可能导致蛎蚜山内本已严重枯竭的牡蛎种群数量进一步下降。相比之下，在蛎蚜山附近港池的人工海堤上发现了密集的熊本牡蛎种群。在进行修复工作以补充枯竭的牡蛎种群之前，有必要了解牡蛎幼体的附着动态以及在蛎蚜山牡蛎礁上的存活情况。本研究于 2019 和 2020 两个年度在蛎蚜山周边共设置了 5 个采样位点，用以探索牡蛎幼体附着补充的空间格局，同时对蛎蚜山牡蛎礁低幼体附着补充格局的驱动因素进行综合分析。

一、材料与方法

（一）研究区域概况

本实验在蛎蚜山牡蛎礁表面及周围设置 6 个站点监测牡蛎与藤壶幼体

的附着丰度。蛎岈山牡蛎礁（LYS）处于小庙洪航道附近，石坝（SB）和龙桥（NQ）位于离岸开阔的潮间带滩涂，FH 站点设置于没有河流输入的 1 号港池，SH1 和 SH2 站点设置于最内部的 2 号港池，其盐度受河流输入淡水的影响较大。FH、SH1 和 SH2 三个站点位于港池内部，与处于开阔地带的 SB、NQ 和 LYS 三个站点相比，受水流与波浪的影响相对较小（彩图 9）。

（二）浮游幼虫丰度监测

在监测幼虫附着量的同时监测水体中浮游幼虫丰度。在涨潮时采集到 40L 表层海水样品，每个站位设置 3 个重复。采集的海水通过浮游生物网（直径 200mm，$35\mu m$）过滤，将网内浮游幼虫反洗至盛有 5% 福尔马林溶液的聚乙烯样品瓶中。使用便携式盐度计监测各站点温度和盐度。通过显微镜对牡蛎浮游幼虫丰度进行统计，浮游幼虫的丰度转换为个/L。

（三）牡蛎与藤壶附着丰度监测

2019 年在 LYS 和 FH 设置监测站点，该年发现蛎岈山牡蛎幼虫附着丰度较低，故 2020 年集中对蛎岈山牡蛎礁保护区邻近的 LQ、SB、FH、SH1 和 SH2 五个牡蛎幼虫潜在的分布区进行跟踪监测。在 2019 年 5 月 15 日至 12 月 11 日（7 个监测期，总计 210d）和 2020 年 5 月 15 日至 12 月 30 日（9 个监测期，总计 229d），通过设置牡蛎壳串对各站点附着牡蛎与藤壶丰度进行监测。壳串由 10 个大小相近［壳高：（47.7±1.0）mm，表面积：（25.41±0.92）cm^2］的熊本牡蛎壳通过聚乙烯绳串联而成。沿平行于水流方向，将壳串水平拉直悬挂在滩面以上 0.3m 处，相邻两组壳串之间间隔 5m。通常每月对壳串进行一次更换，但在 2020 年牡蛎附着高峰时段（8 月上旬至 9 月中旬），更换间隔缩短为每两周一次（图 5-11）。采样期间，使用 YSI 便携式水质分析仪现场测定水体温度、盐度。通过不锈钢采水器采集表层水体，取 1 000mL 水样并用鲁哥氏溶液固定后，带回实验室检测浮游植物含量。

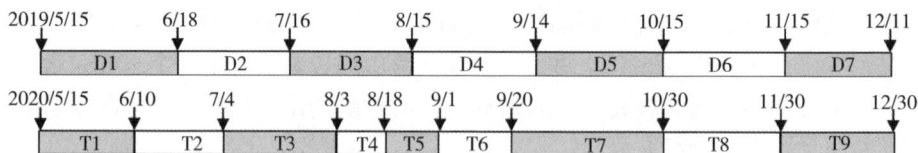

图 5-11　2019 年和 2020 年牡蛎和藤壶附着补充的监测周期

通过体视显微镜对壳上附着的牡蛎幼虫与藤壶进行计数。牡蛎和藤壶的附着量［个/（壳·d）］由 10 个壳上附着的牡蛎或藤壶总数除以每个监测期内的天数而得。对所得数据进行两因素方差分析，通过 Tukey HSD 进行两两比较，分析牡蛎幼虫与藤壶附着效率的时空差异。

累积附苗量是指整个监测期内每个壳的附苗量之和。数据在进行分析前，先进行 $\log_{10}(x+1)$ 对数转换，并对其正态性与方差齐性进行检验。由于正态性检验失败，故采用 Kruskal-Wallis 单因素方差分析和 Duncan 多重比较（$P<0.05$）来检验牡蛎或藤壶累积附着量的空间差异。

（四）藤壶对牡蛎幼虫附着的影响

制作两种类型附着基检验藤壶对牡蛎附着的影响：附着藤壶的瓷砖（处理组）和无藤壶附着的瓷砖（对照组），瓷砖规格均为 15cm×15cm×0.8cm。2020 年 6 月中旬，将 5 块瓷砖暴露于藤壶附着区，2 周后取下瓷砖，清除表面污损生物，在粗糙面随机保留 10 个藤壶（直径 10mm），作为处理组附着基。7 月初，在浙江健跳港牡蛎养殖区潮间带（滩面上 1.1m 处）进行为期两周的野外附苗实验，收集并统计两种附着基上牡蛎幼虫数量。

（五）捕食者对牡蛎幼虫附着的影响

设置捕食者隔离实验检测蛎岈山潜在捕食者对牡蛎幼虫存活率与生长状况的影响。用于隔离捕食者的笼子由 1cm² 镂空方格的塑料网缝制而成。网笼为直径 50cm、高 60cm 的圆柱形结构。实验设置为有网笼（处理）和无网笼（对照）两个组，每组三个重复。2020 年 3 月，将 6 块混凝土砖（39cm×19cm）从 FH 站点转移至 LYS 站点，平均每块混凝砖上附着牡蛎稚贝 1 500 只。稚贝平均壳高约 16mm。其中 3 块砖分别放入 3 个捕食者隔离网笼，另外 3 块不做任何处理。2020 年 6 月，将所有混凝土砖运回实验室，统计各砖上牡蛎密度并计算稚贝存活率。

二、结果

（一）环境因子

2019—2020 年两个年度监测期内水温都在 12～31℃ 波动，各个监测站位的水温基本相似，并与吕四港实时监测的水温数据记录相吻合，在 7 月下旬至 8 月上旬最高，在 1—2 月最低（图 5-12）。2 号港池（SH1、SH2）表层水体的盐度始终低于其他站点（FH、SB、NQ）。

（二）牡蛎浮游幼虫丰度

2019 年牡蛎浮游幼虫的最高丰度出现在 7 月初，随后从 8 月到 11 月呈逐渐下降趋势（图 5-13），但该年两站点牡蛎浮游幼虫丰度在时间和空间上没有显著差异（$P>0.05$）。2020 年牡蛎浮游幼虫的丰度在 5 个站点之间没有显著差异（$P>0.05$），但表现出显著的时间变化（$P<0.05$），8 月的牡蛎浮游幼虫丰度显著高于 9 月（$P<0.05$）。

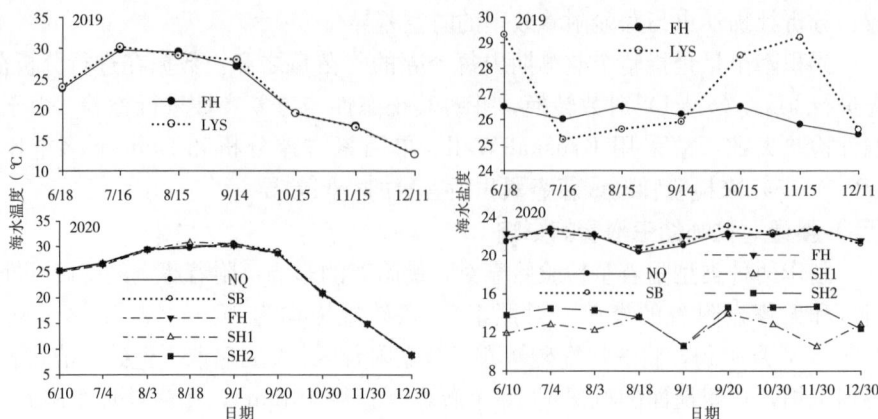

图 5-12 2019 年和 2020 年各监测点海水温度和盐度的变化

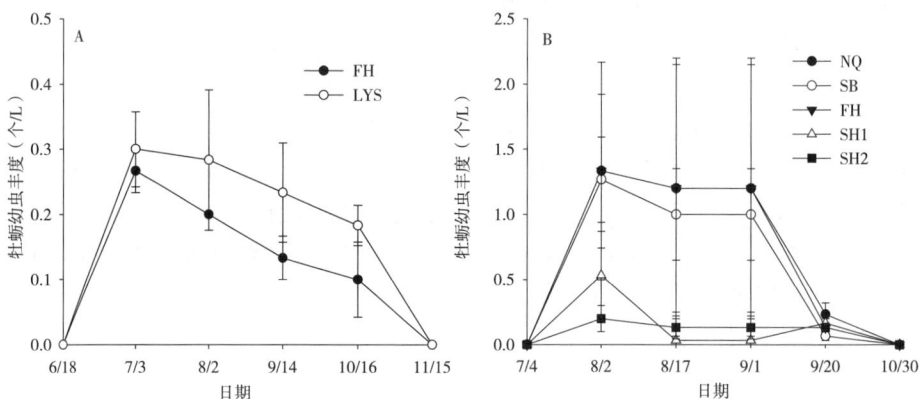

图 5-13 2019 年和 2020 年各监测点牡蛎浮游幼虫丰度的时空变化

A. 2019　B. 2020

(三) 牡蛎与藤壶附着量

采用形态学与分子学方法对两个年度壳串上所附稚贝进行鉴定，发现壳上附着稚贝均为熊本牡蛎。

2019 年，牡蛎幼体在 6 月中旬开始附着，LYS 站点（11 月中旬）比 FH 站点更早停止附着。2019 年牡蛎的附着量具有显著的时间和空间差异（$P <$ 0.001），且时间和空间之间存在显著的交互作用（$P <$ 0.001）。在牡蛎附着的高峰期（6 月中旬至 10 月中旬），FH 位点的牡蛎附着量均显著高于 LYS 站点（$P <$ 0.05）。FH 站点牡蛎最高附着量约是 LYS 站点的 22 倍（图 5-14）。

2020 年，牡蛎附着从 6 月中旬开始，在 8 月达到附着高峰。处在外部开阔海域两个站点（SB、NQ）比其他港湾内站点（FH、SH1、SH2）提前一

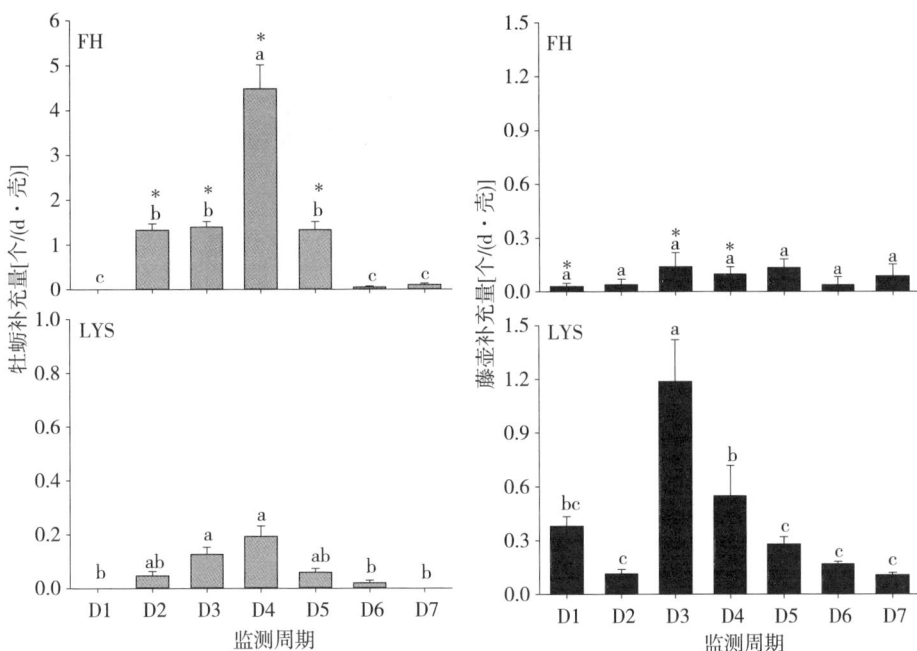

图 5 - 14 2019 年繁殖期牡蛎和藤壶附着补充量的时空变化

注：不同小写字母显示在不同检测周期间牡蛎补充量有显著性差异（$P<0.05$），*表示同一
监测周期内在 1 号港池（FH）和蛎岈山（LYS）间牡蛎补充量有显著性差异（$P<0.05$）

个月停止资源补充。牡蛎附着量具有显著的时间和空间差异（$P<0.001$），且时间和空间之间存在显著的交互作用（$P<0.001$）。其中 SH2 站点牡蛎在 8 月初和中旬表现出极高的附着量（图 5 - 15）。

在 2019 年、2020 年两个年度均发现藤壶附着的时间点早于牡蛎，且比牡蛎有更长的附着周期。藤壶的附着丰度在时间和空间上具有显著的差异，各个监测位点藤壶均表现出显著的附着高峰。2019 年，LYS 站点藤壶附着丰度普遍高于 FH 站点，在 D3 监测期（7 月中旬至 8 月中旬）达到附着高峰，但在 FH 站点藤壶附着率始终较低，整个监测期间没有出现明显的附着高峰。2020 年，处在外部开阔区域两个站点 SB、NQ 除了 T7～T9 监测期藤壶的附着量较低，在其他监测时期（T1～T6）均显著高于其他三个海湾内部站点 FH、SH1、SH2（$P<0.05$）。

（四）牡蛎和藤壶的累积补充量

2019 年，FH 站点（259 个/壳）的累积牡蛎补充量显著高于 LYS 站点（13 个/壳）。2020 年牡蛎的累积补充量表现出明显的空间差异（$P<0.05$），其中 SH2 的累积量最高（1 551 个/壳），NQ 站点的累积量最低（280 个/壳）（图 5 - 16）。2019 和 2020 年度，牡蛎与藤壶的累积量呈明显的负相关（$P<0.001$）（图 5 - 17）。

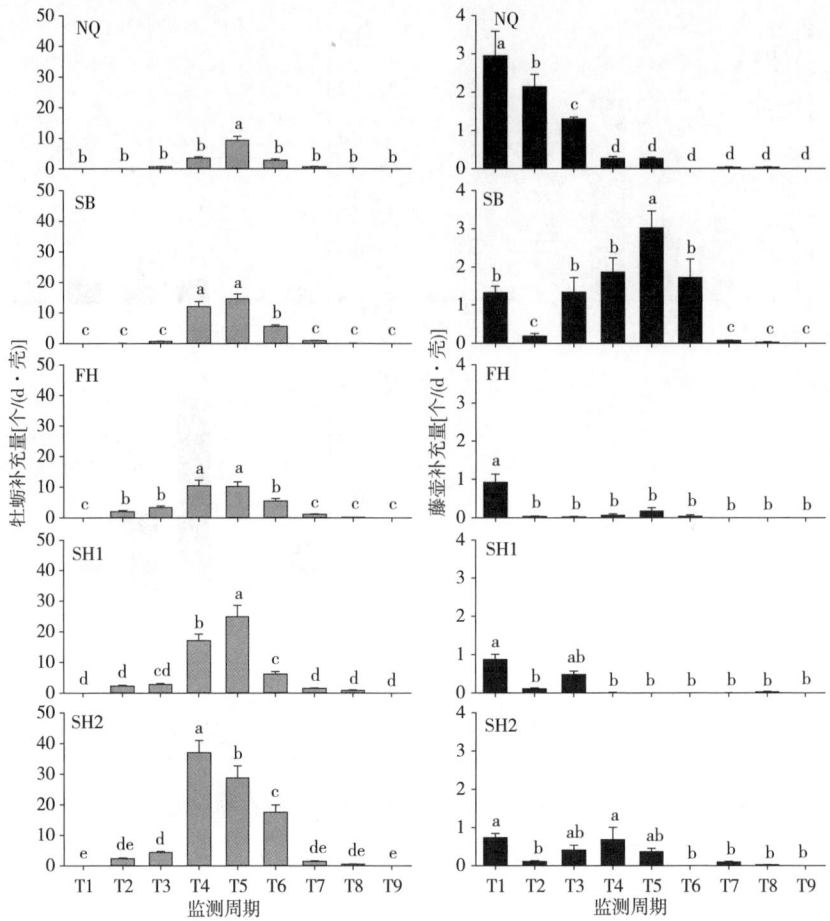

图5-15 2020年繁殖期牡蛎和藤壶附着补充量的时空变化

注：不同小写字母表示具有显著性差异（$P < 0.05$）

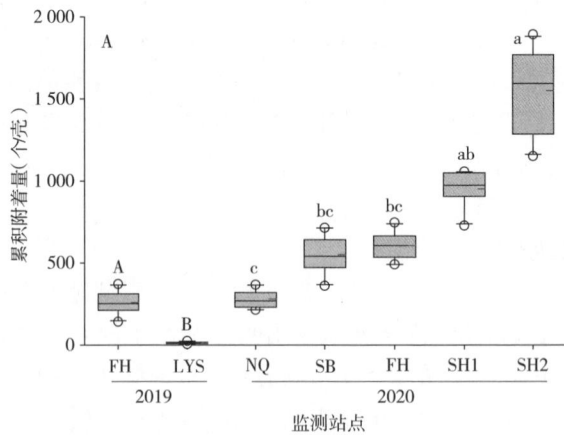

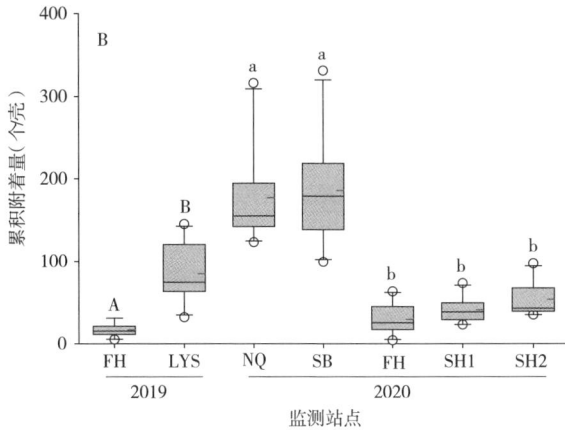

图 5-16　2019 年和 2020 年监测周期内牡蛎和藤壶的累积附着补充量

A. 牡蛎　B. 藤壶

注：实线代表中值，虚线表示平均值

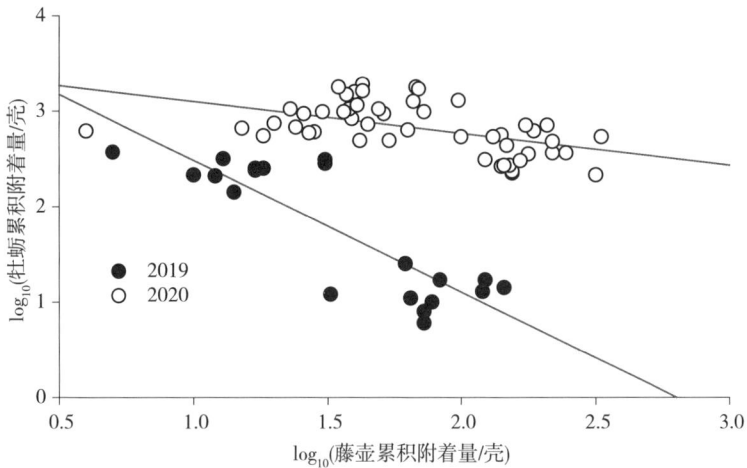

图 5-17　藤壶与牡蛎附着补充量之间的相关性

（五）藤壶对牡蛎附着的影响

底物上藤壶的存在显著抑制了牡蛎幼虫的附着。牡蛎幼虫在处理组（附有藤壶）底物上的附着量显著低于对照组（无藤壶）（$P<0.05$）（图 5-18）。

（六）捕食者对牡蛎附着的影响

处理组（有网笼）的牡蛎稚贝存活率为（73 ± 11）％，显著高于对照组的（18 ± 3）％（$P<0.05$）（图 5-19）。这表明捕食者的存在导致了附着牡蛎的高死亡率，网笼有效地隔离了牡蛎捕食者，提高了附着牡蛎的存活率。

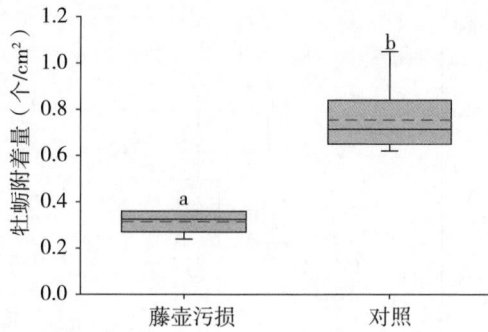

图 5-18 藤壶竞争实验中牡蛎补充量

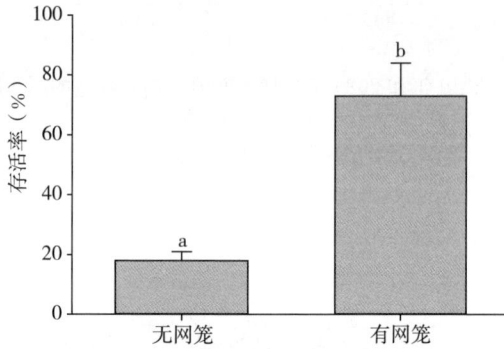

图 5-19 不同捕食风险下牡蛎的存活率

（七）浮游植物季节变化趋势

2019 年牡蛎繁育与附着期间，FH 站点的浮游植物丰度均高于 LYS 站点（$P<0.05$）。两个季节牡蛎附着丰度监测结果显示，稚贝附着量在食物来源充足的地点（FH）均高于食物来源匮乏的地点（LYS）（$P<0.01$）（图 5-20）。

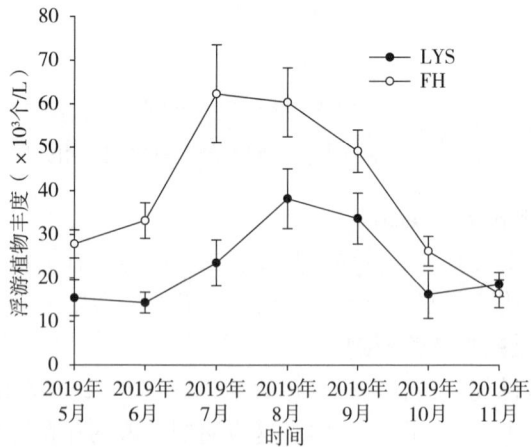

图 5-20 蛎岈山（LYS）和东灶港一号港池（FH）中浮游植物丰度的时间变化

三、海门蛎岈山低牡蛎补充量的原因浅析

牡蛎附着量的时空差异主要受海面温度、天气、初级生产力、水动力、成年种群和其他因素的影响（Schulte and Burke，2014；Wasson et al.，2016）。由于牡蛎附着的驱动因素是多方面的，并且随着研究地点和时间的不同而有很大差异，因此有必要认识导致蛎岈山牡蛎礁低资源补充量的关键当地因素（图5-21），研究结果有助于理解海门蛎岈山牡蛎礁退化机制。

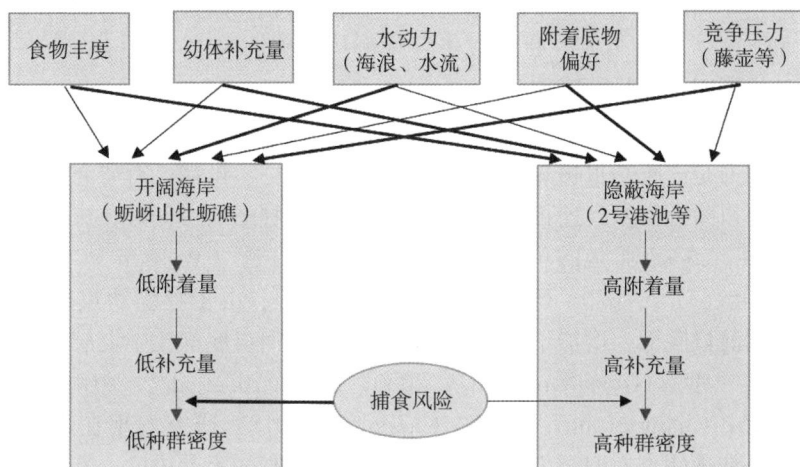

图5-21 蛎岈山牡蛎礁和受避护港池间牡蛎附着补充量空间差异的机制

注：箭头粗细表示作用强度

（一）食物丰度

牡蛎的繁殖通常需要很高的代谢成本，因此其发育状况与水体中可获得的食物密切相关，食物供给充足的牡蛎往往会更早更快产卵（Rico-Villa et al.，2009；Devakie and Ali，2000）。缺乏食物来源的牡蛎幼虫附着到坚硬底质上的能力也会有所下降。Lagarde等（2017）研究发现，高浓度的附着植物（包括硅藻在内的多种微型藻类）能够自下而上地促进幼虫的成功附着。McAfee和Connell（2020）研究发现，澳大利亚南部扁平牡蛎在3—4月出现附着高峰与牡蛎可获得的食物突增有关。笔者的研究结果发现，近岸港池内的浮游植物比蛎岈山海域更加丰富，表明牡蛎附着的空间格局与可获得食物丰度分布一致。蛎岈山牡蛎礁海域较低的浮游植物丰度限制了牡蛎的附着、生长与存活。

（二）资源补充量

资源补充量可能直接取决于附着时间与空间的限制。牡蛎幼虫偏好在成体牡蛎种群的附近附着，或者通过水流与自身的运动而输送到其他区域。最近几项研究指出，在自然或修复的牡蛎礁体中，繁殖幼虫的丰度与成年牡蛎种群呈

正相关关系（Lipcius et al.，2015；Atwood and Grizzle，2020）。如得克萨斯州加尔维斯顿湾，小规模上（几十米）幼虫的丰度与成年牡蛎种群分布一致（Bushek，1988）。在加拿大不列颠哥伦比亚省的一个河口，发现了唯一已知牡蛎幼虫与成年种群的距离之间存在负相关，而且大多数幼虫附着发生在成年牡蛎种群数千米外（Quayle，1988）。Atwood 和 Grizzle（2020）研究发现，在远离礁体中心1km以外的地方，牡蛎幼虫大量减少，表明牡蛎幼虫仅在礁体附近大量附着。此外，由于幼虫向河口上游的迁移，上游和下游的牡蛎附着量不同，这在许多地方都很常见。相对于蛎岈山牡蛎礁群，近岸的海堤（FH、SH1 和 SH2）上附着了大量的成年牡蛎群体，因而吸引了更多的牡蛎幼虫在成体牡蛎周围的底物上附着。

（三）水动力

水动力是影响幼虫扩散和附着的重要因素之一。虽然已有研究证明了牡蛎幼虫在河口附近会发生迁移，但更多的研究表明牡蛎幼虫偏好在成体牡蛎种群周围附着，或在独立的河口与港湾内向上输送（Wasson et al.，2016；Grossman et al.，2020；Pritchard et al.，2015）。由于牡蛎幼虫退潮时随水流下降到河口底部，增加了底层附着时间，因而河口底部比中上层区域有着更高的附着丰度（Grossman et al.，2020；Pritchard et al.，2015；Turley et al.，2019；Chang et al.，2018）。Chang 等（2018）研究发现在水流因素的影响下，牡蛎幼虫在旧金山湾背风的西海岸有更高的附着丰度。笔者的研究结果发现了相似的牡蛎幼虫附着的空间格局，即蛎岈山牡蛎礁牡蛎资源附着量远低于近岸港池。这是由于近岸河口与海湾内部更容易避开大的风浪与潮流，为牡蛎的附着与生长提供良好的生存环境，因而夏季急速潮流和盛行的东南风会将牡蛎幼虫输送至近岸河口与海湾内部进行大量附着。

（四）藤壶污损

藤壶通常是沿海牡蛎礁或贻贝床上最丰富的污损生物。众所周知，藤壶对贻贝的附着有积极的影响，但它对牡蛎附着补充的影响因地点而异（Saier，2001；Diederich，2005；Barnes et al.，2010）。Diederich 等（2005）发现，藤壶对牡蛎壳上长牡蛎附着的影响不大，但却增加了牡蛎幼虫在较光滑贻贝壳上的附着量。Barnes 等（2010）研究结果表明，模拟藤壶外观的替代物和死亡的空藤壶对牡蛎附着没有影响，但成体藤壶显著抑制牡蛎附着，并导致附着牡蛎死亡率增加。笔者的野外研究发现，2019 年和 2020 年藤壶的累积附着量与牡蛎的累积附着量呈负相关；野外的交互实验结果表明，在底物上附着藤壶后，牡蛎附着量显著降低。这一结果进一步证实了藤壶对牡蛎附着的抑制作用。尽管藤壶抑制牡蛎附着的机制尚不清楚，但这一结果可能是由于藤壶与牡蛎在栖息地面积与食物的竞争所导致的，特别是在底物有限的环境中，藤壶因比牡蛎繁殖早、发育生长快，优先占据了硬质附着基质，从而降低了牡蛎对硬质基质的利用率。因此，应在牡蛎附着的高峰期增加底物投放，以避开污损生物藤壶对牡蛎附着产生负面影响。

（五）捕食压力

本研究结果表明，蛎岈山牡蛎礁上的牡蛎面临的捕食压力高于近岸港池内部。捕食压力是导致蛎岈山牡蛎礁牡蛎低附着与存活率的关键因素。蛎岈山牡蛎礁内天然礁体上聚集了大量牡蛎捕食者，相比之下，近岸港池内的低盐度环境大大限制了牡蛎捕食者的数量。笔者前期开展的受控实验测定了日本蟳、脉红螺和黄口荔枝螺对四种规格（W1：10～20mm；W2：20～30mm；W3：30～40mm；W4：>40mm）近江牡蛎和熊本牡蛎的捕食效率，发现 3 种捕食者对牡蛎种类的选择上没有差异，但对不同规格牡蛎的捕食效率之间具有显著的种间差异。牡蛎的规格大小对日本蟳和黄口荔枝螺的捕食效率具有显著影响，对脉红螺的捕食效率无显著影响（孙兆跃，2020）。

四、结论

由于较强的水动力条件，蛎岈山牡蛎礁内牡蛎附着丰度显著低于近岸港池海域。由于无法在大尺度上改变水动力条件，今后的修复重点是增加补充牡蛎稚贝或成体。

本研究发现蛎岈山牡蛎礁上游的半封闭港池内具有较高的牡蛎资源补充量，可作为蛎岈山牡蛎礁牡蛎资源补充的天然采苗区，应加以保护。

基于牡蛎与藤壶附着高峰期的时间差异，本研究初步确定每年 7 月下旬是投放底物吸引牡蛎附着的最佳时期，研究结果为未来的牡蛎礁修复工作提供了重要的理论依据。

第六节 生态修复工程实践

一、牡蛎礁生态建设工程（一期）

2013—2014 年间江苏海门蛎岈山国家级海洋公园管理处联合中国水产科学研究院东海水产研究所组成专业团队，实施了"江苏海门蛎岈山国家级海洋公园牡蛎礁生态建设工程（一期）"项目。该次牡蛎礁生态修复的目标是增殖牡蛎种群、扩增活体牡蛎礁面积。该项目首次于国内开展潮间带自然牡蛎礁的生态修复，结合后期的跟踪监测结果评估了该牡蛎礁修复工程的生态效果。

（一）生态修复地点

在江苏海门蛎岈山牡蛎礁内，分布有 3 种典型生境，即活体牡蛎礁、贝壳屑（即退化死亡的牡蛎礁，它是由活体牡蛎礁经泥沙覆盖导致鲜活牡蛎死亡，再经过地貌侵蚀作用而形成贝壳屑生境）和泥沙质光滩。依据国际上牡蛎礁修复地点筛选的相关标准（全为民等，2006），贝壳屑为最优先考虑的礁体修复地点，另外在泥沙质光滩也构建少量礁体，探讨不同生境下构建牡蛎礁的效果。依据蛎蚜山牡蛎礁的功能区划，并综合考虑各区域的地形地貌及生态环境条件，选定了以下 5 个地点（彩图 10）开展牡蛎礁生态修复：

1. AOR1

位于蛎蚜山西北角，靠近深水码头，该地点泥沙沉积量少，底质类型较多为贝壳屑，由于临近小庙洪水道，便于工程及后期监测的组织实施；

2. AOR2

位于蛎蚜山西北部，临近 AOR1，该地点泥沙沉积量少，底质类型较多为贝壳屑；

3. AOR3

位于蛎蚜山中南部，该地点底质类型为泥沙，泥沙沉积量大，该地点代表泥沙质光滩生境；

4. AOR4

位于蛎蚜山东北角，靠近已建的海上监管平台，交通便利，有利于工程和监测的组织实施，也适宜于开展牡蛎礁生态修复工程的公众参与及科普教育，该地点位于生态保护区 2 的边缘，底质类型较多为贝壳屑；

5. AOR5

位于蛎蚜山中东部，邻近一条大的潮沟，该区域泥沙沉积量相对较大，底质类型较多为淤泥。

（二）生态修复方法

1. 生态修复模式

2013 年 9 月调查结果显示：在 5 个生态修复地点的自然礁体中牡蛎补充量介于 768～6 800 个/m²，平均数量为 4 666 个/m²，牡蛎稚贝的平均壳高为 7.3mm。表明海门蛎蚜山牡蛎礁内有足够的牡蛎幼虫补充，其生态修复模式为底物受限型（Substrate-limited）。

2. 底物材料

建造礁体的底物材料为熊本牡蛎的贝壳，取自浙江省象山港牡蛎养殖区，收集的牡蛎壳（≥6 个月的老壳）用高压水枪冲洗干净、阳光直晒消毒后装于网袋；网袋规格为直径 25cm、网目 2.5cm、长 50cm 的圆柱形，每袋装 24L 牡蛎壳，共制作了 1.6 万个牡蛎壳礁袋（Shell-in-bag）。

3. 礁体构建

礁体构建中采用了两种礁体类型（彩图 11）：

（1）单层礁体（SLR） 依据水流流向，将礁袋以肩并肩方式依次排布，礁袋之间不留空隙，其中礁体长轴方向与水流流向平行；

（2）多层礁体（MLR）　按"肩并肩"方式构建底层后，在其上面再排布 1～2 层，形成多层礁体。2013 年 7 月 6—10 日期间于大汛期滩面露干后上滩排布礁袋，共构建 SLR 礁体 24 个、MLR 礁体 26 个。

4. 生态修复规模

依据修复成本和牡蛎补充量，选用牡蛎壳作为牡蛎礁构建的底物材料，总共收集利用 100t 牡蛎壳分装成 2 万个牡蛎壳礁袋，在 5 个地点共修复了 50 个牡蛎礁，总修复面积约为 2 355m²。

5. 跟踪监测方法

2013 年 9 月、11 月及 2014 年 3 月、5 月对修复牡蛎礁上牡蛎数量、壳高及礁体底栖动物群落进行了生态监测（全为民等，2017），具体监测指标见表 5 - 20。

表 5 - 20　修复牡蛎礁的跟踪监测内容、指标及方法

监测内容	监测指标	分析方法
理化环境	水温	现场测定
	盐度	现场测定
	酸碱度（pH）	现场测定
	溶解氧（DO）	现场测定
	叶绿素 a（Chla）	分光光度法
牡蛎种群生物学	牡蛎数量	计数
	牡蛎壳高	测量
礁体发育	大型底栖动物（种类、密度、生物量）	镜检法

在最后一次生态监测时（2014 年 5 月），同步对自然牡蛎礁和未修复区（对照区）的大型底栖动物进行了调查采样；在每个修复地点，在自然牡蛎礁区和未修复地点（对照区）分别布设 9 个 0.3m×0.3m 样方，每种生境类型共计 45 个样方。运用两因素方差分析（2-way ANOVA）检验时间和礁体类型（MLR 和 SLR）对牡蛎丰度的影响。采用非参数 Kruskal-Wallis 检验分析牡蛎壳高的季节性变化。运用一维方差分析检验修复礁体上定居性大型底栖动物总密度和总生物量的季节变化；运用多变量统计分析（PRIMER 软件包，版本 5.0）比较修复牡蛎礁与自然牡蛎礁间定居性大型底栖动物群落结构。首先计算生境类型间的排名相似度矩阵，据此产生非度量多维标度排序（MDS），并运用相似性分析（ANOSIM）检验修复牡蛎礁与自然礁体间底栖动物群落的显著性差异。相似度分析（SIMPER）检验不同时间点修复牡蛎礁之间及其与自然牡蛎礁之间底栖动物群落的非相似性，并识别对非相似性贡献大的物种。

（三）跟踪监测与效果评估

1. 理化环境现状

表 5－21 列出了江苏海门蛎蚜山牡蛎礁水体理化环境指标的监测结果。整体来说，该海域水温季节变化明显、水体盐度较稳定、水体较混浊，初级生产力较低，浮游植物饵料较少。

表 5－21 　牡蛎礁修复地点水体理化环境

监测指标	2013 年 7 月	2013 年 9 月	2013 年 12 月	2013 年 3 月	2014 年 5 月
水温（℃）	27.0	23.7	12.4	7.2	18.2
盐度	25.2	28.9	27.8	28.3	27.6
pH	8.06	8.13	8.09	8.14	8.07
DO（mg/L）	7.56	6.32	7.06	6.98	7.25
TSS（mg/L）	40	136	24	31	52
叶绿素 a（mg/m³）	2.36	2.03	1.76	1.33	1.57

2. 牡蛎密度和壳高

两因素方差分析结果表明：时间和礁体类型均显著影响修复牡蛎礁上牡蛎密度（时间：$F_3=4.371$，$P=0.006$；礁体类型：$F_1=21.665$，$P<0.001$），两者之间没有显著的互作效应（$F_{3,110}=1.847$，$P=0.143$）。LSD 多重比较（图 5－22）显示：不同礁体类型上的牡蛎密度有显著差异，MLR 高于 SLR

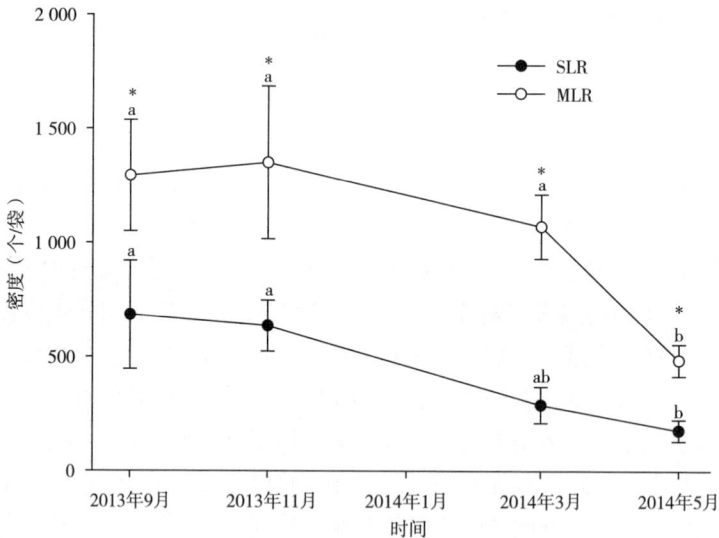

图 5－22 　修复牡蛎礁中牡蛎密度的时间变化

注：误差棒表示标准误，不同小写字母表示牡蛎密度具有显著的时间变化（$P<0.05$）；＊表示在 SLR 和 MLR 间具有显著性差异（$P<0.05$）

（$P < 0.05$）；从 2013 年 9 月至 2014 年 3 月，SLR 和 MLR 中牡蛎密度均没有显著性的时间变化（$P > 0.05$），但 2014 年 5 月时牡蛎密度显著低于 2013 年 9 月和 11 月（$P < 0.05$）。

非参数 Kruskal-Wallis 检验结果（图 5 - 23）显示：在两个生长周期（2013 年 9—11 月，2014 年 3—5 月）内，牡蛎平均壳高分别增加了 3.5mm 和 5.1mm，表现出显著性增长（$Q_1 = 10.519$，$Q_2 = 6.527$，$P < 0.05$）；而在越冬期内（2013 年 11 月至 2014 年 3 月），牡蛎平均壳高仅增加了 0.2mm，没有显著性增长（$Q = 0.35$，$P > 0.05$）。

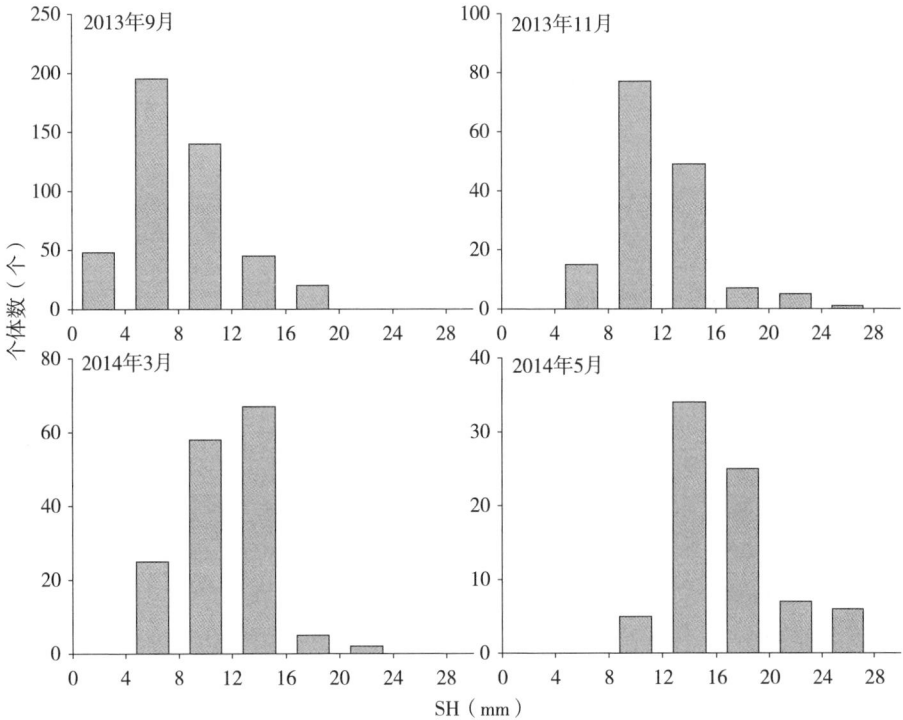

图 5 - 23 修复牡蛎礁中牡蛎的大小频率分布

3. 大型底栖动物群落

在修复牡蛎礁上共记录到大型底栖动物 8 个门类 41 种（表 5 - 22），其中甲壳动物 15 种（蟹 9 种），软体动物 11 种（腹足类 7 种、双壳类 4 种），环节动物 8 种，棘皮动物和鱼类各 2 种，星形动物、腔肠动物和脊索动物各 1 种。2013 年 9 月记录到 30 种大型底栖动物，2013 年 11 月有 26 种，2014 年 3 月记录到 29 种，2014 年 5 月为 26 种。总体上随着礁体的发育，牡蛎礁内大型底栖动物群落的物种丰富度并没有增加。

随着礁体发育，修复牡蛎礁上定居性大型底栖动物的平均总密度和平均总生物量总体上均呈现出增长的趋势（图 5 - 24）。从 2013 年 9—11 月期间，平均总密度和平均总生物量均没有显著性变化（$P>0.05$），但随后呈现快递的增长（$P<0.05$）。

单因素方差分析结果表明（图 5 - 25），经过 1 年左右的发育，至 2014 年 5 月时修复牡蛎礁中大型底栖动物的平均总密度和平均总生物量均接近于自然牡蛎礁（$P>0.05$），显著高于未修复区（$P<0.05$）。修复牡蛎礁中大型底栖动物的平均总密度是未修复区的 6.1 倍，平均总生物量比未修复区高出 3.1 倍。

表 5 - 22   修复牡蛎礁中大型底栖动物的物种名录

类别	物种	拉丁名	2013 年 9 月	2013 年 11 月	2014 年 3 月	2014 年 5 月
甲壳动物	日本蟳	*Charybdis japonica*	√			√
	长指近方蟹	*Hemigrapsus longitarsis*	√	√		
	绒螯近方蟹	*Hemigrapsus peniciillatus*			√	√
	中华近方蟹	*Hemigrapsus sinensis*	√		√	√
	特异大权蟹	*Macromedaeus distinguendus*	√	√		√
	四齿大额蟹	*Metopograpsus quadridentatus*	√	√		√
	锯额豆瓷蟹	*Pisidia serratifrons*	√			√
	光辉圆扇蟹	*Sphaerozius nitidus*	√			√
	兰氏三强蟹	*Tritodynamia rathbunae*				
	日本鼓虾	*Alpheus japonicus*	√	√		√
	雷伊著名团水虱	*Gnorimosphaeroma rayi*			√	
	红纹鞭腕虾	*Lysmata vittata*	√			
	巨指长臂虾	*Palaemon macrodacty*			√	
	板跳钩虾	*Platorchestia* sp.			√	
	白脊藤壶	*Balanus albicostatus*	√	√		√
软体动物	甲虫螺	*Cantharidus* sp.	√	√		√
	中国笔螺	*Mitra chinensis*		√		√
	丽核螺	*Mitrella bella*	√	√	√	√
	西格织纹螺	*Nassarius siquinjorensis*			√	
	齿纹蜒螺	*Nerita yoldi*	√	√	√	√
	脉红螺	*Rapana venosa*	√	√	√	√
	黄口荔枝螺	*Thais luteostoma*	√	√	√	√
	菲律宾蛤仔	*Ruditapes philippinarum*	√	√		

类别	物种	拉丁名	2013年9月	2013年11月	2014年3月	2014年5月
软体动物	双纹须蚶	*Barbatia bistrigata*	√	√	√	√
	黑荞麦蛤	*Vignadula atrata*		√	√	√
	渤海鸭嘴蛤	*Laternula marilina*			√	√
环节动物	丝鳃虫	*Cirratulus* sp.	√			√
	智利巢沙蚕	*Diopatra chiliensis*	√	√	√	√
	长吻沙蚕	*Glycera chirori*	√	√	√	
	日本角吻沙蚕	*Goniada japonica*			√	
	覆瓦哈鳞虫	*Harmothoe imbricata*	√	√	√	
	索沙蚕	*Lumbrineris* sp.	√	√		
	岩虫	*Marphysa sanguinea*	√	√	√	√
	多齿围沙蚕	*Perinereis nuntia*	√	√	√	√
棘皮动物	滩栖阳遂足	*Amphiura vadicola*	√	√		
	钮细锚参	*Leptosynapta ooplax*			√	
星形动物	可口革囊星虫	*Phascoknma esulenta*	√	√	√	√
腔肠动物	星虫状海氏海葵	*Edwardsia sipunculoides*	√	√		√
脊索动物	海鞘	Ascidiacea	√	√		√
鱼类	美肩鳃鳚	*Omobranchus elegans*	√	√		
	髭缟虾虎鱼	*Tridentiger barbatus*	√			√

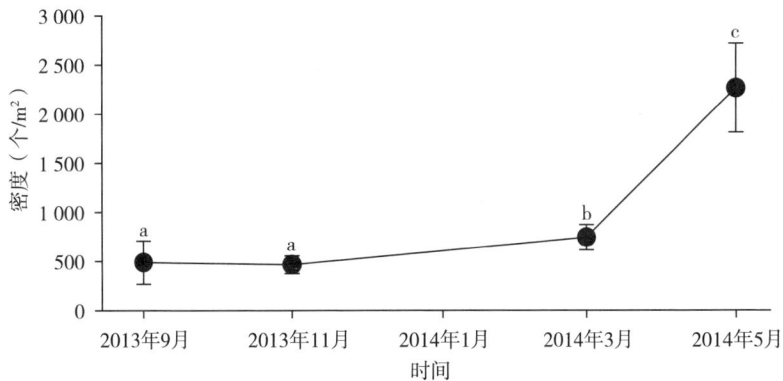

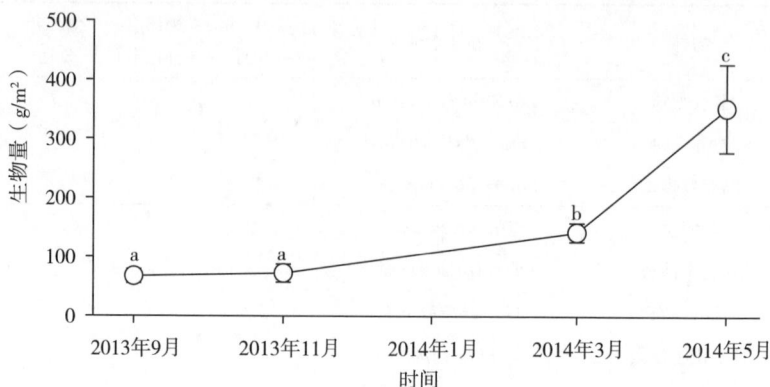

图 5-24 修复牡蛎礁中大型底栖动物平均总密度和平均总生物量的变化

注：误差棒表示标准误，不同小写字母表示显著的时间变化（$P < 0.05$）

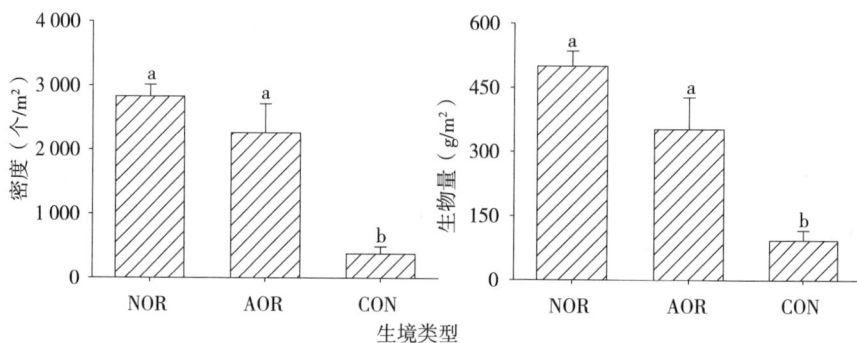

图 5-25 自然牡蛎礁（NOR）、修复牡蛎礁（AOR）和对照区（CON）大型底栖动物总密度和总生物量

注：误差棒表示±1 标准误，不同小写字母表示在生境类型间具有显著性差异（$P < 0.05$）

    MDS 排序结果显示，修复牡蛎礁与自然牡蛎礁具有显著不同的定居性大型底栖动物群落（ANOSIM，$P = 0.001$）（图 5-26），群落差异的主要贡献来自自然牡蛎礁具有更高密度的可口革囊星虫、黄口荔枝螺、多齿围沙蚕和中华近方蟹（表 5-23）。在 2013 年 9 月至 2014 年 5 月期间，修复牡蛎礁中定居性大型底栖动物群落表现出显著的时间变化（ANOSIM，$P < 0.05$），造成群落差异的主要物种包括特异大权蟹、绒螯近方蟹、四齿大额蟹、智利巢沙蚕和丽核螺。

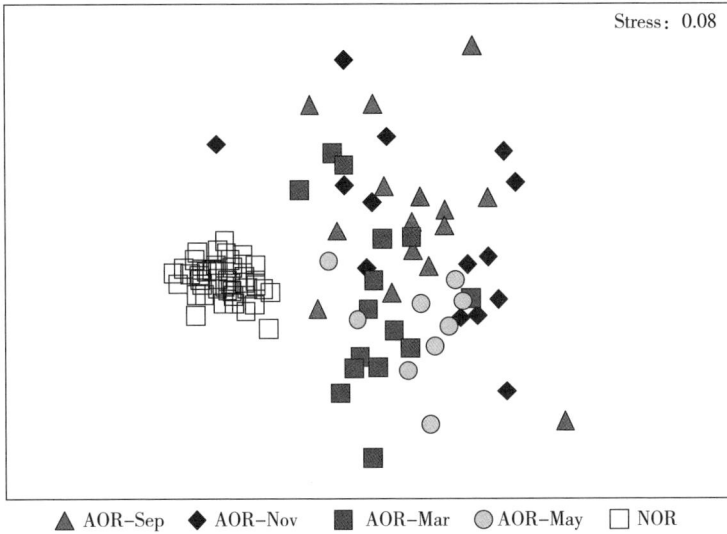

图 5 - 26　修复牡蛎礁（AOR）和自然牡蛎礁（NOR）中大型底栖动物群落的
　　　　　非度量多维标度排序

注：AOR-Sep 表示 2013 年 9 月修复牡蛎礁，AOR-Nov 表示 2013 年 11 月修复牡蛎礁，
AOR-Mar 表示 2014 年 3 月修复牡蛎礁，AOR-May 表示 2014 年 5 月修复牡蛎礁；表 5 - 23
中与此含义相同

表 5 - 23　修复牡蛎礁（AOR）和自然牡蛎礁（NOR）中大型底栖动物群落
　　　　　的相似性分析结果

组别	相似性百分比分析		一维相似度分析	
	非相似度（%）	贡献群落差异的物种	R	P
AOR-Sep vs AOR-Nov	55.05	特异大权蟹、锯额豆瓷蟹、智利巢沙蚕	0.178	0.003
AOR-Sep vs AOR-Mar	53.13	绒螯近方蟹、四齿大额蟹、智利巢沙蚕	0.247	0.001
AOR-Sep vs AOR-May	56.97	绒螯近方蟹、四齿大额蟹、锯额豆瓷蟹	0.331	0.001
AOR-Nov vs AOR-Mar	54.38	丽核螺、智利巢沙蚕、日本鼓虾	0.340	0.001
AOR-Nov vs AOR-May	51.47	长指近方蟹、特异大权蟹、四齿大额蟹	0.214	0.024
AOR-Mar vs AOR-May	49.73	丽核螺、绒螯近方蟹、四齿大额蟹	0.349	0.001
AOR-Sep vs NOR	64.06	可口革囊星虫、智利巢沙蚕、多齿围沙蚕	0.951	0.001
AOR-Nov vs NOR	66.66	可口革囊星虫、中华近方蟹、多齿围沙蚕	0.959	0.001
AOR-Mar vs NOR	57.86	可口革囊星虫、黄口荔枝螺、多齿围沙蚕	0.958	0.001
AOR-May vs NOR	62.41	可口革囊星虫、多齿围沙蚕、黄口荔枝螺	0.996	0.001

二、牡蛎礁生态建设工程（二期）

在 2014—2015 年间，江苏海门蛎岈山国家级海洋公园管理处联合中国水产科学研究院东海水产研究所实施了"江苏海门蛎岈山国家级海洋公园牡蛎礁生态建设工程（二期）"项目。

（一）生态修复地点

基于江苏海门蛎岈山牡蛎礁生态建设工程（一期）的实际效果，该项目选择以下 5 个代表性地点开展海门蛎岈山牡蛎礁生态建设工程（彩图 12）：

1. AOR6

靠近 2013 年修复地点 AOR1 和 AOR2，2013 年在此处建设的牡蛎壳礁体修复效果较好，因此建议在该地点利用牡蛎壳礁袋开展一定规模的牡蛎礁生态建设工程，并搭配混凝土礁体，以评价各类礁体的修复效果及投入成本；

2. AOR7

靠近 2013 年修复地点 AOR4，邻近保护区海上监管平台，适合开展牡蛎礁生态建设工程的公众参与及科普教育，建议在该地点建设一定规模的混凝土礁体，并搭配一定数量的两层及多层牡蛎壳礁体；

3. AOR8

该地点为大片的沙质滩涂，适宜于开展非礁区牡蛎礁修复试验；

4. AOR9

位于保护区东南侧，邻近拟建的监管平台，该地点的生态建设工程将以牡蛎增养殖试验为主，并搭配少量混凝土模块礁体；

5. AOR10

位于洪西堆，目前礁上绝大部分为牡蛎壳。

（二）生态修复方法

依据牡蛎礁生态建设工程（一期）的跟踪监测结果，海门蛎岈山牡蛎礁为底物受限型，其生态修复的重点是增加牡蛎附着生长的底物礁体。依据拟建地点的底质类型、水文动力和地形地貌等条件，本项目设计了 4 种礁体（彩图 13）：

1. 牡蛎壳礁体

单个礁体由两层牡蛎壳袋（具体设计见一期工程）叠加而成，礁体长轴与自然礁体的走向平行，单个礁体面积为 $2 \sim 20 m^2$ 不等；

2. 空心砖礁体

单个空心砖礁体由 80 个空心砖按 $5 \times 8 \times 2$ 排布而成，礁体长轴方向平行于自然礁体，单个礁体长 1.6m、宽 2.0m、高 0.4m，礁体面积为 $3.2m^2$；

3. 空心砖-牡蛎壳组合礁体

下面铺设一层空心砖，再在空心砖上再铺设一层牡蛎壳礁袋，礁体长轴与自然礁体的走向平行，礁体面积介于 3～10m²；

4. 圆柱涵洞礁体

单个礁体由 20 个涵洞（直径 40cm、高 50cm）按 10×2 排布而成，相邻涵洞间隔 5cm，礁体长轴与自然礁体的走向平行，单个礁体长 4.45m、宽 0.85m、高 0.5m，礁体面积为 3.8m²。

2014 年 6—7 月组织实施了江苏海门蛎岈山国家级海洋公园牡蛎礁生态建设工程（二期），共投放 1 万多个牡蛎壳礁袋、2 500 个混凝土空心砖和 200 个混凝土涵洞礁，在 5 个地点共修复了 68 个牡蛎礁，其中双层牡蛎壳礁 33 个、空心砖-牡蛎壳礁袋组合礁 17 个、双层空心砖礁 11 个、圆柱涵洞礁 7 个。

在完成礁体投放后，于 2014 年 9 月、2014 年 12 月、2015 年 3 月和 2015年 5 月对构建礁体上的牡蛎种群及定居性大型底栖动物群落进行了跟踪监测与评估。

（三）跟踪监测与效果评估

1. 理化环境现状

表 5 - 24 列出了江苏海门蛎岈山牡蛎礁水体理化环境指标的监测结果。整体来说，修复海域水温季节变化明显，水体盐度较稳定，水体较混浊，初级生产力较低，浮游植物饵料较少。

表 5 - 24　牡蛎礁修复地点水体理化环境

监测指标	2014 年 9 月	2014 年 12 月	2015 年 3 月	2015 年 5 月
水温（℃）	23.7	12.4	7.2	18.2
盐度	22.9	22.8	23.3	21.6
pH	8.13	8.09	8.14	8.07
DO（mg/L）	6.32	7.06	6.98	7.25
Chla（mg/m³）	2.03	1.76	1.33	1.57

2. 牡蛎密度和壳高

表 5 - 25 列出了 4 种牡蛎礁中附着牡蛎的密度。从 2014 年 9—12 月，修复礁体中牡蛎的平均密度约下降了 83% 以上，附着牡蛎稚贝呈现了较高的死亡率，同期调查也在自然礁体上观察到牡蛎个体呈现大面积死亡的现象。从 2014 年 12 月至 2015 年 5 月，修复礁体上牡蛎密度持续下降，累计死亡率介于 97.5%～98.7%。从 4 种礁体的修复效果来分析，空心砖-牡蛎壳组合礁（底砖上礁）的效果明显好于其他 3 种礁体。

表 5-25　修复礁体中附着牡蛎的密度（个/m²）

礁体类型	范围/均值	2014 年 9 月	2014 年 12 月	2015 年 3 月	2015 年 5 月
双层牡蛎壳	范围	240～16 430	80～480	95～250	15～190
	均值	3 485	180	165	55
空心砖	范围	2 130～7 240	170～1 395	125～645	25～110
	均值	5 395	710	315	70
空心砖-牡蛎壳组合礁	范围	0～8 320	0～7 900	0～300	0～500
	均值	5 300	900	140	100
混凝土涵洞礁	范围	0～12 800	0～980	0～2 100	0～160
	均值	3 200	250	170	80

表 5-26 列出了 4 种牡蛎礁中附着牡蛎的壳高。尽管修复礁体中牡蛎个体死亡率较高，但至 2015 年 5 月时仍有少部分熊本牡蛎个体达到成体规格（壳高≥20mm）。

表 5-26　修复礁体中附着牡蛎的壳高（mm）

礁体类型	范围/均值	2014 年 9 月	2014 年 12 月	2015 年 3 月	2015 年 5 月
双层牡蛎壳	范围	2～12	2～18	8～23	11～27
	均值	4.3	7.0	13.3	15.6
空心砖	范围	2～9	2～10	9～21	10～25
	均值	4.2	6.6	12.7	14.9
空心砖-牡蛎壳组合礁	范围	1～17	2～11	9～20	9～22
	均值	4.3	5.0	12.6	14.5
混凝土涵洞礁	范围	2～12	2～21	8～19	10～24
	均值	4.7	5.7	12.7	14.7

3. 大型底栖动物群落

大型底栖动物群落是牡蛎礁发育状况及生态功能（生境价值）的重要评价指标。根据 2014 年 9 月和 12 月及 2015 年 3 月和 5 月的生态调查结果，在修复牡蛎礁上共记录到大型底栖动物 8 个门类 30 种（表 5-27），其中甲壳动物 9 种，软体动物 8 种，环节动物 7 种，棘皮动物 2 种，星形动物、腔肠动物、脊索动物和鱼类各 1 种。2014 年 9 月记录到 20 种大型底栖动物，2014 年 12 月为 18 种，2015 年 3 月为 20 种，2015 年 5 月为 17 种。随着礁体的发育，大型底栖动物群落的物种数并没有增加。

表 5-27　修复牡蛎礁中大型底栖动物的物种名录

类别	物种	拉丁名	2014年9月	2014年12月	2015年3月	2015年5月
甲壳动物	绒螯近方蟹	*Hemigrapsus peniciillatus*	√	√	√	√
	中华近方蟹	*Hemigrapsus sinensis*	√			
	特异大权蟹	*Macromedaeus distinguendus*	√	√	√	√
	四齿大额蟹	*Metopograpsus quadridentatus*		√	√	√
	锯额豆瓷蟹	*Pisidia serratifrons*	√	√	√	√
	粗腿厚纹蟹	*Pachygrapsus crassipes*	√			
	日本鼓虾	*Alpheus japonicus*	√	√	√	
	雷伊著名团水虱	*Gnorimosphaeroma rayi*			√	√
	白脊藤壶	*Balanus albicostatus*	√	√	√	√
软体动物	甲虫螺	*Cantharidus* sp.	√	√		√
	中国笔螺	*Mitra chinensis*		√	√	
	丽核螺	*Mitrella bella*	√	√	√	√
	齿纹蜒螺	*Nerita yoldi*	√	√	√	√
	脉红螺	*Rapana venosa*	√		√	√
	黄口荔枝螺	*Thais luteostoma*	√	√	√	√
	双纹须蚶	*Barbatia bistrigata*	√		√	√
	青蚶	*Barbatia virescens*		√	√	
环节动物	智利巢沙蚕	Diopatra chiliensis	√		√	
	长吻沙蚕	*Glycera chirori*			√	√
	日本角吻沙蚕	*Goniada japonica*				√
	覆瓦哈鳞虫	*Harmothoe imbricata*		√		√
	索沙蚕	*Lumbrineris* sp.	√			
	岩虫	*Marphysa sanguinea*			√	√
	多齿围沙蚕	*Perinereis nuntia*	√	√	√	√
棘皮动物	滩栖阳遂足	*Amphiura vadicola*	√		√	
	钮细锚参	*Leptosynapta ooplax*			√	
星形动物	可口革囊星虫	*Phascoknma esulenta*	√		√	√
腔肠动物	星虫状海氏海葵	*Edwardsia sipunculoides*	√	√		
脊索动物	海鞘	Ascidiacea				
鱼类	斑头肩鳃鳚	*Omobranchus fasciolatoceps*	√			

表 5-28 显示了修复牡蛎礁中大型底栖动物的平均总密度和平均总生物量。结果显示，修复牡蛎礁中大型底栖动物的平均总密度随礁体发育呈现增长的趋势，从 2014 年 9 月至 2015 年 5 月平均总密度增加了 110% 倍。大型底栖动物的平均总生物量随着礁体发育呈现增长的趋势，从 2014 年 9 月至 2015 年 5 月平均总生物量约增长了 83%。

从 5 个修复地点的比较来看（表 5-28），大型底栖动物平均总密度的大小顺序为：AOR10＞AOR6＞AOR7＞AOR8＞AOR9。总体来说，AOR6 和 AOR10 两个地点修复效果较好，而 AOR8 和 AOR9 两个地点受泥沙覆盖较为严重，大型底栖动物密度相对较低，修复效果较差。

表 5-28 修复牡蛎礁中大型底栖动物的平均总密度和平均总生物量

地点	密度（个/m²）				生物量（g/m²）			
	2014 年 9 月	2014 年 11 月	2015 年 3 月	2015 年 5 月	2014 年 9 月	2014 年 11 月	2015 年 3 月	2015 年 5 月
AOR6	432	1 152	1 380	1 736	57.7	205.7	326.1	398.8
AOR7	448	488	532	731	143.0	76.0	113.7	214.7
AOR8	328	456	192	398	54.4	89.5	86.1	102.9
AOR9	336	56	224	285	112.0	13.5	91.6	78.5
AOR10	1 336	848	1 432	2 888	340.2	195.0	348.9	498.0
平均值± 标准误	576± 243	600± 241	752± 353	1 207± 635	141.5± 67.7	115.9± 47.5	193.3± 76.4	258.6± 106.3

通过比较牡蛎礁修复区（生态建设区）与对照区（未修复区）大型底栖动物密度和生物量的同期调查数据（图 5-27），结果发现：牡蛎礁修复区大型底栖动物的平均总密度和平均总生物量均显著高于对照区，其中修复区平均总密度是对照区的 3.2 倍、平均总生物量比对照区高出 1.8 倍。这表明牡蛎礁修复显著提高了大型底栖动物的丰度和生物多样性，可为江苏海门蛎岈山水域的经济鱼类提供更多更丰富的底栖动物饵料。

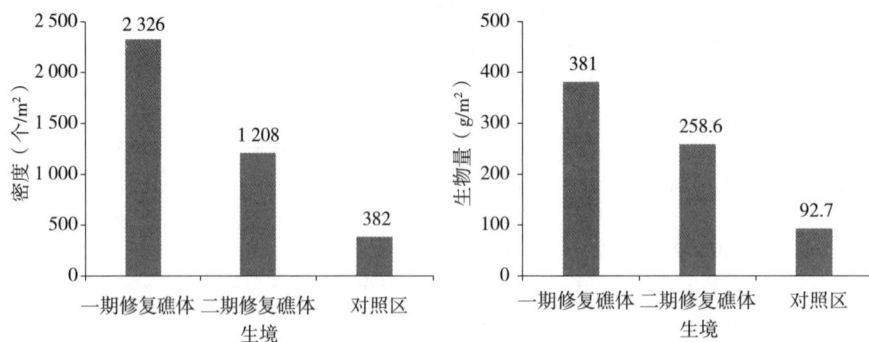

图 5-27 二期牡蛎礁修复区和对照区大型底栖动物总密度和总生物量的比较

第六章　江苏海门蛎岈山国家级海洋公园牡蛎礁保护与修复对策

第一节　江苏海门蛎岈山国家级海洋公园监测方案

为了及时有效地掌握蛎岈山牡蛎礁环境及生态现状，在参考国内外技术规范与研究成果的基础上，本节重点介绍了江苏海门蛎岈山国家级海洋公园海洋环境及牡蛎礁现状的常规监测方案和牡蛎礁生态修复后的跟踪监测方法，旨在为牡蛎礁保护及修复提供更为细致及全面的监测方法。

一、海洋环境及牡蛎礁现状的常规监测方案

本部分海洋环境及生态常规监测方法参考《海洋调查规范》（GB/T 12763—2007）、《海洋监测规范》（GB 17378—2007），监测内容涉及海洋气象、水文动力、水质及生态、地形地貌、牡蛎礁现状及人类活动等几个方面（图 6 - 1）。

（一）海洋气象监测方法

海洋气象监测指标包括：气温、相对湿度、风速、风向、降水量。

监测频率：10min。

监测方法参照：《海洋调查规范　第 3 部分：海洋气象观测》（GB/T 12763.3—2007）。

（二）海洋水文动力监测方法

海洋水文动力监测指标包括：水温、盐度、浊度、流速、流向、潮汐、波浪。

监测频率：10min。

监测方法参照：《海洋调查规范　第 2 部分：海洋水文观测》（GB/T 12763.2—2007）。

（三）海水环境及生态监测方法

海洋环境及生态监测指标包括：

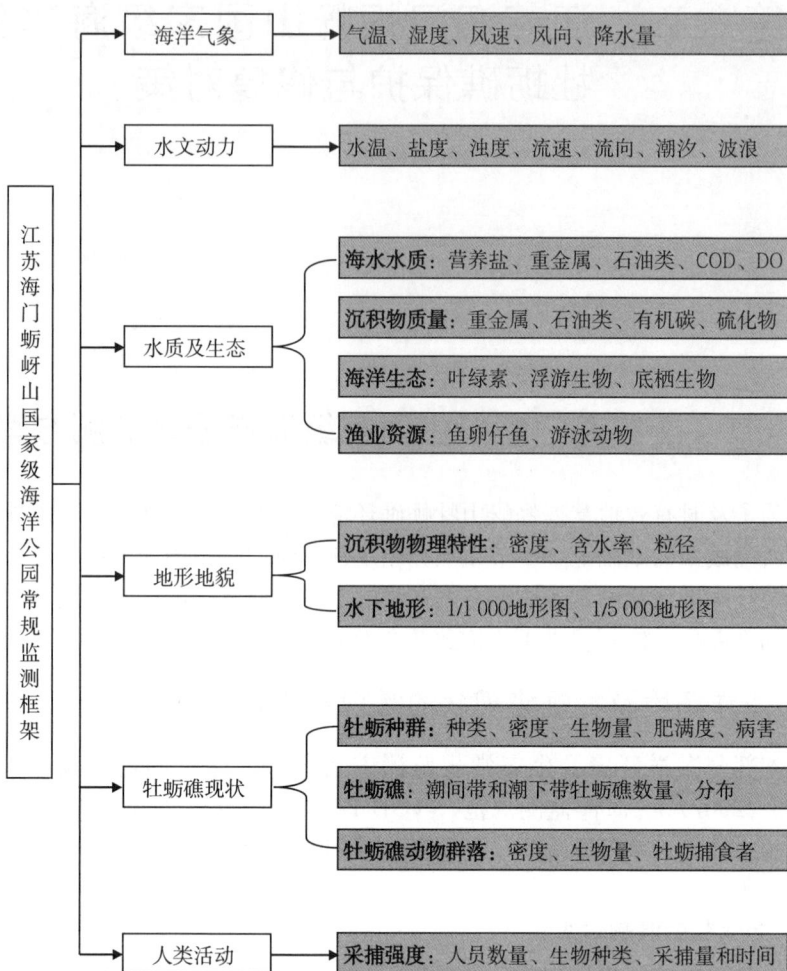

图 6-1 蛎岈山海洋公园常规监测方案框架

（1）海水水质　透明度、悬浮物、pH、溶解氧（DO）、化学需氧量（COD）、无机氮（氨氮、硝酸盐和亚硝酸盐）、活性磷酸盐、石油类、硫化物、挥发酚、重金属（Cu、Zn、Pb、Cd、Hg 和 As）；

（2）沉积物环境　重金属（Cu、Zn、Pb、Cd、Hg、As）、硫化物、油类和有机碳；

（3）海洋生态　叶绿素 a、浮游植物、浮游动物、底栖生物、潮间带生物；

（4）渔业资源　鱼卵仔稚鱼和游泳动物。

监测频率：每 2 年监测 1 次，每次开展春、秋两季监测；

监测方法：《海洋调查规范　第 4 部分：海水化学要素调查》（GB/T 12763.4—2007）、《海洋监测规范　第 4 部分：海水分析》（GB 17378.4—

2007)、《海洋监测规范 第5部分：沉积物分析》（GB 17378.5—2007）、《海洋调查规范 第6部分：海洋生物调查》（GB/T 12763.6—2007）、《海洋调查规范 第9部分：海洋生态调查指南》（GB/T 12763.9—2007）。

监测站位：在江苏海门蛎岈山国家级海洋公园内及周边区域设置不少于14个监测站点。其中，水质监测站位14个，沉积物和生态站位10个，渔业资源监测站位7个。另外，在海门蛎岈山国家级海洋公园南侧和北侧各设置1个潮间带生物调查断面。

（四）海洋地形地貌监测方法

海洋地形地貌监测指标包括：①沉积物物理特性，包括粒度、相对密度、含水率；②水下地形，包括绘制1/1 000和1/5 000水下地形图，依据水深及高程测量数据，分析海底地形地貌的冲淤变化。

监测方法：《海洋调查规范 第10部分：海底地形地貌调查》（GB/T 12763.10—2007）、《海洋调查规范 第8部分：海洋地质地球物理调查》（GB/T 12763.8—2007）。

监测频率及站位：每3年监测1次，调查监测范围应覆盖海洋公园全部区域。

（五）牡蛎礁生态现状监测方法

牡蛎礁生态现状监测指标包括：

（1）牡蛎礁 潮间带和潮下带牡蛎礁斑块数量、面积、位置、分布和高度；

（2）牡蛎生物学 种类、密度、生物量、盖度、补充量、壳高、肥满度、含肉率、性腺指数、遗传多样性、病害；

（3）牡蛎礁动物群落 定居性大型底栖动物的种类、密度、生物量，牡蛎捕食者的密度及捕食强度。

监测方法：《海洋调查规范 第6部分：海洋生物调查》（GB/T 12763.6—2007）、《海洋调查规范 第9部分：海洋生态调查指南》（GB/T 12763.9—2007）、《海洋调查规范 第10部分：海底地形地貌调查》（GB/T 12763.10—2007）、《海岸带生态系统现状调查与评估技术导则 第7部分：牡蛎礁》（T/CAOE 20.7—2020）（表6-1）。

监测频率及站位：每2年监测1次，每次开展春、秋2季监测，调查监测范围应覆盖蛎岈山牡蛎礁区域。

表6-1 蛎岈山海洋公园牡蛎礁生态现状监测内容、指标和方法

监测内容	监测指标	监测方法
牡蛎礁	斑块数量、面积及位置	无人机航空遥感或声呐测量
	高度	无人机航空遥感及现场测量

监测内容	监测指标	监测方法
牡蛎生物学	种类	形态学与分子生物学
	密度	0.25m×0.25m 样方，计数
	生物量	0.25m×0.25m 样方，称重
	壳高	游标卡尺测量
	盖度	样方计数法
	补充量	面积计数法
	肥满度、含肉率	重量法
	性腺指数	镜检，称重
	遗传多样性	分子生物学
	病害	组织切片和 PCR 检测
动物群落	定居性底栖动物群落	0.25m×0.25m 样方，镜检分类
	捕食者密度	0.25m×0.25m 样方，镜检分类
	捕食强度	受控实验

（六）人类活动监测方法

人类活动监测指标包括：捕捞、环境污染、海洋工程。

监测方法参照：调查统计法、视频监控。

监测频率及站位：每月监测 1 次，调查监测范围应覆盖蛎岈山牡蛎礁区域。

（七）数据管理

建立江苏海门蛎岈山国家级海洋公园监测数据库系统，将所有监测数据纳入数据库管理，数据库具备基本的保存、查询与统计分析等功能。

二、牡蛎礁生态修复的跟踪监测方案

本部分从牡蛎礁修复监测的通用礁体监测指标、通用环境监测指标和辅助监测指标三个方面展开介绍，同时根据研究团队前期的修复实践经验，并结合蛎岈山的实际情况，对部分指标的监测方法、手段进行了调整和优化。基于蛎岈山牡蛎种群的生存现状，当前修复工作的目标依然是侧重于恢复蛎岈山牡蛎礁的生态系统服务功能，因此在开展实际修复工作的同时，要注重优化和完善基于该修复目标下的监测方案。

（一）通用礁体监测指标

1. 修复区面积

修复区面积是指包括了各修复斑块的最大区域轮廓面积。潮间带礁体，在最低潮时使用标准手持 GPS 沿着礁体周边进行连续测量，尽可能多地收集坐标点数据，以便后期通过制图软件准确界定项目修复区；潮下带礁体则使用侧扫声呐等仪器进行测量。单位为 m^2。

2. 礁体面积

礁体面积是指修复区内各牡蛎礁体或附着了牡蛎的各块礁石的实际面积总和。礁体面积的测量方法与修复区面积测量方法一致，对于各个礁体斑块的测量应力求精确。单位为 m^2。

3. 礁体高度

礁体高度实质为礁体相对于周围临近底质而言高出的平均高度。可使用 RTK（Real time kinematic）GPS 或其他传统测量设备来创建礁体面积和高度的三维图形，并记录下同期监测到的最高和最低礁体高度。单位为 m。

潮下的礁体可借助侧扫声呐或多波束测深仪等进行测量。必要时可放置标志物，以便前后形成对照，判断礁体的变化情况。

受蛎岈山特殊地理位置和频繁人类活动的影响，对礁体足迹、礁体面积和礁体高度进行监测，有利于及时获取天然礁体的变化状况（如淤积或暴露程度等），并有针对性的调整修复策略。建议在项目启动前在修复点对上述 3 个指标进行一次测量、施工完成 3 个月内进行一次测量（用于监测已建成的修复区和礁体面积）、修复后的 1～2 年内进行一次监测，最好在修复后的 4～6 年内也进行一次测量，并根据以上监测指标对其变化趋势展开分析。此外，尤其要注意极端天气（如台风）和人类活动（大规模贝类采捕），在出现类似事件时，同样有必要补充系统性的测量。

4. 牡蛎密度

牡蛎密度指每平方米礁体内活牡蛎的数量。从修复区各礁体表面随机抽取一定数量的样方样本，计算平均密度，必要时还应进行分层抽样。单位为个/m^2。

5. 牡蛎大小分布频率

从每个牡蛎密度样本中，取至少 50 个活牡蛎测量其壳高，数量不足时则全部测量。单位为 mm。统计各尺寸等级牡蛎数量以及各尺寸等级所占百分比。

建议连续每年在牡蛎生长季节结束时，对牡蛎密度及大小分布频率进行采样监测，尽量保持不同年份的采样时间和地点相一致。

（二）通用环境监测指标

1. 水温

使用连续温度监测计尽可能靠近礁体全年（按照 15～60min 间隔频率）监测周围海水温度。单位为℃。

2. 盐度

在牡蛎生长季，使用连续盐度监测计（按照 15～60min 间隔频率）对礁体附近海水盐度进行监测，每次监测时需注意仪器的校准。在其他采样期间同样需要做好对盐度等数据的监测记录。

3. 溶解氧

使用溶解氧测量仪表（按照 15～60min 间隔频率）对礁体附近海水溶解氧浓度进行测量，监测频率与水温数据相同。单位为 mg/L。

4. 悬浮物

使用不锈钢采水器随机采集礁体附近表层海水样品，通过重量法测量悬浮物。单位为 mg/L。

5. 叶绿素 a 浓度

使用不锈钢采水器随机采集礁体表面与海面中间的海水样品，通过分光光度法测量叶绿素 a 浓度。至少每个季度进行一次，以便分析季节性差异。单位为 mg/L。

6. 水体透明度

使用透明度盘现场测定礁体附近海水透明度，采样频率与叶绿素 a 相同。单位为 cm。

（三）辅助监测指标

1. 捕食者和竞争者

牡蛎捕食者和竞争者对牡蛎的种群可能产生负面影响。蛎岈山常见的牡蛎捕食者有荔枝螺、脉红螺和日本蟳，主要竞争者是藤壶。因此，在监测期间需关注捕食者和竞争者的种群密度和时空分布，并适当调整修复策略，以降低牡蛎种群的被捕食风险和竞争压力。建议每年秋季通过围网的方式，捕获礁体内的牡蛎捕食者，评判牡蛎被捕食风险；通过样方采样，统计样方内藤壶种群数量及底物覆盖率，评估牡蛎的竞争压力。

2. 病害发生频率和强度

病害是导致牡蛎种群数量大规模下降的主要原因之一。根据以往监测数据显示，暂未在蛎岈山牡蛎礁检测到大规模病害的发生，因此病害可能并不是监测工作的重点，但是建立病毒的监测方案和预警机制仍是牡蛎礁成功修复的重要保障。为此，建议每年秋季从礁体上随机抽取 25 个牡蛎，通过石蜡切片和 PCR 扩增等技术对牡蛎病害进行检测，并根据检测结果对疾病的患病率和强度进行及时研判。

3. 牡蛎性腺发育状况与性别比

牡蛎性腺发育状况和性别比是衡量礁体繁殖潜力的重要依据，建议在蛎岈山牡蛎繁殖期（6 月中上旬至 10 月中下旬）从礁体上随机采集 30 个成年牡蛎解剖，取出性腺组织制作石蜡切片，置于显微镜下观察性腺的发育情况（未分化期、分化期、成熟排放期、休止期），并统计雌雄性别比例。建议在繁殖期每2周进行一次采样。

第二节　江苏海门蛎岈山国家级海洋公园保护规划

一、生态保护规划

（一）保护管理机构建设规划

完善而高效的保护管理体制是江苏海门蛎岈山国家级海洋公园持续、快速、健康发展的基本保证。江苏海门蛎岈山国家级海洋公园管理处的具体职责是贯彻落实国家海洋生态保护和资源开发的法律法规与方针政策；制定保护区管理制度章程；制定海洋公园总体规划与工作计划；组织建设海洋公园基础管护、监测、科研设施；组织开展海洋公园内日常巡护管理。

江苏海门蛎岈山国家级海洋公园管理处是实施管理、建设和执行相关政策的实体，主要从2个方面进行完善：一是增加人员编制，充实海洋公园的保护管理机构；同时，充实技术力量，提高对生物资源管理和修复的技术能力。二是完善人事、行政、技术管理三个方面的内部管理制度，包括职能考评制度、行政管理制度、资源管护制度、科研制度以及应急预案的编制等。

（二）管护设施建设规划

1. 管护道路建设

管护道路建设规划满足管理与巡护的基本需求，使管护工作便捷、快速、安全。结合现状地形、地物、河道、建筑因地制宜进行管护道路网规划，使其形成完善的管护道路网系统。海洋公园应充分利用现有道路，减少天然湿地的占用。

2. 保护管理站建设

为满足江苏海门蛎岈山国家级海洋公园的保护与管理，根据《国家级海洋保护区规范化建设与管理指南》，在海洋公园内建设保护管理站安装无线视频监管平台终端，便于海洋公园管护人员开展管护工作。

3. 监管执法船建设

为满足江苏海门蛎岈山国家级海洋公园的监管执法，配备专用的监管执法船只，执法船只配备无线视频监管系统，并安排专业的操作人员进行日常的海上监管执法。

（三）科研设施建设规划

1. 海上监管监测站

已建成一处海上监管监测站。内径26m、外径56m的圆环平台与35m×

23m 矩形平台，平台面积为 2 908m²，平台高程为 6m，平台上部建设三层框架结构建筑，总面积为 3 600m²。内部配备全自动在线监测系统，对海洋公园区域进行实时监管。

2. 科研队伍建设

加强海洋公园的科学研究、生态监测与科学技术管理是海洋公园的重要工作，是保证海洋公园保护管理工作沿着正确方向发展的前提和基础。海洋公园成立以来，对科研监测工作比较重视，并取得了一定的成果。但是，从总体来看仍然存在专业技术人员不足、人员结构不合理、科研力量薄弱等问题。因此，亟须加快科研队伍建设，提高海洋公园管理处技术人员专业水平，以适应海洋公园事业的发展。重点在以下几个方面加强科研队伍建设：

（1）稳定现有队伍，引进专业人才。通过建设和完善科研设施，提高科研人员待遇，切实解决科技人员的后顾之忧等途径，稳定现有科研队伍，并吸引更多的科研人员投身海洋公园保护事业，以提高海洋公园整体科研水平。

（2）有计划地培养海洋公园的科技力量，以海洋公园管理处为主体，通过请进来、派出去的办法提高海洋公园管理处技术人员的业务水平。

（3）制定人才培养计划，提高科研人员的政治和业务素质。尽快培养出一批结构合理的科研骨干力量和学科带头人。鼓励在职深造，树立优良学风。

（4）建立激励机制，把个人的工作业绩与绩效考评挂钩，把科研成果与职称、职务的升迁及专业技术培训挂钩。

（5）积极参与科研院所的科研合作课题，推动海洋公园科研工作更上一个台阶。

(四) 智慧海洋公园建设

在海洋公园内构建先进的网络系统，可以完成海洋公园管理的各种先进的无线应用，在这个基础上融合视频监控技术、无线语音技术和无线安全技术可以实现很多全新的应用。通过建设，提高自身的管理效率、提升游人的服务质量，从而使海洋公园成为一个集海洋生态环境保护、海洋奇特景观展示、休闲娱乐互动等功能为一体的"智慧海洋公园"。智慧海洋公园主要规划建设内容如下：

1. 电子门票

以 RFID 电子门票平台为基础，整合导览、导游、定位、车流和客流数据采集之间的关系，将采集的所有数据整合一起，通过统一的管理平台来实现各系统之间的联动。

2. 游园导览

通过 LED 大屏或者触摸屏实时了解园区商家优惠活动，为游客带来购物便利，也为园区经营带来增值服务，同时能通过 LED 大屏幕或指路牌的触摸屏实现位置感知、在线导航、在线投诉等，使园区管理更加规范化。

3. Wi‑Fi 热点覆盖

实现整个公园无线覆盖，游客可通过移动终端与外界进行沟通。

4. 游客定位

通过 RFID 人员定位、实时统计园区活动人数，可以避免人员高峰期带来的拥挤，为园区管理制定更好的应急预案，防患于未然；同时，通过手机或信息触摸屏查询人员位置，防止儿童的走失。

5. 无线视频监控

在北平台、南平台、2 万 t 码头、龙桥、海堤等位置安装视频监管设备，利用远程视频监管系统对园区内的人员活动和牡蛎礁等进行实时记录，收集到的资料通过网络实时传回海洋公园管理处终端，形成数字化档案进行统一保存管理。

6. 数字化档案管理系统

应建立有效的信息管理系统，实现纸质档案和电子文档（包括历史 OCR 数据、OA 系统数据、资产报表数据、审计数据、音视频信息、照片信息、幻灯片等）的数字化采集、转换、编目、加密和智能化归档，对海洋公园各项信息进行动态管理。档案管理系统软件主要建设内容如下：

（1）建立数字化档案管理系统管理平台　包括档案信息数据库、统一身份认证系统、统一权限管理平台、全文搜索引擎、安全保障平台以及及时消息平台等档案管理相关的基础系统。

（2）建立历史档案采集归档系统　在五年内通过系统化服务，将已 OCR 的历史档案进行智能化归档，通过系统自动分析关联，将历史档案纳入全文搜索引擎管理。

（3）建立数字化档案数据接口中心　实现协同办公系统等电子文件、分析报表的自动归档档案管理。

（4）建立数字化档案信息的共享平台　在系统内通过权限控制实现电子档案的综合查询、浏览、打印输出、验证等功能。

7. 全自动在线监测系统

在海上监管监测站内部配备水文自动监测系统、多参数水质在线监测系统、遥控监测设备、计算机信息处理系统等。通过监测确定海洋公园的环境现状，科学测算环境容纳量，建立和完善水质及生态监测系统，开展动态评估，以便采取措施和管理对策，达到实时监管、减少污染、保护环境的目的。收集到的资料通过网络实时传回海洋公园管理处终端，形成数字化档案进行统一保存管理。

二、生态旅游规划

以蛎蚜山为依托，延伸海门港新区旅游产业链，带动海洋生态旅游产业的发展，构建蛎岈山海洋生态旅游中心。

（一）景区总体布局

根据各功能区旅游资源的特色及适宜开发类型，对海洋公园空间布局进行分析，提出"一带两区"的空间布局建设。"一带"为滨海风情带；"两区"为"海之心"生态观光区和"海之乐"互动娱乐区。

1. 滨海风情带

滨海风情带长约2km，以生态保护为核心理念，以海洋文化为内涵，因地制宜，选取游憩节点，进行分段主题打造，构建海岸线上一抹最惬意的生态景观线。

2. "海之心"生态观光区

"海之心"生态观光区是我国现存最大面积的潮间带活体牡蛎礁体，生境类型多样，礁体形状千变万化，具有重要的观赏价值。结合现有海上观景平台，打造海上多功能观光平台，可停靠船艇，兼具建筑地标和旅游餐饮服务两大功能；外环平台露台区域增设高倍望远镜，供大众游客远眺蛎岈山奇特景观；内环打造高端海上主题餐厅，完善海上观光休憩节点的功能。为了解决因游客量大，登岛游客对牡蛎礁的破坏问题，缓解"海之心"生态观光区的环境压力，在牡蛎礁搭建栈道，桥宽约1.5m。总体工程包括栈道及附属设施。

3. "海之乐"休闲娱乐区

"海之乐"休闲娱乐区位于海洋公园南部，以海洋生态为依托，建设多功能游艇码头，打造海洋生态观光的第一印象区。

（二）旅游路线布局

1. 海域游览路线

游艇俱乐部→海上监管监测站→蛎岈山牡蛎礁→游艇俱乐部

游客从游艇俱乐部乘船前往海上监管监测站，在海上监管监测站可以眺望"蛎岈山"美景或登上蛎岈山探秘，再由海上监管监测站乘船返回游艇俱乐部。

2. 陆域游览路线

游艇俱乐部→华夏第一龙桥→海洋科普馆→碧海金沙

游客游览完蛎岈山美景从游艇俱乐部前往华夏第一龙桥，在龙桥桥头处观赏龙桥潮涌，再到海洋科普馆参观，然后再到碧海金沙近距离与大海接触。

三、宣传教育规划

（一）宣传牌、网站、标示系统建设

制作安装海洋公园宣传牌等，在海洋公园周边和主要道路上安装标示系统，建设海洋公园网站并维护。

（二）海洋科普馆建设

制作以蛎岈山及周边海域的海洋生物为主的海洋生物标本，适当补充一些其他海域具有代表性的海洋生物标本。

通过高科技手段，令游客在实景和虚景中互动，跨时空、跨地域的情境设计，营造逼真的海底环境。移步换景，同时显示海底深度、行进路程的变化，强化海底旅程的概念。建设海底时空隧道、蛎岈山3D影院、海底影像长廊、蛎岈山地质探秘集萃馆。

第三节　江苏海门蛎岈山牡蛎礁的保护修复对策

一、蛎岈山牡蛎礁的保护对策

（一）加强管理制度建设

为响应国家生态文明建设的总体部署，在贯彻执行各级政府自然保护区相关法律法规的基础上，积极制定、完善与规范蛎岈山海洋公园的各项规章制度，完善海洋公园保护管理的具体执行办法，争取早日实施，全面提升海洋公园的管理水平。

（二）建立综合监管网络平台

为加强对海洋公园的监督管理，提高工作效率，应构建蛎岈山海洋公园视频监管平台，通过在南北侧监管平台及2万t级码头引桥设置多个网络摄像机，并与管理处后端的服务器连接，实现实时在线监控。

（三）组建联合执法队伍

海洋公园管理处与海警、公安、农业、环境、海洋与多家执法单位合作组建海洋公园执法队伍，对蛎岈山国家级海洋公园开展常态化的联合执法检查活动，严厉查处在海洋公园内违法从事渔业生产经营活动行为，保护海洋公园牡蛎礁及其生物资源。

（四）建立常态化的监测调查机制

为加强牡蛎礁保护，应建立涵盖水文动力、地形地貌、水质、沉积物、生态及生物资源的综合立体监测体系，开展制度化的牡蛎礁生态现状监测，重点监测牡蛎种群、礁体分布及牡蛎礁保护面临的胁迫因子，基于监测数据资料建立信息化的数据库系统，为海门蛎岈山牡蛎礁保护提供基础的科学数据资料。

（五）评估周边海洋开发对海洋公园的影响

随着周边海洋开发活动的加剧，应重点关注围垦、航道、排污、港口、电力、养殖等用海活动对海门蛎岈山水文动力、地形地貌、泥沙沉积和生态环境的改变程度，量化评估这些用海活动对牡蛎种群及牡蛎礁的影响，开展周边海洋工程对海门蛎岈山牡蛎礁生态影响的回顾性调查评价，并提出科学可行的海洋生态补偿措施。

二、蛎岈山牡蛎礁的修复对策

(一)侵蚀礁体修复

现场监测结果发现蛎岈山东侧和东北侧牡蛎礁侵蚀较为严重,如扁担堆礁体受海浪侵蚀后不断向南后退,礁体长度明显减少;而东侧牡蛎礁侵蚀程度更为严重,浅水潮下带牡蛎礁和低潮牡蛎礁侵蚀后其松散的牡蛎壳在蛎岈山东侧形成一条长几百米的贝壳堤,高度达 2~3m。为此,有必要在严重侵蚀的岸段投放混凝土工程礁体,既可作为牡蛎的附着基,也可发挥防波消浪功能,保护蛎岈山天然牡蛎礁。

(二)增殖牡蛎种群

增殖种类为近江牡蛎和熊本牡蛎,可采用以下 3 种增殖方式:

(1)人工繁育 从海门蛎岈山收集牡蛎亲本,经育肥、产卵和培育后,将制作完成的附着基放置于人工育苗池中附苗(约 5d),然后移至户外水体中进行稚贝培育,等稚贝平均壳高增长至 1cm 时移植至海门蛎岈山。

(2)半自然附苗 选择东灶港 2 号港池作为附苗点,在 7 月中旬将附着基吊挂水体中,等苗种长至 1cm 左右时移植至海门蛎岈山。

(3)成体增殖放流 通过采集附近海域天然或人工养殖的近江牡蛎和熊本牡蛎成体(壳高≥3cm),将其增殖放流至海门蛎岈山。

(三)添加牡蛎附着基

考虑多种因素,蛎岈山牡蛎礁修复宜采用牡蛎壳为附着底物材料,具体采用以下两种类型的附着基:

(1)牡蛎壳簇 由几个牡蛎壳自然黏合在一起形成的簇团,用绳子将 4 个牡蛎壳簇串联一起,通过人工附苗或天然附苗后投放至蛎岈山。

(2)牡蛎壳串 择大牡蛎壳,每壳中间打一小孔,用 1.5m 长绳子将 10 个牡蛎壳串成一串,相邻牡蛎壳之间间隔 10cm,通过人工附苗或天然附苗后投放至蛎岈山。

牡蛎簇和牡蛎壳均采自于牡蛎养殖区,经高压水枪冲洗后平摊成厚度约 15cm,在室外晾晒 90d 后备用。上述制作中所使用的绳子均采用渔用纳米蒙脱土改性聚乳酸(nano-MMT/PLA)纤维制作。聚乳酸(PLA)是一种新型的生物降解材料,使用可再生的植物资源(如玉米)所提出的淀粉原料制成,PLA 在自然界和生物体中都可以最终转化成为二氧化碳和水。因此,PLA 纤维被认为是最具发展前景的"绿色纤维"之一。

参考文献

陈德金，2014. 不同固着基、金属离子（K$^+$、Cu^{2+}）及 L-DOPA、NE 对香港巨牡蛎眼点幼虫固着变态影响的研究 [D]. 南宁：广西大学.

陈璐，李琪，王庆志，等，2011. 密鳞牡蛎的人工繁育 [J]. 中国海洋大学学报（自然科学版），41（3）：43-46.

陈清潮，章淑珍，1965. 黄海和东海的浮游桡足类 I. 哲水蚤目 [J]. 海洋科学集刊，7：20-58.

杜美荣，2009. 栉孔扇贝春苗繁育与扇贝幼虫高效附着技术的初步研究 [D]. 青岛：中国海洋大学.

范昌福，裴艳东，田立柱，等，2010. 渤海湾西部浅海区活牡蛎礁调查结果及资源保护建议 [J]. 地质通报，29（5）：660-667.

范瑞良，晁敏，任国平，等，2016. 底物中钙赋存形态对太平洋牡蛎（*Crassostrea gigas*）幼虫附着的诱导效应 [J]. 海洋与湖沼，47（6）：1193-1198.

范瑞良，晁敏，任国平，等，2017. 底物中碳酸钙含量对太平洋牡蛎（*Crassostrea gigas*）幼虫附着的诱导效应 [J]. 生态学杂志，36（4）：1009-1013.

方琦，林笔水，方永强，2001. 几种化学物质对两种牡蛎幼虫附着和变态的诱导 [J]. 台湾海峡，20（1）：20-26.

房恩军，李雯雯，于杰，2007. 渤海湾活牡蛎礁（Oyster reef）及可持续利用 [J]. 现代渔业信息，22（11）：12-14.

耿秀山，傅命佐，徐孝诗，等，1991. 现代牡蛎礁发育与生态特征及古环境意义 [J]. 中国科学（B 辑化学生命科学地学），8：867-875.

姜伟，孙兆跃，施文静，等，2021. 牡蛎礁修复的底物筛选：新、旧牡蛎壳附苗效果比较 [J]. 海洋渔业，43（2）：176-183.

柯才焕，冯丹青，2006. 海洋底栖动物浮游幼体附着和变态的研究 [J]. 厦门大学学报（自然科学版），45（z2）：77-82.

梁广耀，陈生泰，许国领，1983. 近江牡蛎人工育苗试验报告 [J]. 海洋科学，5：43-46.

吕晓燕，2013. 熊本牡蛎人工繁育与长牡蛎单体苗种培育技术研究 [D]. 青岛：中国海洋大学.

毛成责，花卫华，矫新明，等，2018. 江苏海涂夏季浮游植物种类组成及数量分布 [J]. 海洋环境科学，37（5）：753-765.

梅肖乐，方南娟，2013. 江苏近岸海域夏季浮游植物的分布特征及多样性 [J]. 现代农业科技，4：229-232.

欧徽龙，王德祥，龚琳，等，2013.3 种环境因素对叶片山海绵海区移植效果的影响 [J].
　　厦门大学学报（自然科学版），4：574-578.

秦传新，董双林，牛宇峰，等，2009. 不同类型附着基对刺参生长和存活的影响 [J]. 中国
　　海洋大学学报（自然科学版），3：392-396.

全为民，安传光，马春艳，等，2012. 江苏小庙洪牡蛎礁大型底栖动物多样性及群落结构
　　[J]. 海洋与湖沼，43（5）：992-1000.

全为民，冯美，周振兴，等，2017. 江苏海门蛎岈山牡蛎礁恢复工程的生态评估 [J]. 生态
　　学报，37（5）：1709-1718.

全为民，罗民波，沈新强，等，2006. 河口地区牡蛎礁的生态功能及恢复措施 [J]. 生态学
　　杂志，25（10）：1234-1239.

全为民，张锦平，平仙隐，等，2007. 巨牡蛎对长江口环境的净化功能及其生态服务价值
　　[J]. 应用生态学报，18（4）：871-876.

全为民，张云岭，齐遵利，等，2022. 河北唐山曹妃甸—乐亭海域自然牡蛎礁分布及生态
　　意义 [J]. 生态学报，42（3）：1142-1152.

全为民，周为峰，马春艳，等，2016. 江苏海门蛎岈山牡蛎礁生态现状评价 [J]. 生态学
　　报，36（23）：7749-7757.

饶科，黄明坚，章逃平，等，2014. 盐度与 pH 对 3 种南方贝类呼吸率和钙化率的影响
　　[J]. 水生态杂志，35（4）：74-80.

邵炳绪，唐子英，孙帼英，等，1980. 松江鲈鱼繁殖习性的调查研究 [J]. 水产学报，4
　　（1）：81-86.

沈新强，全为民，袁骐，2011. 长江口牡蛎礁恢复及碳汇潜力评估 [J]. 农业环境科学学
　　报，30（10）：2119-2123.

孙丽，程杰，李莉，等，2020. 海岸带生态系统现状调查与评估技术导则第 7 部分：牡蛎
　　礁（T/CAOE 20.7—2020）[S]. 北京：中国海洋工程咨询协会.

孙丽，全为民，谭永华，等，2020. 海岸带生态减灾修复技术导则第 6 部分：牡蛎礁
　　（T/CAOE 21.6—2020）[S]. 北京：中国海洋工程咨询协会.

孙万胜，温国义，白明，等，2014. 天津大神堂浅海活牡蛎礁区生物资源状况调查分析
　　[J]. 河北渔业，9：23-26，76.

孙兆跃，2020. 两种造礁牡蛎人工繁育、附着及被捕食的初步研究 [D]. 上海：上海海洋
　　大学.

孙兆跃，范瑞良，隋延鸣，等，2021.3 种无脊椎动物对近江牡蛎 *Crassostrea ariakensis* 和
　　熊本牡蛎 *Crassostrea sikamea* 的捕食研究 [J]. 生态学报，41（7）：2895-2901.

滕爽爽，李琪，李金蓉，2010. 长牡蛎（*Crassostrea gigas*）与熊本牡蛎（*C. sikamea*）杂
　　交的受精细胞学观察及子一代的生长比较 [J]. 海洋与湖沼，41（6）：914-922.

王国栋，常亚青，付强，等，2003.3 种滩涂贝类稚贝附着基和多层附苗技术的初步研究
　　[J]. 大连水产学院学报，18（2），104-108.

王杰，2022. 两种典型牡蛎养殖区沉积物反硝化速率时空变化及其影响因素 [D]. 上海：

上海海洋大学.

王涛，李琪，2017. 不同盐度和温度对熊本牡蛎（*Crassostrea sikamea*）稚贝生长与存活的
　　影响 [J]. 海洋与湖沼，48 (2)：297-302.

王晓波，2016. 浙北近岸海域常见大中型浮游动物 [M]. 北京：海洋出版社.

王雨，林茂，林更铭，等，2012. 大亚湾生态监控区的浮游植物年际变化 [J]. 海洋科学，
　　36 (4)：86-94.

王宗祥，吴绍强，杨晓野，2011. 中国沿海养殖牡蛎尼氏单孢子虫感染情况调查 [J]. 中国
　　畜牧兽医，38 (5)：158-160.

谢丽基，谢芝勋，庞耀珊，等，2012. 中国沿海主要养殖贝类四种原虫病流行病学的调查
　　研究 [J]. 基因组学与应用生物学，31 (6)：559-566.

许飞，2009. 小庙洪牡蛎礁巨蛎属牡蛎间生殖隔离研究 [D]. 青岛：中国科学院研究生院
　　（海洋研究所）.

姚庆元，1985. 福建金门岛东北海区牡蛎礁的发现及其古地理意义 [J]. 台湾海峡，1：
　　108-109.

俞鸣同，藤井昭二，坂本亨，2001. 福建深沪湾牡蛎礁的成因分析 [J]. 海洋通报，20
　　(5)：24-30.

张忍顺，齐德利，葛云健，等，2004. 江苏省小庙洪牡蛎礁生态评价与保护初步研究 [J].
　　河海大学学报（自然科学版），32 (增刊)：21-26.

张忍顺，王艳红，张正龙，等，2007. 江苏小庙洪牡蛎礁的地貌特征及演化 [J]. 海洋与湖
　　沼，38 (3)：259-265.

张涛，2000a. 海洋无脊椎动物幼虫附着变态研究进展：Ⅰ. 影响因子 [J]. 海洋科学，24
　　(1)：25-29.

张涛，2000b. 双壳贝类幼虫变态诱导及其机理研究 [D]. 青岛：中国科学院海洋研究所.

张涛，马培振，奉杰，等，2022. 海洋牧场牡蛎礁建设技术规范（T/SCSF0012—2022）
　　[S]. 北京：中国水产学会.

郑重，李少菁，许振祖，1984. 海洋浮游生物学 [M]. 北京：海洋出版社.

Adamiak-burdz, Jablonska-Barna I, Bielecki A，et al.，2015. Settlement preferences of
　　leeches (Clitellata：Hirudinida) for different artificial substrates [J]. Hydrobilolgia, 758
　　(1)：275-286.

Atwood R L, Grizzle R E, 2020. Eastern oyster recruitment patterns on and near natural
　　reefs：Implications for the design of oyster reef restoration projects [J]. Journal of
　　Shellfish Research, 39 (2)：283-289.

Baggett L P, Powers S P, Brumbaugh R, et al.，2014. Oyster habitat restoration
　　monitoring and assessment handbook [R]. The Nature Conservancy, Arlington,
　　VA, USA.

Barnes B B, Luckenbach M W, Kingsley-Smith P R, 2010. Oyster reef community
　　interactions：The effect of resident fauna on oyster (*Crassostrea* spp.) larval recruitment
　　[J]. Journal of Experimental Marine Biology and Ecology, 391 (1/2)：169-177.

Beck M W, Brumbaugh R D, Airoldi L, et al., 2011. Oyster reefs at risk and recommendations for conservation, restoration, and management [J]. Bioscience, 61 (2): 107-116.

Breitburg D L, Coen L D, Luckenbach M W, et al., 2000. Oyster reef restoration: Convergence of harvest and conservation strategies [J]. Journal of Shellfish Research, 19: 371-377.

Brumbaugh R D, Coen L D, 2009. Contemporary approaches for small-scale oyster reef restoration to address substrate versus recruitment limitation: a review and comments relevant for the Olympia oyster, *Ostrea lurida* Carpenter 1864 [J]. Journal of Shellfish Research, 28 (1): 147-161.

Bushek D, 1988. Settlement as a major determinant of intertidal oyster and barnacle distributions along a horizontal gradient [J]. Journal of Experimental Marine Biology and Ecology, 122 (1): 1-18.

Chang A L, Deck A K, Sullivan L J, et al., 2018. Upstream—downstream shifts in peak recruitment of the native Olympia oyster in San Francisco bay during wet and dry years [J]. Estuaries and coasts, 41 (1): 65-78.

Coen LD, Luckenbach M W, 2000. Developing success criteria and goals for evaluating oyster reef restoration: Ecological function or resource exploitation? [J]. Ecological Engineering, 15: 323-343.

Coen L D, Brumbaugh R D, Bushek D, et al., 2007. Ecosystem services related to oyster restoration [J]. Marine Ecology Progress Series, 341: 303-307.

Coen L D, Luckenbach M W, Breitburg D L, 1999. The role of oyster reefs as essential fish habitat: A review of current knowledge and some new perspectives [C]. //Benaka L R. Fish Habitat: Essential Fish Habitat and Rehabilitation. Bethesda: American Fisheries Society: 438-454.

Colden A M, Latour R J, Lipcius R N, 2017. Reef height drives threshold dynamics of restored oyster reefs [J]. Marine Ecology Progress Series, 582: 1-13.

Crawford C, Edgar G, Gillies C L, et al., 2019. Relationship of biological communities to habitat structure on the largest remnant flat oyster reef (*Ostrea angasi*) in Australia [J]. Marine and Freshwater Research, 71 (8): 972-983.

Devakie M, Ali A, 2000. Salinity-temperature and nutritional effects on the setting rate of larvae of the tropical oyster, *Crassostrea iredalei* (Faustino) [J]. Aquaculture, 184 (1/2): 105-114.

Diederich S, 2005. Differential recruitment of introduced Pacific oysters and native mussels at the North Sea coast: Coexistence possible? [J]. Journal of sea research, 53 (4): 269-281.

Fitzsimons J, Branigan S, Brumbaugh R D, et al., 2019. Restoration Guidelines for Shellfish Reefs [R]. The Nature Conservancy, Arlington, VA, USA.

Fodrie F J, Rodriguez A B, Gittman R K, et al., 2017. Oyster reefs as carbon sources and sinks [J]. Proceedings Royal Society B, 284: 20170891.

Fuchs H L, Reidenbach M A, 2013. Biophysical constraints on optimal patch lengths for settlement of a reef-building bivalve [J]. Plos One, 8 (8): e71506.

Gerritsen J, Holland A F, Irvine D E, 1997. Suspension-feeding bivalves and the fate of primary production: An estuarine model applied to the Chesapeake Bay [J]. Estuaries, 17: 403-416.

Gillies C L, Castine S A, Alleway H K, 2020. Conservation status of the oyster reef ecosystem of southern and eastern Australia [J]. Global Ecology and Conservation, 22: e00988.

Gillies C L, McLeod I M, Alleway H K, et al., 2018. Australian shellfish ecosystems: Past distribution, current status and future direction [J]. PLoS One, 13 (2): e0190914.

Goelz T, Vogt B, Hartley T, 2020. Alternative substrates used for oyster reef restoration: A review [J]. Journal of Shellfish Research, 39: 1-12.

Grabowski J H, Brumbaugh R D, Conrad R F, et al., 2012. Economic valuation of ecosystem services provided by oyster reefs [J]. BioScience, 62: 900-909.

Grabowski J H, Peterson C H, 2007. Restoring oyster reefs to recover ecosystem services [M] //Cuddington K, Byers J, Wilson W, et al. Ecosystem Engineers: Plants to Protists. Boston: Academic Press.

Grizzle R E, Greene J K, Coen L D, 2008. Seston removal by natural and constructed intertidal eastern oyster (*Crassostrea virginica*) reefs: A comparison with previous laboratory studies, and the value of in situ methods [J]. Estuaries and Coasts, 31: 1208-1220.

Grizzle R E, Greene J K, Luckenbach M W, et al., 2006. A new in situ method for measuring seston uptake by suspension feeding bivalve molluscs [J]. Journal of Shellfish Research, 25: 643-649.

Grossman S K, Grossman E E, Barber J S, et al., 2020. Distribution and transport of Olympia oyster *Ostrea lurida* larvae in Northern Puget Sound, Washington [J]. Journal of Shellfish Research, 39 (2): 215-233.

Hanke M H, Posey M H, Alphin T D, 2017. The influence of habitat characteristics on intertidal oyster *Crassostrea virginica* populations [J]. Marine Ecology Progress Series, 571: 121-138.

Harding J M, Mann R, 1999. Fish species richness in relation to restored oyster reefs, Piankatank River, Virginia [J]. Bulletin of Marine Science, 65: 289-299.

Harwell H D, Posey M H, Alphin T D, 2011. Landscape aspects of oyster reefs: Effects of fragmentation on habitat utilization [J]. Journal of Experimental Marine Biology and Ecology, 409: 30-41.

HaywoodⅢ E L, Soniat T M, Broadhurst Ⅲ R C, 1995. Alternatives to clam and oyster shell as cultch for eastern oysters [C] //Luckenbach M W, Mann R, Wesson J. Oyster

Reef Habitat Restoration: A Synopsis and synthesis of Approaches. Gloucester Point, VA: VIMS Press: 295-304.

Hernández A B, Brumbaugh R D, Fredrick P, et al., 2018. Restoring the eastern oyster: how much progress has been made in 53 years? [J] Frontiers in Ecology and the Environment, 16 (8): 463-471.

Howie A H, Bishop M J, 2021. Contemporary oyster reef restoration: responding to a changing world [J]. Frontiers in Ecology and Evolution, 9: 689915.

Humphries A T, Ayvazian S G, Carey J C, et al., 2016. Directly measured denitrification reveals oyster aquaculture and restored oyster reefs remove nitrogen at comparable high rates [J]. Frontiers in Marine Science, 3: 74.

Jackson J B C, Kirby M X, Berger W H, et al., 2001. Historical overfishing and the recent collapse of coastal ecosystems [J]. Science, 293 (5530): 629-637.

Jeffery C J, 2000. Settlement in different-sized patches by the gregarious intertidal barnacle *Chamaesipho tasmanica* Foster and Anderson in New South Wales [J]. Journal of Experimental Marine Biology and Ecology, 252 (1): 15-26.

Jeremy B C, Michael X K, Wolfgang H B, et al., 2001. Historical overfishing and the recent collapse of coastal ecosystems [J]. Science, 293: 629-637.

Jφrgensen C B, Famme P, Kristensen H S, et al., 1986. The bivalve pump [J]. Marine Ecology Progress Series, 34: 69-77.

Kellogg M L, Cornwell J C, Owens M S, et al., 2013. Denitrification and nutrient assimilation on a restored oyster reef [J]. Marine Ecology Progress Series, 480: 1-19.

Lagarde F, Ubertini M, Mortreux S, et al., 2017. Recruitment of the Pacific oyster *Crassostrea gigas* in a shellfish-exploited Mediterranean lagoon: Discovery, driving factors and a favorable environmental window [J]. Marine Ecology Progress Series, 578: 1-17.

Lee H Z L, Davies I M, Baxter J M, et al., 2020. Missing the full story: First estimates of carbon deposition rates for the European flat oyster, *Ostrea edulis* [J]. Aquatic Conservation: Marine and Freshwater Ecosystem, 30: 2076-2086.

Lillis A, Snelgrove P V R, 2010. Near-bottom hydrodynamic effects on postlarval settlement in the American lobster *Homarus americanus* [J]. Marine Ecology Progress Series, 401: 133-144.

Lipcius R N, Burke R P, Mcculloch D N, et al., 2015. Overcoming restoration paradigms: Value of the historical record and metapopulation dynamics in native oyster restoration [J]. Frontiers in Marine Science, 2: 65.

Luckenbach M W, Coen L D, 2003. Oyster reef habitat restoration: A review of restoration approaches and an agenda for the future [J]. Journal of Shellfish Research, 22 (1): 341.

Luckenbach M, Harding J, Mann R, et al., 1999. Oyster reef restoration in Virginia, USA: Rehabilitating habitats and restoring ecological functions [J]. Journal of Shellfish Research, 18: 720.

Mann R, Powell E N, 2007. Why oyster restoration goals in the Chesapeake Bay are not and probably cannot be achieved? [J]. Journal of Shellfish Research, 26: 905-917.

McAfee D, Bishop M J, Yu T N, et al., 2018. Structural traits dictate abiotic stress amelioration by intertidal oysters [J]. Functional Ecology, 32: 2666-2677.

Mcafee D, Connell S D, 2020. Cuing oyster recruitment with shell and rock: implications for timing reef restoration [J]. Restoration Ecology, 28 (3): 506-511.

McClenachan G M, Donnelly M J, Shaffer M N, et al., 2020. Does size matter? Quantifying the cumulative impact of small-scale living shoreline and oyster reef restoration projects on shoreline erosion [J]. Restoration Ecology, 28: 1365-1371.

McLeod I M, zu Ermgassen P S E, Gillies C L, et al., 2019. Chapter 25. Can bivalve habitat restoration improve degraded estuaries? [M]. Wolanski E, Day J W, Elliott M, et al. Coasts and Estuaries: the Future. Elsevier: 427-442.

Meyer D L, Townsend E C, 2000. Faunal utilization of created intertidal eastern oyster (*Crassostrea virginica*) reefs in the southeastern United States [J]. Estuaries, 23: 34-45.

Meyer D L, Townsend E C, Thayer G W, 1997. Stabilization and erosion control value of oyster cultch for intertidal marsh [J]. Restoration Ecology, 5: 93-99.

Nelson K A, Leonard L A, Posey M H, et al., 2004. Using transplanted oyster (*Crassostrea virginica*) beds to improve water quality in small tidal creeks: A pilot study [J]. Journal of Experimental Marine Biology and Ecology, 298: 347-368.

Newell R I, 2004. Ecosystem influences of natural and cultivated populations of suspension-feeding bivalve molluscs: A review [J]. Journal of Shellfish Research, 23: 51-61.

Peterson C H, Grabowski J H, Powers S P, 2003. Estimated enhancement of fish production resulting from restoring oyster reef habitat: Quantitative valuation [J]. Marine Ecology Progress Series, 264: 249-264.

Pritchard C, Shanks A, Rimler R, et al., 2015. The Olympia oyster *Ostrea lurida*: Recent advances in natural history, ecology, and restoration [J]. Journal of Shellfish Research, 34 (2): 259-271.

Quan W M, Fan R L, Li N N, et al., 2020. Seasonal and temporal changes in the Kumamoto oyster *Crassostrea sikamea* population and associated benthic macrofaunal communities at an intertidal oyster reef in China [J]. Journal of Shellfish Research, 39 (2): 207-214.

Quan W M, Fan R L, Wang Y L, et al., 2017. Long-term oyster recruitment and growth are not influenced by substrate type in China: Implications for sustainable oyster reef restoration [J]. Journal of Shellfish Research, 36: 79-86.

Quan W M, Humphries A T, Shen X Q, et al., 2012. Oyster and associated benthic macrofaunal development on a created intertidal oyster (*Crassostrea ariakensis*) reef in the Yangtze River Estuary, China [J]. Journal of Shellfish Research, 31 (3): 599-610.

Quan W M, Zheng L, Li B J, et al., 2013. Habitat values for artificial oyster (*Crassostrea ariakensis*) reefs compared with natural shallow-water habitats in Changjiang River estuary [J]. Chinese Journal of Oceanology and Limnology, 31: 957-969.

Quan W M, Zhu J X, Ni Y, et al., 2009. Faunal utilization of constructed intertidal oyster (*Crassostrea rivularis*) reef in the Yangtze River estuary, China [J]. Ecological Engineering, 35 (10): 1466-1475.

Rico-Villa B, Pouvreau S, Robert R, 2009. Influence of food density and temperature on ingestion, growth and settlement of Pacific oyster larvae, *Crassostrea gigas* [J]. Aquaculture, 287 (3-4): 395-401.

Robinson A, 1992. Gonadal cycle of *Crassostra gigas kumamoto* (Thunberg) in Yaquina bay, Oregon and optimum conditions for broodstock oysters and larval culture [J]. Aquaculture, 106 (1): 89-97.

Rodney W S, Paynter K T, 2006. Comparisons of macrofaunal assemblages on restored and non-restored oyster reefs in mesohaline regions of Chesapeake Bay in Maryland [J]. Journal of Experimental Marine Biology and Ecology, 335 (1): 39-51.

Saier B, 2001. Direct and indirect effects of seastars *Asterias rubens* on mussel beds (*Mytilus edulis*) in the Wadden Sea [J]. Journal of Sea research, 46 (1): 29-42.

Schulte D M, Burke R P, Lipcius R N, 2009. Unprecedented restoration of a native oyster metapopulation [J]. Science, 325: 1124-1128.

Schulte D M, Burke RP, 2014. Recruitment enhancement as an indicator of oyster restoration success in Chesapeake Bay [J]. Ecological Restoration, 32 (4): 434-440.

Soniat T M, Burton G M, 2005. A comparison of the effectiveness of sandstone and limestone as cultch for oysters, *Crassostrea virginica* [J]. Journal of Shellfish Research, 24 (2): 483-485.

Southworth M, Mann R L, 2004. Decadal scale changes in seasonal patterns of oyster recruitment in the Virginia sub estuaries of the Chesapeake Bay [J]. Journal of Shellfish Research, 23 (2): 391-402.

Strain E M A, Cumbo V R, Morris R L, et al., 2020. Interacting effects of habitat structure and seeding with oysters on the intertidal biodiversity of seawalls [J]. PLoS One, 15: e0230807.

Tamburri M N, Luckenbach M W, Breitburg D L, et al., 2008. Settlement of *Crassostrea ariakensis* larvae: Effects of substrate, biofilms, sediment and adult chemical cues [J]. Journal of Shellfish Research, 27 (3): 601-608.

Theuerkauf S J, Eggleston D B, Puckett B J, et al., 2019. Integrating ecosystem services considerations within a GIS-based habitat suitability index for oyster restoration [J]. PLoS ONE, 14 (1): e0210936.

Theuerkauf S J, Lipcius R N, 2016. Quantitative validation of a habitat suitability index for oyster restoration [J]. Frontiers in Marine Science, 3: 64.

Turley B，Reece K，Shen J，et al.，2019. Multiple drivers of interannual oyster settlement and recruitment in the lower Chesapeake Bay［J］. Conservation Genetics，20（5）：1057-1071.

Wang X，Feng J，Lin C，et al.，2022. Structural and functional improvements of coastal ecosystem based on artificial oyster reef construction in the Bohai Sea，China［J］. Frontiers in Marine Science，9：829557.

Wasson K，Hughes B B，Berriman J S，et al.，2016. Coast-wide recruitment dynamics of Olympia oysters reveal limited synchrony and multiple predictors of failure［J］. Ecology，97（12）：3503-3516.

White J M，Buhle E R，Ruesink J L，et al.，2009. Evaluation of Olympia oyster (*Ostrea lurida* Carpenter 1864) status and restoration techniques in Puget sound，Washington，United States［J］. Journal of Shellfish Research，28：107-112.

zu Ermgassen P S E，Grabowski JH，Gair J R，et al.，2016. Quantifying fish and mobile invertebrate production from a threatened nursery habitat［J］. Journal of Applied Ecology，53（2）：596-606.

zu Ermgassen P S E，Bonacic K，Boudry P，et al.，2020. Forty questions of importance to the policy and practice of native oyster reef restoration in Europe［J］. Aquatic Conservation：Marine and Freshwater Ecosystem，30：2038-2049.

zu Ermgassen P S E，Thurstan R H，Corrales J，et al.，2020. The benefits of bivalve reef restoration：A global synthesis of underrepresented species［J］. Aquatic Conservation：Marine and Freshwater Ecosystem，30：2050-2065.

附表1 蛎岈山国家级海洋公园海域浮游植物种名录

类群	中文名	拉丁文名	春季		秋季	
			涨潮	落潮	涨潮	落潮
硅藻	半棘钝根管藻	*Rhizosolenia hebetata* f. *semispina*			+	+
硅藻	笔尖形根管藻	*Rhizosolenia styliformis*			+	+
硅藻	丹麦细柱藻	*Leptocylindrus danicus*			+	+
硅藻	蜂窝三角藻	*Triceratium favus*			+	+
硅藻	伏氏海线藻	*Thalassionema frauenfeldii*			+	+
硅藻	浮动弯角藻	*Eucampia zoodiacus*			+	+
硅藻	刚毛根管藻	*Rhizosolenia setigera*			+	+
硅藻	高齿状藻	*Odontella regia*			+	+
硅藻	高盒形藻	*Biddulphia regia*	+	+		
硅藻	格氏圆筛藻	*Coscinodiscus granii*	+	+	+	+
硅藻	哈氏半盘藻	*Hemidiscus hardmannianus*			+	+
硅藻	虹彩圆筛藻	*Coscinodiscus oculus-iridis*			+	+
硅藻	环纹劳德藻	*Lauderia annulata*			+	+
硅藻	活动齿状藻	*Odontella mobiliensis*			+	+
硅藻	活动盒形藻	*Biddulphia mobiliensis*	+	+		
硅藻	尖布纹藻	*Gyrosigma acuminatum*	+			
硅藻	尖刺伪菱形藻	*Pseudo-nitzschia pungens*			+	+
硅藻	尖针杆藻	*Synedra acus*		+		
硅藻	角状弯角藻	*Eucampia cornuta*			+	+
硅藻	近缘斜纹藻	*Pleurosigma affine*			+	+
硅藻	具槽直链藻	*Melosira sulcata*	+	+		
硅藻	具翼漂流藻	*Planktoniella blanda*			+	+

类群	中文名	拉丁文名	春季		秋季	
			涨潮	落潮	涨潮	落潮
硅藻	距端根管藻	*Rhizosolenia calcaravis*			+	+
硅藻	宽角斜纹藻	*Pleurosigma angulatum*				+
硅藻	离心列海链藻	*Thalassiosira eccentrica*			+	+
硅藻	菱形海线藻	*Thalassionema nitzschioides*			+	
硅藻	洛氏菱形藻	*Nitzschia lorenziana*			+	+
硅藻	膜质半管藻	*Hemiaulus membranacus*	+			
硅藻	膜状缪氏藻	*Meuniera membranacea*			+	+
硅藻	拟螺形菱形藻	*Nitzschia sigmoidea*	+	+		
硅藻	琼氏圆筛藻	*Coscinodiscus jonesianus*	+	+	+	+
硅藻	柔弱根管藻	*Rhizosolenia delicatula*	+			
硅藻	三舌辐裥藻	*Actinoptychus trilingulatus*			+	+
硅藻	蛇目圆筛藻	*Coscinodiscus argus*	+	+		
硅藻	斯氏根管藻	*Rhizosolenia stolterfothii*			+	+
硅藻	太阳双尾藻	*Ditylum sol*	+			
硅藻	泰晤士扭鞘藻	*Helicotheca tamesis*				+
硅藻	透明辐杆藻	*Bacteriastrum hyalinum*			+	+
硅藻	细弱海链藻	*Thalassiosira subtilis*		+		
硅藻	细弱圆筛藻	*Coscinodiscus subtilis*	+	+		
硅藻	细长翼鼻状藻	*Proboscia alata* f. *gracillima*			+	+
硅藻	线形圆筛藻	*Coscinodiscus lineatus*		+		
硅藻	旋链角毛藻	*Chaetoceros curvisetus*			+	+
硅藻	亚德里亚海杆线藻	*Rhabdonema adriaticum*	+	+		
硅藻	圆筛藻	*Coscinodiscus* sp.			+	+
硅藻	针杆藻属	*Synedra* sp.	+	+		
硅藻	中华齿状藻	*Odontella sinensis*			+	+
硅藻	中肋骨条藻	*Skeletonema costatum*	+	+	+	+
硅藻	舟形藻	*Navicula* sp.			+	
硅藻	柱状小环藻	*Cyclotella stylorum*			+	+
甲藻	波罗的海原甲藻	*Prorocentrum balticum*	+			
甲藻	叉状角藻	*Ceratium furca*			+	+
甲藻	大角角藻	*Ceratium macroceros*			+	+

类群	中文名	拉丁文名	春季		秋季	
			涨潮	落潮	涨潮	落潮
甲藻	海洋原多甲藻	*Protoperidinium oceanicum*	+			
甲藻	裸甲藻	*Gymnodinium aerucyinosum*			+	+
甲藻	米氏凯伦藻	*Karenia mikimotoi*	+	+		
甲藻	梭状角藻	*Ceratium fusus*			+	+
甲藻	夜光藻	*Noctiluca scintillans*			+	+
甲藻	原多甲藻	*Protoperidinium* sp.			+	+
甲藻	锥状斯氏藻	*Scrippsiella trochoidea*		+		
蓝藻	颤藻属	*Oscillatoria* sp.	+			
蓝藻	螺旋藻	*Spirulina platensis*			+	+
蓝藻	绿色颤藻	*Oscillatoria chlorina*		+		
蓝藻	铁氏束毛藻	*Trichodesmium thiebaultii*			+	+
绿藻	单角盘星藻	*Pediastrum simplex*				+
绿藻	单针藻	*Monoraphidium* sp.		+		
绿藻	镰形纤维藻	*Ankistrodesmus falcatus*		+		

注："+"表示出现，附表2、附录3同。

附表 2 蛎岈山国家级海洋公园海域浮游动物种名录

类群	中文名	拉丁文/英文名	春季		秋季	
			涨潮	落潮	涨潮	落潮
被囊类	异体住囊虫	*Oikopleura dioica*		+		
端足类	钩虾属	*Gammarus* sp.	+	+	+	+
端足类	蜾蠃蜚属	*Corophium* sp.	+	+		
端足类	江湖独眼钩虾	*Monoculodes limnophilus*	+	+		
多毛类	鼻蚕	*Rhynchonerella gracilis*	+			
糠虾类	朝鲜刺糠虾	*Acanthomysis koreana*	+			
糠虾类	漂浮小井伊糠虾	*Iiella pelagicus*	+			
糠虾类	长额刺糠虾	*Acanthomysis longirostris*	+	+	+	+
涟虫类	三叶针尾涟虫	*Diastylis tricincta*		+		
涟虫类	中国涟虫	*Bodotria chinensis*	+	+		
磷虾类	中华假磷虾	*Pseudeuphausia sinica*	+	+	+	+

类群	中文名	拉丁文/英文名	春季		秋季	
			涨潮	落潮	涨潮	落潮
毛颚类	百陶箭虫	*Sagitta bedoti*	+	+		
毛颚类	肥胖箭虫	*Sagitta enflata*			+	+
毛颚类	拿卡箭虫	*Sagitta bipunctata*			+	+
管水母	巴斯水母	*Bassia bassensis*			+	+
管水母	拟双生水母	*Diphyes bojani*			+	+
管水母	拟细浅室水母	*Lensia subtiloides*			+	+
管水母	双生水母	*Diphyes chamissonis*			+	+
管水母	四角舟水母	*Ceratocymba leuckarti*			+	+
管水母	五角水母	*Muggiaea atlantica*			+	+
管水母	爪室水母	*Chelophyes appendiculata*			+	+
水螅水母	鲍氏水母	*Bougainvillia autumnalis*			+	+
水螅水母	贝氏拟线水母	*Nemopsis bachei*	+	+		
水螅水母	贝氏真囊水母	*Euphysora bigelowi*	+	+		
水螅水母	带玛拉水母	*Malagazzia taeniogonia*			+	+
水螅水母	弗洲指突水母	*Blackfordia virginica*			+	+
水螅水母	卡玛拉水母	*Malagazzia carolinae*	+		+	+
水螅水母	两手筐水母	*Solmundella bitentaculata*			+	+
水螅水母	玛拉水母属	*Malagazzia* sp.	+			
水螅水母	帽铃水母	*Tiaricodon coeruleus*				+
水螅水母	曲膝薮枝螅水母	*Obelia geniculata*	+	+		
水螅水母	双叉薮枝螅水母	*Obelia dichotoma*				+
水螅水母	双手水母	*Amphinema dinema*			+	+
水螅水母	四叶小舌水母	*Liriope tetraphylla*			+	+
水螅水母	细颈和平水母	*Eirene menoni*	+	+		
水螅水母	锥形多管水母	*Aequorea conica*			+	+
栉水母	瓜水母	*Beroe cucumis*	+	+		
栉水母	球形侧腕水母	*Pleurobrachia globosa*	+	+		
桡足类	背针胸刺水蚤	*Centropages dorsispinatus*			+	+
桡足类	虫肢歪水蚤	*Tortanus vermiculus*	+	+		
桡足类	刺尾角水蚤	*Pontella spinicauda*	+			
桡足类	厚剑水蚤属	*Pachysoma* sp.	+	+		

类群	中文名	拉丁文/英文名	春季		秋季	
			涨潮	落潮	涨潮	落潮
桡足类	火腿许水蚤	*Schmackeria poplesia*	+	+		
桡足类	尖额谐猛水蚤	*Euterpina acutifrons*	+	+		
桡足类	克氏纺锤水蚤	*Acartia clausi*	+	+		
桡足类	拟长腹剑水蚤	*Oithona similis*	+			
桡足类	强真哲水蚤	*Eucalanus crassus*			+	+
桡足类	球状许水蚤	*Schmackeria forbesi*		+		
桡足类	太平洋纺锤水蚤	*Acartia pacifica*	+	+	+	+
桡足类	汤匙华哲水蚤	*Sinocalanus dorrii*			+	+
桡足类	小毛猛水蚤	*Microsetella norvegica*			+	+
桡足类	小拟哲水蚤	*Paracalanus parvus*	+	+		
桡足类	小长足水蚤	*Calanopia minor*	+			
桡足类	叶剑水蚤属	*Sapphirina* sp.	+			
桡足类	针刺拟哲水蚤	*Paracalanus aculeatus*	+	+		
桡足类	真刺唇角水蚤	*Labidocera euchaeta*	+	+	+	+
桡足类	中华华哲水蚤	*Sinocalanus sinensis*		+		
桡足类	中华哲水蚤	*Calanus sinicus*	+	+	+	+
桡足类	锥形宽水蚤	*Temora turbinata*			+	+
浮游幼体	Alima 幼体	Alima larvae			+	
浮游幼体	瓷蟹溞状幼体	Porcellana zoea			+	+
浮游幼体	瓷蟹溞状幼体	Zoea larve	+	+		
浮游幼体	短尾类大眼幼体	Brachyura megalopa	+	+	+	+
浮游幼体	短尾类溞状幼体	Brachyura zoea	+	+	+	+
浮游幼体	多毛类幼体	Polychaeta larvae	+	+	+	+
浮游幼体	糠虾幼体	Mysidacea larve	+	+		
浮游幼体	蔓足类藤壶幼体	Balanus larvae				+
浮游幼体	桡足类幼体	Copepoda larvae	+	+	+	+
浮游幼体	腕足类舌贝幼体	Lingula larvae			+	+
浮游幼体	幼蛤	Lamellibranchia larvae			+	+
浮游幼体	幼螺	Gastropod post larvae			+	+
浮游幼体	鱼卵	Fish eggs			+	+
浮游幼体	仔鱼	Fish larvae			+	+
浮游幼体	长尾类幼体	Macrura larvae	+	+	+	+

附表3 蛎岈山国家级海洋公园海域潮下带大型底栖生物种名录

类群	中文名	拉丁文名	春季	秋季
环节动物	白色吻沙蚕	*Glycera alba*		+
环节动物	不倒翁虫	*Stenaspis scutata*	+	
环节动物	齿吻沙蚕科	Nephtyidae		+
环节动物	多齿围沙蚕	*Perinereis nuntia*	+	
环节动物	多鳞虫科	Polynoidae	+	
环节动物	寡鳃齿吻沙蚕	*Nephtys oligobranchia*	+	
环节动物	日本角吻沙蚕	*Goniada japonica*	+	
环节动物	沙蚕科	Nereidae	+	
环节动物	丝异须虫	*Heteromastus filiformis*	+	
环节动物	索沙蚕科	Lumbrineriiae	+	
环节动物	岩虫	*Marphysa sanguinea*		+
环节动物	长手沙蚕属	*Magelona* sp.	+	
环节动物	长吻沙蚕	*Glycera chirori*	+	
环节动物	蛰龙介科	Terebllidae	+	
环节动物	稚齿虫属	*Prionospio* sp.	+	
棘皮动物	蛇尾纲	Ophiuroidea	+	
棘皮动物	滩栖阳遂足	*Amphiura vadicola*	+	+
节肢动物	鞭腕虾	*Hippolysmata* sp.	+	
节肢动物	兰氏三强蟹	*Tritodynamia rathbunae*	+	
节肢动物	麦杆虫属	*Caprella* sp.	+	
纽形动物	纽形动物	Nemertinea	+	
软体动物	丽核螺	*Mitrella bella*		+
软体动物	西格织纹螺	*Nassarius siquinjorensis*	+	
软体动物	秀丽织纹螺	*Nassarius festivus*		+
腕足动物	舌形贝	*Lingula brμguire*		+

附表 4 蛎岈山潮间带牡蛎礁斑块的空间信息汇总

礁体编号	中心位置经度（°E）	中心位置纬度（°N）	礁体面积（m²）	礁体周长（km）
0	121.542 848	32.155 568	897.6	0.178 6
1	121.542 903	32.154 921	1 685.0	0.314 8
2	121.543 513	32.155 036	159.3	0.061 7
3	121.543 479	32.154 767	325.1	0.086 8
4	121.543 640	32.154 554	84.0	0.036 6
5	121.543 135	32.154 258	276.7	0.073 4
6	121.542 722	32.154 411	103.5	0.041 4
7	121.542 372	32.154 312	138.3	0.048 8
8	121.542 150	32.154 515	92.1	0.037 8
9	121.543 308	32.153 960	369.6	0.096 1
10	121.543 026	32.153 644	164.9	0.055 0
11	121.543 766	32.153 355	175.8	0.059 0
12	121.542 531	32.153 443	108.8	0.040 4
13	121.543 381	32.153 309	111.3	0.041 2
14	121.542 005	32.153 345	391.4	0.080 7
15	121.541 692	32.153 242	182.1	0.052 1
16	121.541 507	32.153 066	247.0	0.079 0
17	121.541 528	32.152 800	251.5	0.067 7
18	121.542 920	32.152 898	52.8	0.034 2
19	121.541 768	32.152 582	177.7	0.057 3
20	121.540 997	32.152 501	269.1	0.082 1
21	121.541 490	32.152 028	459.5	0.126 0
22	121.541 412	32.152 574	173.2	0.059 6
23	121.542 798	32.151 550	1 159.0	0.284 6
24	121.542 538	32.151 711	247.0	0.139 4
25	121.541 077	32.152 161	382.9	0.081 3
26	121.541 531	32.152 239	81.5	0.046 3
27	121.541 256	32.151 696	235.6	0.071 0
28	121.541 514	32.151 384	89.0	0.069 7
29	121.540 987	32.151 533	151.0	0.055 0
30	121.541 274	32.151 052	221.2	0.079 8
31	121.540 775	32.154 000	104.7	0.041 6

礁体编号	中心位置经度（°E）	中心位置纬度（°N）	礁体面积（m²）	礁体周长（km）
32	121.540 674	32.153 736	276.4	0.084 8
33	121.540 584	32.153 413	159.7	0.048 0
34	121.541 223	32.154 223	185.2	0.053 7
35	121.541 937	32.154 110	324.8	0.075 0
36	121.541 793	32.154 081	52.9	0.028 3
37	121.541 861	32.153 803	204.2	0.068 5
38	121.541 516	32.153 521	43.0	0.024 9
39	121.540 874	32.153 176	32.9	0.021 5
40	121.540 718	32.153 273	42.1	0.026 7
41	121.542 470	32.154 680	49.2	0.026 6
42	121.542 082	32.154 839	257.7	0.071 2
43	121.541 909	32.155 009	152.1	0.046 1
44	121.541 720	32.154 931	208.3	0.068 4
45	121.541 548	32.154 940	109.9	0.046 8
46	121.541 248	32.154 837	152.0	0.049 5
47	121.541 131	32.154 483	113.7	0.040 9
48	121.541 707	32.154 585	62.6	0.045 5
49	121.541 652	32.154 466	73.7	0.031 5
50	121.541 806	32.154 413	91.9	0.037 0
51	121.542 206	32.153 918	45.1	0.029 5
52	121.542 458	32.152 204	139.9	0.044 4
53	121.543 857	32.151 786	226.1	0.076 3
54	121.543 285	32.151 500	129.0	0.062 7
55	121.543 437	32.151 243	278.9	0.116 7
56	121.543 671	32.151 013	229.3	0.093 3
57	121.543 582	32.150 707	152.2	0.100 6
58	121.543 179	32.150 476	3 139.0	0.299 2
59	121.542 954	32.149 693	106.6	0.043 2
60	121.542 551	32.149 008	786.3	0.112 3
61	121.542 890	32.148 589	756.0	0.109 6
62	121.544 884	32.149 444	670.2	0.115 0
63	121.544 743	32.148 992	651.7	0.132 1

礁体编号	中心位置经度（°E）	中心位置纬度（°N）	礁体面积（m²）	礁体周长（km）
64	121.544 445	32.149 463	631.6	0.135 7
65	121.540 147	32.152 273	1 033.0	0.132 6
66	121.540 277	32.151 799	1 131.0	0.153 7
67	121.544 111	32.153 939	1 177.0	0.301 5
68	121.543 973	32.154 286	83.0	0.037 2
69	121.544 590	32.153 519	1 507.0	0.451 8
70	121.543 373	32.151 928	60.2	0.035 8
71	121.544 811	32.152 360	2 160.0	0.256 5
72	121.544 646	32.148 744	251.8	0.073 1
73	121.544 785	32.148 418	652.6	0.199 9
74	121.545 193	32.149 252	323.3	0.072 1
75	121.545 276	32.148 755	1 386.0	0.192 6
76	121.545 147	32.147 623	1 442.0	0.318 5
77	121.545 324	32.147 512	188.7	0.067 0
78	121.545 391	32.147 912	242.0	0.079 4
79	121.545 661	32.147 592	211.4	0.059 4
80	121.545 742	32.147 956	139.3	0.048 3
81	121.545 403	32.146 741	2 180.0	0.403 8
82	121.546 153	32.145 994	2 219.0	0.462 5
83	121.545 450	32.145 671	41.8	0.031 3
84	121.545 535	32.145 354	157.7	0.094 9
85	121.545 331	32.145 402	4.3	0.008 9
86	121.545 340	32.145 319	32.1	0.055 6
87	121.545 258	32.145 384	3.9	0.009 3
88	121.545 430	32.145 319	2.4	0.008 2
89	121.545 706	32.145 244	25.0	0.028 9
90	121.545 745	32.144 634	10.1	0.014 4
91	121.545 780	32.144 676	4.8	0.010 7
92	121.543 427	32.146 388	143.5	0.077 9
93	121.543 306	32.146 304	4.6	0.011 6
94	121.543 426	32.146 281	22.2	0.019 0
95	121.543 610	32.146 289	778.6	0.137 2

礁体编号	中心位置经度（°E）	中心位置纬度（°N）	礁体面积（m²）	礁体周长（km）
96	121.543 464	32.146 650	367.9	0.105 3
97	121.543 576	32.146 630	9.1	0.011 8
98	121.543 882	32.146 421	81.4	0.041 3
99	121.543 760	32.146 102	361.7	0.100 8
100	121.539 309	32.149 567	1 176.0	0.205 3
101	121.539 950	32.149 434	162.9	0.052 8
102	121.540 312	32.149 843	403.6	0.094 4
103	121.540 514	32.149 787	228.6	0.073 3
104	121.540 129	32.148 547	480.9	0.122 0
105	121.540 506	32.148 824	671.1	0.126 7
106	121.540 434	32.148 529	224.8	0.067 9
107	121.541 050	32.147 826	279.6	0.071 3
108	121.540 831	32.148 126	112.0	0.080 7
109	121.540 870	32.147 966	48.9	0.027 9
110	121.540 741	32.148 592	87.6	0.040 0
111	121.541 228	32.147 515	188.3	0.058 6
112	121.542 147	32.148 011	121.7	0.047 1
113	121.542 811	32.146 629	190.0	0.056 7
114	121.543 520	32.146 791	209.8	0.071 9
115	121.543 677	32.146 886	159.9	0.054 8
116	121.544 098	32.146 757	284.2	0.074 1
117	121.544 073	32.146 572	123.1	0.046 7
118	121.544 178	32.146 313	308.3	0.085 6
119	121.544 549	32.146 285	34.8	0.024 1
120	121.544 544	32.146 101	72.6	0.034 4
121	121.544 324	32.145 920	103.2	0.042 1
122	121.544 275	32.145 491	104.6	0.046 7
123	121.544 417	32.145 769	76.4	0.035 7
124	121.544 474	32.145 686	27.6	0.026 7
125	121.544 585	32.145 602	149.6	0.067 5
126	121.544 493	32.145 380	159.5	0.069 1
127	121.543 855	32.145 157	189.0	0.119 5

礁体编号	中心位置经度（°E）	中心位置纬度（°N）	礁体面积（m²）	礁体周长（km）
128	121.536 069	32.152 253	63.2	0.043 1
129	121.537 336	32.151 730	669.0	0.149 2
130	121.536 757	32.151 433	219.6	0.065 8
131	121.537 207	32.151 456	10.5	0.014 8
132	121.537 155	32.151 468	8.1	0.010 9
133	121.537 103	32.151 436	8.2	0.011 9
134	121.536 412	32.151 963	5 225.0	0.477 7
135	121.537 374	32.152 791	1 738.0	0.383 7
136	121.536 536	32.152 945	758.2	0.280 6
137	121.537 133	32.150 918	687.6	0.122 8
138	121.544 221	32.155 060	159.2	0.049 3
139	121.545 436	32.155 312	1 650.0	0.186 6
140	121.546 502	32.155 332	544.2	0.108 3
141	121.545 616	32.151 470	3 920.0	0.705 5
142	121.546 587	32.151 929	110.2	0.049 3
143	121.546 443	32.151 872	132.1	0.056 2
144	121.546 070	32.151 991	30.7	0.026 4
145	121.546 127	32.151 734	87.0	0.044 1
146	121.545 883	32.152 556	64.0	0.033 9
147	121.545 851	32.152 234	39.3	0.027 4
148	121.546 904	32.151 309	169.2	0.062 6
149	121.546 787	32.151 123	56.4	0.029 8
150	121.546 632	32.151 107	24.3	0.020 9
151	121.547 089	32.151 365	40.3	0.028 5
152	121.546 684	32.151 728	33.8	0.024 9
153	121.546 153	32.151 293	224.5	0.064 3
154	121.545 791	32.151 701	48.5	0.030 2
155	121.545 881	32.151 411	29.2	0.021 0
156	121.546 485	32.150 824	653.7	0.157 9
157	121.546 756	32.150 429	465.4	0.144 9
158	121.546 996	32.150 551	320.1	0.089 5
159	121.547 625	32.150 785	470.2	0.140 8

礁体编号	中心位置经度（°E）	中心位置纬度（°N）	礁体面积（m²）	礁体周长（km）
160	121.545 763	32.149 864	34.2	0.024 2
161	121.546 509	32.149 959	103.7	0.063 3
162	121.546 441	32.149 495	482.6	0.147 4
163	121.546 825	32.149 240	484.4	0.104 2
164	121.546 926	32.148 381	2 078.0	0.369 4
165	121.547 255	32.148 409	115.9	0.074 0
166	121.547 469	32.147 819	681.2	0.221 9
167	121.547 935	32.147 779	620.1	0.158 8
168	121.548 027	32.147 444	129.6	0.052 6
169	121.548 457	32.147 315	499.8	0.142 3
170	121.546 906	32.147 370	342.4	0.096 6
171	121.546 171	32.147 466	786.2	0.226 5
172	121.547 070	32.147 533	284.1	0.118 1
173	121.548 851	32.147 090	33.0	0.023 9
174	121.548 756	32.146 765	570.2	0.115 8
175	121.548 459	32.146 371	1 540.0	0.269 3
176	121.548 235	32.146 222	318.6	0.095 3
177	121.548 304	32.145 737	379.3	0.113 5
178	121.548 640	32.145 690	85.4	0.038 9
179	121.548 659	32.145 430	267.8	0.063 4
180	121.548 089	32.145 891	139.6	0.078 5
181	121.547 788	32.145 946	923.0	0.137 2
182	121.547 601	32.146 383	211.7	0.081 5
183	121.547 798	32.146 602	854.3	0.299 9
184	121.547 447	32.146 550	988.0	0.246 0
185	121.547 029	32.145 624	1 805.0	0.471 4
186	121.546 187	32.146 975	234.9	0.098 0
187	121.546 347	32.146 667	148.6	0.067 6
188	121.546 149	32.145 017	221.7	0.058 7
189	121.546 081	32.145 200	95.3	0.048 4
190	121.545 842	32.144 905	146.0	0.054 4
191	121.545 858	32.144 689	21.4	0.020 7

礁体编号	中心位置经度（°E）	中心位置纬度（°N）	礁体面积（m²）	礁体周长（km）
192	121.546 057	32.144 369	204.7	0.116 7
193	121.545 583	32.145 032	825.0	0.160 7
194	121.545 313	32.145 017	196.3	0.060 1
195	121.547 913	32.144 763	17.0	0.017 1
196	121.545 809	32.145 499	18.4	0.022 9
197	121.544 826	32.145 479	130.6	0.057 9
198	121.544 922	32.145 518	22.2	0.029 0
199	121.545 025	32.145 429	258.1	0.094 0
200	121.545 133	32.145 554	15.1	0.015 0
201	121.544 921	32.145 339	13.7	0.015 6
202	121.545 148	32.145 209	10.8	0.012 4
203	121.545 142	32.145 022	64.7	0.062 8
204	121.545 415	32.145 021	12.0	0.020 2
205	121.544 870	32.145 008	112.3	0.058 5
206	121.544 979	32.144 922	16.0	0.016 0
207	121.544 669	32.145 010	125.0	0.068 4
208	121.544 845	32.144 736	95.9	0.049 1
209	121.544 678	32.144 826	54.3	0.038 1
210	121.544 574	32.144 814	44.0	0.035 0
211	121.544 691	32.145 199	111.8	0.071 0
212	121.545 049	32.144 657	452.4	0.137 5
213	121.544 832	32.144 580	12.6	0.014 7
214	121.544 917	32.144 638	2.8	0.006 6
215	121.544 697	32.144 689	3.1	0.007 3
216	121.544 478	32.144 980	182.9	0.068 1
217	121.544 535	32.144 865	12.4	0.014 0
218	121.541 712	32.145 734	53.4	0.042 4
219	121.541 732	32.145 217	297.6	0.088 3
220	121.542 318	32.145 398	58.6	0.032 3
221	121.542 476	32.145 496	5.3	0.009 4
222	121.542 432	32.145 063	46.3	0.038 6
223	121.542 270	32.145 165	3.4	0.007 9

礁体编号	中心位置经度（°E）	中心位置纬度（°N）	礁体面积（m²）	礁体周长（km）
224	121.542 360	32.145 010	10.9	0.013 9
225	121.542 235	32.145 023	24.1	0.035 4
226	121.542 311	32.144 708	26.9	0.020 2
227	121.542 838	32.144 584	7.5	0.010 7
228	121.543 495	32.145 718	50.3	0.033 0
229	121.543 508	32.145 453	35.9	0.032 4
230	121.543 718	32.145 974	3.6	0.007 8
231	121.543 662	32.145 893	82.6	0.045 4
232	121.543 576	32.145 845	12.4	0.015 7
233	121.543 527	32.145 821	1.8	0.005 5
234	121.543 666	32.145 741	80.2	0.058 4
235	121.543 884	32.145 762	49.8	0.035 8
236	121.543 720	32.145 658	3.9	0.009 5
237	121.543 994	32.145 619	21.3	0.019 8
238	121.544 077	32.145 536	25.0	0.027 2
239	121.544 174	32.145 498	13.8	0.025 7
240	121.544 195	32.145 331	55.3	0.033 9
241	121.544 290	32.145 276	23.2	0.025 2
242	121.544 381	32.145 264	20.9	0.018 0
243	121.544 171	32.145 851	14.1	0.019 2
244	121.544 311	32.145 760	26.0	0.045 5
245	121.544 099	32.145 997	301.2	0.090 8
246	121.543 871	32.145 948	8.3	0.011 1
247	121.543 446	32.145 168	50.4	0.041 6
248	121.543 582	32.145 272	14.6	0.019 8
249	121.543 616	32.145 185	9.5	0.012 3
250	121.543 698	32.145 164	8.7	0.013 0
251	121.543 685	32.145 080	30.3	0.026 0
252	121.543 793	32.145 123	20.6	0.023 7
253	121.543 759	32.145 025	43.0	0.035 9
254	121.543 721	32.144 956	27.2	0.031 1
255	121.543 849	32.144 946	4.2	0.012 0

礁体编号	中心位置经度（°E）	中心位置纬度（°N）	礁体面积（m²）	礁体周长（km）
256	121.543 795	32.144 883	10.6	0.016 5
257	121.543 754	32.144 810	18.5	0.022 5
258	121.543 811	32.144 755	35.2	0.037 8
259	121.543 703	32.144 751	21.5	0.023 1
260	121.544 187	32.144 665	346.8	0.198 1
261	121.544 020	32.144 478	9.7	0.014 4
262	121.544 068	32.144 478	4.5	0.009 4
263	121.543 917	32.144 522	7.0	0.011 1
264	121.543 882	32.144 481	8.7	0.012 2
265	121.543 878	32.144 422	7.2	0.010 9
266	121.543 974	32.144 430	43.5	0.029 1
267	121.543 906	32.144 280	40.4	0.037 7
268	121.543 820	32.144 321	3.2	0.007 4
269	121.543 989	32.144 244	25.2	0.023 3
270	121.543 326	32.144 520	29.4	0.021 6
271	121.543 516	32.144 400	406.6	0.098 6
272	121.543 453	32.144 646	307.9	0.089 9
273	121.543 555	32.144 812	212.8	0.071 0
274	121.543 426	32.144 749	10.4	0.014 3
275	121.543 627	32.144 612	11.5	0.013 7
276	121.543 769	32.144 638	9.7	0.013 8
277	121.543 960	32.144 658	4.4	0.009 0
278	121.543 712	32.144 650	2.3	0.007 5
279	121.543 257	32.144 780	4.5	0.008 4
280	121.543 168	32.144 833	3.9	0.007 7
281	121.542 598	32.145 087	5.0	0.010 0
282	121.542 782	32.144 887	3.3	0.008 9
283	121.542 308	32.145 063	7.3	0.012 8
284	121.543 516	32.145 120	6.4	0.010 8
285	121.543 434	32.144 947	16.9	0.017 7
286	121.543 364	32.144 853	5.2	0.011 6
287	121.543 719	32.144 877	5.5	0.012 7

礁体编号	中心位置经度（°E）	中心位置纬度（°N）	礁体面积（m²）	礁体周长（km）
288	121.542 504	32.144 921	6.7	0.010 3
289	121.542 701	32.144 764	3.2	0.006 7
290	121.547 701	32.152 448	10.7	0.012 7
291	121.547 653	32.152 439	4.2	0.008 1
292	121.547 661	32.152 395	7.5	0.010 7
293	121.547 742	32.152 522	5.5	0.012 2
294	121.547 670	32.152 504	2.1	0.005 6
295	121.546 812	32.151 924	21.7	0.021 1
296	121.547 076	32.149 968	1 257.0	0.200 5
297	121.547 489	32.150 009	687.6	0.184 8
298	121.547 986	32.150 143	182.9	0.074 4
299	121.547 840	32.149 268	790.4	0.207 4
300	121.549 232	32.150 236	576.1	0.191 1
301	121.549 517	32.150 688	142.7	0.068 6
302	121.549 191	32.150 741	52.0	0.045 2
303	121.549 054	32.150 597	52.7	0.044 0
304	121.548 964	32.150 555	24.5	0.025 6
305	121.549 575	32.150 109	25.0	0.024 2
306	121.548 780	32.149 737	389.1	0.164 2
307	121.549 108	32.150 076	25.4	0.026 7
308	121.549 939	32.149 623	278.1	0.097 4
309	121.548 002	32.149 201	39.9	0.031 8
310	121.549 575	32.149 177	541.5	0.157 3
311	121.549 838	32.148 981	16.3	0.023 3
312	121.548 253	32.149 126	11.0	0.016 6
313	121.550 651	32.149 101	208.9	0.068 7
314	121.551 250	32.148 686	75.0	0.039 9
315	121.550 271	32.148 169	940.7	0.352 8
316	121.549 816	32.148 461	12.0	0.021 1
317	121.550 368	32.147 597	171.7	0.059 9
318	121.549 339	32.147 235	918.1	0.209 9
319	121.549 579	32.146 950	206.7	0.061 3

礁体编号	中心位置经度（°E）	中心位置纬度（°N）	礁体面积（m²）	礁体周长（km）
320	121.549 775	32.147 087	77.7	0.039 5
321	121.550 470	32.146 595	721.6	0.208 8
322	121.550 623	32.146 542	35.7	0.034 6
323	121.550 733	32.146 711	20.8	0.024 0
324	121.550 984	32.146 817	96.8	0.056 7
325	121.551 118	32.146 788	62.5	0.045 9
326	121.551 188	32.146 550	105.4	0.072 7
327	121.550 874	32.146 649	130.9	0.070 7
328	121.550 134	32.145 614	123.1	0.049 1
329	121.549 860	32.145 608	26.8	0.022 9
330	121.550 754	32.145 233	63.4	0.031 8
331	121.550 425	32.145 289	11.8	0.015 0
332	121.550 048	32.145 054	16 330.0	1.356 0
333	121.548 977	32.145 511	1 239.0	0.201 3
334	121.549 588	32.146 390	193.2	0.083 1
335	121.548 849	32.146 543	181.0	0.055 3
336	121.551 154	32.143 542	1 119.0	0.160 4
337	121.550 480	32.143 470	218.6	0.085 9
338	121.551 142	32.142 632	187.3	0.056 3
339	121.551 083	32.142 112	647.8	0.120 8
340	121.551 061	32.141 100	334.9	0.101 6
341	121.551 330	32.141 103	891.1	0.218 4
342	121.551 901	32.141 818	1 525.0	0.195 6
343	121.552 733	32.141 247	1 326.0	0.283 9
344	121.552 289	32.141 219	496.1	0.102 3
345	121.552 009	32.142 435	144.1	0.046 1
346	121.551 388	32.144 008	15.6	0.016 4
347	121.553 681	32.142 917	419.4	0.112 0
348	121.553 948	32.143 187	106.7	0.051 8
349	121.554 146	32.143 039	76.8	0.048 1
350	121.553 864	32.142 891	46.8	0.050 5
351	121.554 071	32.142 775	46.2	0.033 7

礁体编号	中心位置经度（°E）	中心位置纬度（°N）	礁体面积（m²）	礁体周长（km）
352	121.553 850	32.142 645	122.5	0.074 3
353	121.554 300	32.142 472	42.3	0.034 3
354	121.553 793	32.142 405	264.5	0.116 7
355	121.553 642	32.142 416	13.8	0.020 1
356	121.553 701	32.141 791	229.5	0.146 7
357	121.553 908	32.141 180	38.0	0.029 1
358	121.554 050	32.141 238	40.3	0.042 5
359	121.553 539	32.139 787	83.3	0.042 9
360	121.553 848	32.139 483	146.3	0.083 5
361	121.554 013	32.139 385	14.2	0.014 6
362	121.550 319	32.150 609	1 161.0	0.263 2
363	121.551 527	32.149 327	357.9	0.119 4
364	121.551 740	32.149 341	105.1	0.047 3
365	121.551 574	32.149 698	25.7	0.021 8
366	121.551 769	32.148 910	26.2	0.024 3
367	121.551 478	32.148 570	23.8	0.023 9
368	121.551 271	32.148 792	7.4	0.014 1
369	121.552 688	32.147 853	915.3	0.326 6
370	121.552 344	32.147 848	53.2	0.047 8
371	121.553 117	32.147 352	75.4	0.037 4
372	121.553 404	32.147 162	96.9	0.049 9
373	121.553 253	32.147 635	49.3	0.063 3
374	121.553 758	32.147 957	142.5	0.061 4
375	121.552 894	32.150 343	52.6	0.038 1
376	121.554 161	32.150 377	34.0	0.037 2
377	121.554 297	32.150 112	583.6	0.209 9
378	121.554 613	32.149 650	785.6	0.280 1
379	121.554 766	32.149 330	48.6	0.035 8
380	121.554 543	32.149 122	28.1	0.040 3
381	121.554 456	32.148 786	201.9	0.119 5
382	121.554 313	32.148 857	45.9	0.035 9
383	121.554 851	32.148 270	364.2	0.166 7

礁体编号	中心位置经度（°E）	中心位置纬度（°N）	礁体面积（m²）	礁体周长（km）
384	121.554 908	32.148 402	46.3	0.043 3
385	121.555 146	32.148 163	45.9	0.040 6
386	121.554 967	32.147 916	12.9	0.021 0
387	121.555 074	32.147 690	42.2	0.033 2
388	121.555 129	32.148 449	281.0	0.090 2
389	121.555 477	32.148 502	72.3	0.056 3
390	121.555 447	32.148 406	14.9	0.020 2
391	121.555 653	32.148 244	37.7	0.026 9
392	121.555 883	32.148 412	25.8	0.030 2
393	121.556 107	32.147 735	843.9	0.362 5
394	121.555 807	32.147 806	166.9	0.118 7
395	121.556 046	32.147 586	5.6	0.012 8
396	121.555 670	32.147 437	984.2	0.337 3
397	121.556 786	32.146 889	975.7	0.300 4
398	121.556 522	32.146 883	25.9	0.021 4
399	121.557 205	32.147 048	51.1	0.040 6
400	121.557 359	32.147 185	27.4	0.030 6
401	121.557 704	32.147 020	66.1	0.068 3
402	121.557 698	32.147 207	248.5	0.080 7
403	121.557 933	32.146 892	481.3	0.108 2
404	121.558 108	32.146 696	164.5	0.061 2
405	121.557 903	32.146 390	131.6	0.066 6
406	121.557 491	32.146 711	115.2	0.048 6
407	121.557 730	32.146 690	101.9	0.055 5
408	121.557 251	32.145 635	4 378.0	0.946 3
409	121.558 687	32.147 500	1 371.0	0.204 0
410	121.558 752	32.146 795	491.8	0.132 7
411	121.558 827	32.146 499	111.1	0.041 8
412	121.558 700	32.147 915	547.9	0.161 7
413	121.558 173	32.147 830	23.7	0.024 3
414	121.557 783	32.144 434	917.1	0.210 6
415	121.558 085	32.144 170	338.2	0.139 9

礁体编号	中心位置经度（°E）	中心位置纬度（°N）	礁体面积（m²）	礁体周长（km）
416	121.557 803	32.143 800	508.5	0.108 5
417	121.557 611	32.143 646	322.4	0.120 7
418	121.557 392	32.143 561	413.2	0.107 7
419	121.555 380	32.150 112	1 315	0.382 5
420	121.555 116	32.149 720	238.8	0.116 4
421	121.555 436	32.149 413	42.9	0.025 2
422	121.555 236	32.148 992	853.3	0.212 1
423	121.555 216	32.149 269	17.5	0.023 0
424	121.555 580	32.149 531	17.4	0.018 6
425	121.555 675	32.149 472	73.7	0.039 4
426	121.555 845	32.149 412	132.4	0.050 7
427	121.555 701	32.149 250	44.0	0.032 9
428	121.555 939	32.149 151	87.6	0.041 7
429	121.556 089	32.149 285	17.5	0.017 0
430	121.556 343	32.149 637	164.0	0.067 8
431	121.555 971	32.149 553	12.2	0.015 7
432	121.554 497	32.154 181	1 748.0	0.392 9
433	121.553 113	32.153 432	245.1	0.096 2
434	121.552 170	32.154 319	280.0	0.109 3
435	121.554 309	32.152 719	193.5	0.060 5
436	121.554 381	32.150 693	38.0	0.029 3
437	121.554 917	32.150 972	32.1	0.025 4
438	121.555 382	32.151 776	67.4	0.037 7
439	121.556 481	32.153 025	1 338.0	0.311 7
440	121.554 181	32.139 630	264.8	0.109 7
441	121.554 084	32.139 210	82.4	0.038 6
442	121.554 352	32.139 260	658.8	0.170 7
443	121.554 897	32.139 125	181.0	0.065 8
444	121.555 015	32.139 043	218.3	0.084 1
445	121.555 496	32.139 377	152.5	0.058 9
446	121.556 069	32.139 249	160.8	0.066 3
447	121.554 598	32.140 841	132.4	0.072 9

礁体编号	中心位置经度（°E）	中心位置纬度（°N）	礁体面积（m²）	礁体周长（km）
448	121.554 883	32.140 759	344.8	0.106 2
449	121.557 310	32.143 226	116.7	0.046 7
450	121.557 481	32.142 908	677.9	0.116 4
451	121.557 746	32.142 991	289.0	0.099 3
452	121.557 820	32.142 778	147.3	0.055 8
453	121.557 956	32.142 679	515.7	0.136 3
454	121.558 156	32.142 714	104.1	0.057 7
455	121.558 101	32.142 191	424.3	0.143 2
456	121.557 611	32.142 274	26.9	0.027 9
457	121.557 403	32.142 117	150.0	0.067 9
458	121.557 875	32.141 781	759.6	0.117 3
459	121.558 334	32.141 861	529.5	0.151 5
460	121.556 735	32.149 105	49.9	0.036 6
461	121.555 897	32.150 486	10.4	0.016 0
462	121.555 965	32.150 325	8.2	0.015 5
463	121.556 244	32.151 702	284.6	0.137 2
464	121.556 514	32.152 086	42.6	0.037 1
465	121.556 589	32.151 762	282.2	0.156 7
466	121.556 641	32.151 469	107.7	0.083 7
467	121.556 472	32.150 901	218.1	0.168 6
468	121.556 375	32.151 140	49.3	0.060 0
469	121.556 322	32.150 415	26.3	0.029 3
470	121.556 321	32.150 879	21.1	0.022 0
471	121.556 485	32.151 385	15.3	0.026 1
472	121.556 606	32.151 192	17.9	0.032 7
473	121.556 563	32.150 831	34.5	0.029 6
474	121.556 454	32.150 430	295.8	0.200 0
475	121.556 571	32.150 338	31.3	0.031 4
476	121.556 638	32.150 150	19.1	0.022 6
477	121.556 687	32.151 113	52.5	0.053 3
478	121.556 261	32.153 649	22.0	0.026 9
479	121.555 181	32.152 502	30.1	0.025 0

礁体编号	中心位置经度（°E）	中心位置纬度（°N）	礁体面积（m²）	礁体周长（km）
480	121.554 909	32.152 337	33.8	0.026 0
481	121.555 494	32.152 742	23.4	0.022 2
482	121.556 759	32.151 720	135.2	0.093 3
483	121.556 696	32.151 474	16.7	0.030 6
484	121.553 254	32.145 721	79.4	0.051 9
485	121.553 310	32.145 781	6.6	0.013 4
486	121.553 358	32.145 600	15.3	0.017 2
487	121.553 096	32.145 725	15.0	0.020 1
488	121.553 677	32.146 670	28.1	0.041 1
489	121.547 613	32.154 106	77.0	0.062 1
490	121.547 346	32.154 174	5.6	0.010 8
491	121.547 699	32.154 306	2.2	0.006 3
492	121.547 933	32.154 193	2.5	0.007 0
493	121.547 839	32.154 118	2.3	0.005 9
494	121.556 696	32.151 474	365.1	0.118 1
495	121.554 440	32.153 114	17.6	0.021 8
496	121.556 611	32.146 498	513.2	0.116 3
497	121.556 204	32.146 436	625.1	0.253 4
498	121.556 473	32.146 312	14.2	0.015 5
499	121.556 516	32.145 941	523.3	0.182 2
500	121.556 382	32.146 138	136.7	0.083 7
501	121.556 626	32.146 173	28.1	0.026 2
502	121.555 720	32.146 405	55.4	0.041 0
503	121.555 797	32.146 590	26.4	0.028 4
504	121.555 774	32.146 198	21.8	0.023 0
505	121.555 982	32.146 791	12.9	0.019 7
506	121.556 101	32.145 804	28.7	0.032 9
507	121.556 488	32.145 591	271.7	0.156 6
508	121.556 865	32.145 289	86.9	0.068 5
509	121.556 819	32.145 395	17.8	0.018 3
510	121.556 812	32.145 579	12.0	0.015 0
511	121.556 926	32.145 056	100.3	0.055 9

礁体编号	中心位置经度（°E）	中心位置纬度（°N）	礁体面积（m²）	礁体周长（km）
512	121.556 703	32.145 215	54.5	0.033 6
513	121.556 431	32.145 301	43.6	0.034 4
514	121.556 450	32.143 934	2 876.0	0.442 3
515	121.556 142	32.143 791	104.4	0.052 2
516	121.556 616	32.143 310	105.8	0.043 5
517	121.556 743	32.143 469	316.5	0.094 4
518	121.557 050	32.143 364	224.2	0.074 9
519	121.556 948	32.143 826	737.9	0.175 5
520	121.557 201	32.143 798	354.1	0.154 1
521	121.557 203	32.143 565	17.0	0.016 9
522	121.557 211	32.143 460	13.7	0.020 5
523	121.556 287	32.142 922	360.9	0.122 3
524	121.556 116	32.143 065	45.6	0.027 8
525	121.556 477	32.142 297	160.9	0.069 8
526	121.556 589	32.142 089	173.4	0.059 7
527	121.556 353	32.142 222	348.0	0.116 7
528	121.556 120	32.142 413	442.8	0.169 4
529	121.556 304	32.142 499	28.5	0.025 1
530	121.555 965	32.142 744	280.4	0.084 2
531	121.555 675	32.142 695	710.4	0.228 7
532	121.555 295	32.140 268	54.3	0.038 7
533	121.555 197	32.140 248	39.1	0.030 8
534	121.555 075	32.140 553	133.5	0.052 4
535	121.555 237	32.140 732	58.6	0.044 9
536	121.555 360	32.140 684	67.6	0.038 4
537	121.555 876	32.140 534	83.2	0.040 6
538	121.555 492	32.140 252	180.0	0.071 8
539	121.555 166	32.141 117	34.3	0.047 7
540	121.555 298	32.141 086	14.3	0.021 9
541	121.555 400	32.141 076	177.7	0.093 7
542	121.555 353	32.140 845	9.6	0.017 4
543	121.555 323	32.140 950	3.7	0.009 3

礁体编号	中心位置经度（°E）	中心位置纬度（°N）	礁体面积（m²）	礁体周长（km）
544	121.555 594	32.140 760	551.3	0.238 6
545	121.555 452	32.140 826	8.6	0.015 4
546	121.555 419	32.141 468	451.7	0.254 7
547	121.555 184	32.141 618	15.3	0.024 9
548	121.554 987	32.141 660	44.1	0.043 7
549	121.555 530	32.141 569	15.4	0.020 0
550	121.555 875	32.141 785	909.1	0.280 8
551	121.556 250	32.141 510	331.1	0.159 4
552	121.556 329	32.141 391	48.6	0.034 0
553	121.556 560	32.141 438	1 258.0	0.366 8
554	121.556 599	32.141 608	4.5	0.009 7
555	121.556 727	32.141 733	94.0	0.056 4
556	121.556 768	32.141 059	84.2	0.047 5
557	121.556 175	32.141 131	21.2	0.027 0
558	121.556 240	32.141 025	142.9	0.063 9
559	121.556 234	32.140 777	111.2	0.058 1
560	121.556 210	32.140 572	104.6	0.076 9
561	121.556 043	32.140 376	273.3	0.105 6
562	121.555 298	32.146 902	32.8	0.031 0
563	121.554 655	32.146 450	41.5	0.040 3
564	121.555 103	32.146 375	56.8	0.366 0
565	121.554 374	32.146 235	71.3	0.061 3
566	121.554 263	32.146 930	53.4	0.437 0
567	121.555 137	32.146 905	8.5	0.015 5
568	121.555 147	32.146 580	6.1	0.013 8
569	121.555 029	32.146 792	7.6	0.015 0
570	121.557 446	32.153 026	388.9	0.095 7
571	121.557 343	32.153 012	19.6	0.020 9
572	121.556 894	32.152 701	97.9	0.050 7
573	121.557 950	32.152 939	321.9	0.143 6
574	121.557 957	32.152 628	74.1	0.064 2
575	121.558 150	32.152 323	275.6	0.138 7

礁体编号	中心位置经度（°E）	中心位置纬度（°N）	礁体面积（m²）	礁体周长（km）
576	121.557 327	32.152 570	36.5	0.033 3
577	121.556 831	32.152 324	59.0	0.054 4
578	121.557 636	32.152 244	118.1	0.057 8
579	121.557 781	32.152 193	85.2	0.056 9
580	121.557 824	32.151 605	735.6	0.392 1
581	121.557 951	32.151 868	140.7	0.071 4
582	121.558 432	32.152 001	258.4	0.092 9
583	121.558 565	32.151 713	186.2	0.085 1
584	121.558 359	32.151 294	229.0	0.113 9
585	121.558 194	32.151 637	48.0	0.045 9
586	121.557 906	32.150 992	1 375.0	0.546 9
587	121.557 769	32.151 010	44.5	0.032 4
588	121.557 824	32.150 209	25.9	0.027 2
589	121.557 845	32.151 413	48.8	0.033 9
590	121.558 164	32.150 802	240.1	0.123 7
591	121.558 146	32.150 349	920.8	0.369 4
592	121.558 007	32.150 060	289.1	0.118 6
593	121.558 440	32.150 907	129.5	0.088 5
594	121.558 502	32.150 659	51.0	0.040 3
595	121.558 367	32.150 631	39.8	0.029 2
596	121.558 360	32.150 446	102.0	0.053 8
597	121.558 080	32.149 447	888.9	0.194 3
598	121.558 300	32.149 338	2 209.0	0.605 8
599	121.558 430	32.150 144	171.0	0.095 1
600	121.558 566	32.150 275	422.6	0.166 3
601	121.558 685	32.149 844	9.2	0.018 6
602	121.558 770	32.149 837	20.6	0.026 5
603	121.558 718	32.150 787	589.4	0.203 7
604	121.558 616	32.151 229	321.7	0.160 1
605	121.559 400	32.144 868	1 603.0	0.432 6
606	121.556 198	32.145 029	114.1	0.064 9
607	121.556 072	32.144 884	25.7	0.027 8

礁体编号	中心位置经度（°E）	中心位置纬度（°N）	礁体面积（m²）	礁体周长（km）
608	121.555 670	32.145 345	283.2	0.165 7
609	121.555 731	32.145 437	25.5	0.035 2
610	121.555 752	32.145 219	78.4	0.084 3
611	121.555 775	32.145 623	8.5	0.014 9
612	121.555 659	32.145 582	5.5	0.011 0
613	121.555 561	32.145 448	161.1	0.155 1
614	121.555 996	32.145 459	50.8	0.054 6
615	121.555 601	32.145 202	3.2	0.010 3
616	121.555 526	32.145 196	4.4	0.014 4
617	121.555 373	32.145 301	9.1	0.017 3
618	121.555 426	32.144 514	3.6	0.009 1
619	121.556 340	32.145 461	17.8	0.022 1
620	121.556 228	32.145 575	6.9	0.011 1
621	121.556 233	32.145 725	38.6	0.036 7
622	121.555 698	32.145 704	2.5	0.007 2
623	121.555 634	32.145 664	1.7	0.006 3
624	121.556 579	32.145 736	6.8	0.013 4
625	121.556 768	32.145 404	2.7	0.008 4
626	121.556 872	32.145 629	29.4	0.024 7
627	121.556 903	32.145 743	3.4	0.008 8
628	121.556 779	32.145 162	1.9	0.008 7
629	121.556 835	32.145 129	3.7	0.008 4
630	121.556 249	32.144 857	6.4	0.013 1
631	121.556 299	32.144 881	3.2	0.007 7
632	121.556 883	32.144 143	8.1	0.014 7
633	121.557 009	32.143 978	4.5	0.010 3
634	121.558 520	32.148 509	2 413.0	0.471 1
635	121.557 682	32.148 882	18.1	0.018 4
636	121.557 592	32.148 999	79.5	0.045 1
637	121.557 747	32.149 195	116.5	0.056 9
638	121.557 457	32.149 163	178.5	0.064 9
639	121.557 337	32.148 825	27.3	0.025 0

礁体编号	中心位置经度（°E）	中心位置纬度（°N）	礁体面积（m²）	礁体周长（km）
640	121.557 215	32.148 551	112.1	0.044 9
641	121.557 178	32.148 896	352.6	0.110 0
642	121.557 844	32.148 746	33.4	0.024 3
643	121.557 310	32.148 393	53.3	0.030 7
644	121.556 990	32.148 952	4.4	0.010 3
645	121.556 940	32.149 012	2.6	0.007 8
646	121.557 286	32.149 485	397.7	0.129 1
647	121.557 150	32.149 849	24.9	0.031 7
648	121.557 191	32.149 740	20.4	0.028 4
649	121.557 040	32.149 413	35.7	0.033 4
650	121.556 070	32.151 412	11.8	0.013 7
651	121.555 912	32.151 627	3.9	0.023 1
652	121.556 045	32.151 707	2.3	0.010 0
653	121.556 949	32.152 112	325.1	0.163 2
654	121.556 936	32.151 618	105.8	0.089 3
655	121.557 206	32.151 947	357.4	0.192 5
656	121.557 232	32.152 303	22.8	0.019 9
657	121.557 543	32.151 863	213.4	0.115 7
658	121.557 381	32.151 570	255.8	0.143 5
659	121.557 079	32.151 453	89.0	0.075 2
660	121.557 190	32.151 057	312.5	0.190 3
661	121.557 400	32.151 128	21.7	0.029 0
662	121.557 302	32.151 079	5.6	0.013 7
663	121.557 011	32.151 048	7.4	0.012 5
664	121.557 202	32.150 665	22.6	0.031 3
665	121.557 049	32.150 734	50.0	0.050 5
666	121.557 102	32.150 726	12.5	0.015 4
667	121.556 828	32.150 516	71.3	0.060 4
668	121.556 803	32.150 698	14.0	0.019 6
669	121.556 893	32.151 002	336.9	0.239 8
670	121.557 571	32.150 788	199.1	0.124 6
671	121.557 454	32.150 445	382.7	0.245 8

礁体编号	中心位置经度（°E）	中心位置纬度（°N）	礁体面积（m²）	礁体周长（km）
672	121.557 323	32.150 075	154.8	0.105 1
673	121.557 033	32.150 179	482.4	0.315 6
674	121.556 831	32.150 057	31.7	0.051 9
675	121.557 065	32.149 784	5.4	0.012 6
676	121.556 912	32.149 700	43.9	0.035 8
677	121.557 028	32.149 556	12.4	0.018 0
678	121.556 955	32.149 523	304.8	0.127 0
679	121.556 899	32.148 693	8.7	0.019 5
680	121.557 657	32.148 526	11.4	0.014 3
681	121.557 952	32.147 804	12.3	0.015 7
682	121.556 678	32.149 997	22.4	0.020 7
683	121.556 308	32.150 549	7.5	0.011 1
684	121.556 258	32.150 756	6.0	0.014 2
685	121.556 232	32.150 413	5.6	0.011 3
686	121.556 144	32.150 405	1.0	0.006 3
687	121.556 024	32.150 424	3.5	0.007 7
688	121.556 094	32.150 380	1.0	0.005 0
689	121.556 861	32.150 298	15.0	0.021 9
690	121.556 645	32.150 339	8.7	0.020 5
691	121.555 168	32.144 877	28.7	0.030 1
692	121.555 048	32.144 761	80.8	0.042 9
693	121.555 087	32.144 644	12.7	0.016 2
694	121.555 267	32.144 286	633.2	0.228 9
695	121.555 372	32.144 244	6.9	0.011 8
696	121.555 562	32.144 050	108.3	0.051 3
697	121.555 505	32.143 732	107.0	0.073 8
698	121.555 364	32.143 579	80.7	0.050 5
699	121.555 253	32.143 595	230.6	0.115 7
700	121.555 256	32.143 468	12.5	0.015 1
701	121.555 654	32.143 323	343.6	0.089 9
702	121.555 475	32.143 158	350.9	0.131 8
703	121.555 144	32.142 723	173.0	0.076 3

礁体编号	中心位置经度（°E）	中心位置纬度（°N）	礁体面积（m²）	礁体周长（km）
704	121.555 015	32.142 697	231.5	0.092 7
705	121.555 425	32.142 366	1 293.0	0.418 6
706	121.555 710	32.142 164	180.2	0.082 7
707	121.555 796	32.142 153	6.9	0.014 4
708	121.555 404	32.142 098	9.1	0.012 5
709	121.555 172	32.142 181	14.9	0.016 2
710	121.554 837	32.142 464	15.2	0.019 9
711	121.554 765	32.142 342	27.4	0.031 7
712	121.554 848	32.142 328	10.2	0.016 9
713	121.555 127	32.142 196	5.4	0.009 9
714	121.555 046	32.142 197	100.4	0.058 5
715	121.554 810	32.141 924	610.8	0.261 5
716	121.555 307	32.141 264	12.8	0.016 7
717	121.556 453	32.143 717	3.2	0.010 4
718	121.556 346	32.143 459	20.8	0.018 8
719	121.556 353	32.143 607	21.9	0.018 5
720	121.556 533	32.142 886	13.2	0.017 0
721	121.556 544	32.142 550	6.4	0.017 2
722	121.556 650	32.140 362	1 480.0	0.357 6
723	121.556 342	32.140 627	8.4	0.012 2
724	121.556 557	32.140 634	42.0	0.024 8
725	121.556 379	32.140 366	129.9	0.067 7
726	121.556 349	32.140 058	860.4	0.281 8
727	121.556 854	32.139 766	91.0	0.050 5
728	121.556 976	32.139 775	7.8	0.011 2
729	121.557 192	32.139 697	285.5	0.112 4
730	121.556 613	32.139 580	246.7	0.098 3
731	121.556 478	32.139 568	35.0	0.029 0
732	121.556 339	32.139 606	67.3	0.037 2
733	121.556 177	32.139 709	35.0	0.028 2
734	121.555 762	32.140 271	10.5	0.018 6
735	121.555 722	32.140 201	6.7	0.013 8

礁体编号	中心位置经度（°E）	中心位置纬度（°N）	礁体面积（m²）	礁体周长（km）
736	121.555 661	32.140 123	92.0	0.064 4
737	121.555 734	32.140 109	21.2	0.019 2
738	121.555 831	32.140 007	49.8	0.036 6
739	121.555 765	32.139 981	20.9	0.017 6
740	121.555 988	32.139 907	135.3	0.053 6
741	121.556 063	32.139 763	123.3	0.053 9
742	121.555 896	32.139 713	22.0	0.029 8
743	121.551 838	32.149 387	4.8	0.010 6
744	121.551 758	32.149 838	1.2	0.005 6
745	121.551 679	32.149 840	1.4	0.005 0
746	121.558 465	32.151 793	42.3	0.037 3
747	121.558 362	32.151 783	7.0	0.015 5
748	121.558 079	32.152 475	58.3	0.043 3
749	121.549 336	32.146 361	44.1	0.043 3

附表 5 蛎岈山潮下带牡蛎礁斑块的位置信息汇总

牡蛎礁编号	东向	北向	经度（°）	纬度（°）
1号	362 574.05	3 558 970.0	121.542 62	32.158 82
	362 584.39	3 558 972.8	121.542 73	32.158 84
	362 599.72	3 558 958.5	121.542 89	32.158 72
	362 600.72	3 558 951.5	121.542 91	32.158 66
	362 581.39	3 558 936.5	121.542 70	32.158 52
	362 564.72	3 558 955.0	121.542 52	32.158 68
	362 573.72	3 558 970.0	121.542 62	32.158 82
2号	362 788.95	3 558 851.3	121.544 92	32.157 77
	362 808.95	3 558 861.0	121.545 13	32.157 86
	362 825.95	3 558 851.5	121.545 31	32.157 78
	362 820.30	3 558 826.0	121.545 25	32.157 55
	362 797.13	3 558 817.3	121.545 01	32.157 47
	362 772.63	3 558 819.3	121.544 75	32.157 48

牡蛎礁编号	东向	北向	经度（°）	纬度（°）
2 号	362 770. 80	3 558 839. 3	121. 544 73	32. 157 66
	362 789. 30	3 558 851. 5	121. 544 92	32. 157 78
3 号	362 974. 89	3 558 783. 0	121. 546 90	32. 157 18
	363 006. 39	3 558 779. 0	121. 547 23	32. 157 15
	363 051. 64	3 558 742. 5	121. 547 72	32. 156 82
	363 057. 39	3 558 726. 8	121. 547 78	32. 156 68
	363 051. 14	3 558 715. 3	121. 547 72	32. 156 58
	362 987. 89	3 558 737. 3	121. 547 04	32. 156 77
	362 958. 17	3 558 761. 5	121. 546 72	32. 156 98
	362 974. 67	3 558 783. 0	121. 546 89	32. 157 18
4 号	362 566. 53	3 558 677. 5	121. 542 58	32. 156 18
	362 577. 70	3 558 702. 0	121. 542 70	32. 156 40
	362 621. 95	3 558 733. 5	121. 543 16	32. 156 69
	362 651. 95	3 558 765. 0	121. 543 48	32. 156 98
	362 683. 95	3 558 768. 0	121. 543 81	32. 157 01
	362 698. 53	3 558 771. 5	121. 543 97	32. 157 04
	362 775. 78	3 558 753. 0	121. 544 79	32. 156 89
	362 845. 61	3 558 753. 0	121. 545 53	32. 156 89
	362 893. 36	3 558 749. 0	121. 546 04	32. 156 86
	362 911. 11	3 558 723. 0	121. 546 23	32. 156 63
	362 818. 36	3 558 700. 3	121. 545 25	32. 156 41
	362 769. 36	3 558 696. 3	121. 544 73	32. 156 37
	362 690. 03	3 558 730. 3	121. 543 88	32. 156 67
	362 570. 70	3 558 660. 5	121. 542 63	32. 156 03
	362 566. 03	3 558 677. 0	121. 542 58	32. 156 17
5 号	364 036. 23	3 558 266. 0	121. 558 22	32. 152 65
	364 071. 73	3 558 273. 0	121. 558 60	32. 152 71
	364 096. 98	3 558 266. 5	121. 558 87	32. 152 66
	364 105. 98	3 558 263. 3	121. 558 96	32. 152 63
	364 121. 86	3 558 259. 3	121. 559 13	32. 152 60
	364 140. 91	3 558 249. 3	121. 559 33	32. 152 51
	364 150. 66	3 558 244. 3	121. 559 44	32. 152 46

牡蛎礁编号	东向	北向	经度（°）	纬度（°）
5 号	364 161.41	3 558 236.0	121.559 55	32.152 39
	364 170.53	3 558 229.0	121.559 65	32.152 33
	364 176.91	3 558 220.8	121.559 72	32.152 25
	364 159.41	3 558 217.0	121.559 54	32.152 22
	364 135.53	3 558 226.0	121.559 28	32.152 30
	364 107.91	3 558 230.3	121.558 99	32.152 33
	364 085.41	3 558 235.0	121.558 75	32.152 37
	364 054.53	3 558 249.5	121.558 42	32.152 50
	364 035.91	3 558 266.0	121.558 22	32.152 65
6 号	364 127.23	3 558 199.0	121.559 20	32.152 05
	364 150.48	3 558 212.0	121.559 44	32.152 17
	364 172.23	3 558 201.0	121.559 67	32.152 08
	364 172.48	3 558 185.0	121.559 68	32.151 93
	364 154.48	3 558 174.0	121.559 49	32.151 83
	364 132.23	3 558 173.5	121.559 25	32.151 82
	364 126.98	3 558 199.0	121.559 19	32.152 05
7 号	364 188.42	3 557 876.0	121.559 89	32.149 15
	364 192.42	3 557 915.0	121.559 93	32.149 50
	364 181.42	3 557 962.3	121.559 80	32.149 92
	364 181.42	3 557 989.8	121.559 80	32.150 17
	364 186.14	3 558 027.5	121.559 85	32.150 51
	364 191.47	3 558 069.5	121.559 90	32.150 89
	364 188.47	3 558 107.5	121.559 86	32.151 23
	364 162.14	3 558 127.5	121.559 58	32.151 41
	364 144.80	3 558 143.0	121.559 39	32.151 55
	364 114.14	3 558 140.0	121.559 07	32.151 52
	364 105.80	3 558 124.0	121.558 98	32.151 37
	364 121.80	3 558 064.3	121.559 16	32.150 84
	364 119.14	3 558 026.3	121.559 14	32.150 50
	364 128.14	3 557 990.3	121.559 24	32.150 17
	364 146.14	3 557 973.3	121.559 43	32.150 02
	364 148.14	3 557 943.3	121.559 45	32.149 75

牡蛎礁编号	东向	北向	经度（°）	纬度（°）
7号	364 155. 14	3 557 928. 3	121. 559 53	32. 149 61
	364 159. 14	3 557 907. 3	121. 559 58	32. 149 43
	364 160. 47	3 557 880. 3	121. 559 59	32. 149 18
	364 188. 81	3 557 876. 0	121. 559 90	32. 149 15
8号	364 274. 19	3 557 924. 5	121. 560 79	32. 149 60
	364 291. 19	3 557 936. 5	121. 560 97	32. 149 71
	364 307. 94	3 557 922. 5	121. 561 15	32. 149 58
	364 315. 19	3 557 904. 5	121. 561 23	32. 149 42
	364 316. 19	3 557 876. 5	121. 561 25	32. 149 17
	364 309. 19	3 557 866. 5	121. 561 17	32. 149 08
	364 291. 19	3 557 864. 5	121. 560 98	32. 149 06
	364 282. 44	3 557 873. 0	121. 560 89	32. 149 13
	364 286. 19	3 557 886. 5	121. 560 93	32. 149 25
	364 282. 19	3 557 897. 0	121. 560 88	32. 149 35
	364 272. 69	3 557 908. 5	121. 560 78	32. 149 45
	364 273. 94	3 557 924. 5	121. 560 79	32. 149 60
9号	364 180. 47	3 557 810. 8	121. 559 82	32. 148 56
	364 223. 97	3 557 796. 3	121. 560 28	32. 148 43
	364 269. 47	3 557 736. 8	121. 560 77	32. 147 90
	364 272. 95	3 557 679. 0	121. 560 82	32. 147 38
	364 283. 94	3 557 646. 3	121. 560 94	32. 147 09
	364 279. 94	3 557 618. 8	121. 560 90	32. 146 84
	364 304. 61	3 557 576. 3	121. 561 17	32. 146 46
	364 318. 94	3 557 558. 0	121. 561 32	32. 146 30
	364 334. 95	3 557 514. 5	121. 561 50	32. 145 90
	364 311. 30	3 557 480. 0	121. 561 25	32. 145 59
	364 316. 95	3 557 454. 5	121. 561 31	32. 145 36
	364 303. 63	3 557 441. 0	121. 561 17	32. 145 24
	364 289. 95	3 557 446. 5	121. 561 03	32. 145 29
	364 277. 95	3 557 481. 8	121. 560 90	32. 145 60
	364 271. 30	3 557 498. 8	121. 560 82	32. 145 75
	364 253. 30	3 557 526. 5	121. 560 63	32. 146 00

牡蛎礁编号	东向	北向	经度（°）	纬度（°）
9号	364 247.30	3 557 556.8	121.560 56	32.146 27
	364 225.63	3 557 571.3	121.560 33	32.146 40
	364 210.97	3 557 593.3	121.560 17	32.146 60
	364 212.31	3 557 621.5	121.560 18	32.146 85
	364 202.64	3 557 658.5	121.560 07	32.147 19
	364 201.97	3 557 683.5	121.560 06	32.147 41
	364 183.64	3 557 718.3	121.559 86	32.147 72
	364 184.31	3 557 743.5	121.559 87	32.147 95
	364 172.33	3 557 784.5	121.559 73	32.148 32
	364 181.67	3 557 810.5	121.559 83	32.148 56
10号	364 550.52	3 557 444.5	121.563 79	32.145 30
	364 563.89	3 557 448.8	121.563 93	32.145 34
	364 571.89	3 557 441.0	121.564 02	32.145 27
	364 574.39	3 557 428.8	121.564 05	32.145 16
	364 571.14	3 557 422.8	121.564 01	32.145 11
	364 550.14	3 557 443.8	121.563 79	32.145 29
11号	364 102.97	3 557 125.3	121.559 09	32.142 37
	364 015.97	3 557 076.0	121.558 18	32.141 91
	363 966.97	3 557 066.0	121.557 66	32.141 81
	364 002.98	3 557 153.0	121.558 03	32.142 60
	363 960.31	3 557 174.3	121.557 57	32.142 79
	363 925.28	3 557 135.5	121.557 21	32.142 44
	363 914.59	3 557 083.3	121.557 10	32.141 96
	363 901.59	3 557 001.0	121.556 97	32.141 22
	363 884.69	3 556 948.0	121.556 80	32.140 74
	363 889.94	3 556 878.0	121.556 87	32.140 11
	363 826.69	3 556 886.5	121.556 20	32.140 18
	363 808.44	3 556 917.5	121.556 00	32.140 46
	363 815.00	3 557 027.5	121.556 05	32.141 45
	363 829.50	3 557 092.5	121.556 20	32.142 04
	363 862.50	3 557 223.5	121.556 53	32.143 22
	363 879.50	3 557 277.0	121.556 70	32.143 71

牡蛎礁编号	东向	北向	经度（°）	纬度（°）
	363 943.50	3 557 294.0	121.557 38	32.143 87
	363 975.50	3 557 293.5	121.557 72	32.143 87
	363 980.25	3 557 259.5	121.557 77	32.143 56
11号	364 012.25	3 557 233.0	121.558 11	32.143 33
	364 013.00	3 557 208.0	121.558 13	32.143 10
	364 058.75	3 557 194.5	121.558 61	32.142 98
	364 103.00	3 557 125.5	121.559 09	32.142 37
	363 813.70	3 556 831.3	121.556 07	32.139 68
	363 836.03	3 556 834.3	121.556 30	32.139 71
	363 881.33	3 556 820.3	121.556 79	32.139 59
	363 915.66	3 556 840.5	121.557 15	32.139 77
	363 929.00	3 556 882.8	121.557 28	32.140 16
	363 931.66	3 556 948.8	121.557 30	32.140 75
	363 969.00	3 556 972.8	121.557 69	32.140 97
	363 997.50	3 556 979.5	121.557 99	32.141 04
12号	364 012.50	3 556 963.3	121.558 16	32.140 89
	364 002.80	3 556 931.3	121.558 06	32.140 60
	363 986.47	3 556 882.5	121.557 89	32.140 16
	363 989.13	3 556 826.8	121.557 93	32.139 66
	363 975.80	3 556 798.8	121.557 79	32.139 41
	363 954.72	3 556 776.5	121.557 57	32.139 20
	363 895.47	3 556 780.5	121.556 94	32.139 23
	363 844.47	3 556 767.5	121.556 40	32.139 11
	363 809.22	3 556 815.0	121.556 02	32.139 53
	363 813.47	3 556 832.0	121.556 06	32.139 69
	364 052.38	3 556 872.3	121.558 59	32.140 08
	364 113.73	3 556 984.3	121.559 23	32.141 10
	364 126.48	3 557 043.0	121.559 35	32.141 63
13号	364 149.23	3 557 087.3	121.559 59	32.142 03
	364 161.48	3 557 097.0	121.559 72	32.142 12
	364 190.98	3 557 085.3	121.560 03	32.142 02
	364 190.06	3 557 042.0	121.560 03	32.141 63

牡蛎礁编号	东向	北向	经度（°）	纬度（°）
	364 174. 80	3 556 998. 0	121. 559 87	32. 141 23
	364 171. 55	3 556 968. 5	121. 559 84	32. 140 96
	364 170. 05	3 556 953. 5	121. 559 83	32. 140 82
	364 205. 28	3 556 947. 0	121. 560 20	32. 140 77
	364 253. 28	3 557 016. 5	121. 560 70	32. 141 40
	364 286. 94	3 557 035. 0	121. 561 05	32. 141 57
	364 307. 94	3 556 997. 8	121. 561 28	32. 141 24
	364 282. 47	3 556 958. 8	121. 561 02	32. 140 89
	364 262. 44	3 556 942. 3	121. 560 81	32. 140 73
13 号	364 260. 44	3 556 886. 3	121. 560 79	32. 140 23
	364 240. 77	3 556 877. 5	121. 560 59	32. 140 15
	364 229. 77	3 556 846. 3	121. 560 48	32. 139 86
	364 194. 11	3 556 833. 3	121. 560 10	32. 139 74
	364 175. 11	3 556 856. 3	121. 559 89	32. 139 95
	364 181. 11	3 556 925. 0	121. 559 95	32. 140 57
	364 159. 77	3 556 929. 5	121. 559 72	32. 140 61
	364 105. 44	3 556 848. 3	121. 559 16	32. 139 87
	364 068. 44	3 556 855. 3	121. 558 76	32. 139 93
	364 052. 11	3 556 872. 5	121. 558 59	32. 140 08
	364 336. 56	3 557 050. 5	121. 561 58	32. 141 72
	364 355. 56	3 557 078. 0	121. 561 78	32. 141 97
	364 372. 06	3 557 074. 0	121. 561 95	32. 141 94
14 号	364 376. 81	3 557 058. 5	121. 562 00	32. 141 80
	364 360. 81	3 557 025. 5	121. 561 84	32. 141 50
	364 340. 06	3 557 025. 0	121. 561 62	32. 141 49
	364 333. 31	3 557 038. 5	121. 561 55	32. 141 61
	364 336. 06	3 557 050. 5	121. 561 57	32. 141 72
	364 363. 03	3 556 982. 0	121. 561 87	32. 141 10
	364 381. 78	3 556 985. 5	121. 562 07	32. 141 14
15 号	364 410. 78	3 556 965. 5	121. 562 38	32. 140 96
	364 419. 78	3 556 943. 5	121. 562 48	32. 140 76
	364 405. 78	3 556 904. 5	121. 562 33	32. 140 41

牡蛎礁编号	东向	北向	经度（°）	纬度（°）
15 号	364 394.78	3 556 878.5	121.562 22	32.140 18
	364 389.28	3 556 857.5	121.562 16	32.139 99
	364 371.53	3 556 850.0	121.561 98	32.139 92
	364 342.03	3 556 856.0	121.561 66	32.139 97
	364 329.03	3 556 863.0	121.561 53	32.140 03
	364 341.28	3 556 898.0	121.561 65	32.140 34
	364 355.03	3 556 943.5	121.561 79	32.140 76
	364 361.78	3 556 983.0	121.561 86	32.141 11
16 号	360 643.92	3 556 737.8	121.522 48	32.138 45
	360 629.42	3 556 708.8	121.522 33	32.138 18
	360 591.92	3 556 710.3	121.521 94	32.138 19
	360 559.42	3 556 739.8	121.521 59	32.138 46
	360 553.92	3 556 780.3	121.521 52	32.138 82
	360 567.92	3 556 805.3	121.521 67	32.139 05
	360 571.42	3 556 835.3	121.521 70	32.139 32
	360 610.92	3 556 846.8	121.522 12	32.139 43
	360 626.92	3 556 824.3	121.522 29	32.139 23
	360 651.42	3 556 814.8	121.522 55	32.139 14
	360 683.42	3 556 818.3	121.522 89	32.139 18
	360 734.42	3 556 838.8	121.523 43	32.139 37
	360 772.42	3 556 848.3	121.523 83	32.139 46
	360 805.92	3 556 840.8	121.524 18	32.139 40
	360 849.92	3 556 862.3	121.524 65	32.139 60
	360 886.42	3 556 843.8	121.525 04	32.139 43
	360 866.42	3 556 817.3	121.524 83	32.139 19
	360 836.92	3 556 768.8	121.524 52	32.138 75
	360 815.42	3 556 752.3	121.524 30	32.138 60
	360 770.42	3 556 763.8	121.523 82	32.138 70
	360 730.92	3 556 777.8	121.523 40	32.138 82
	360 643.92	3 556 738.8	121.522 48	32.138 46
17 号	360 923.92	3 556 786.3	121.525 44	32.138 92
	360 985.42	3 556 809.3	121.526 09	32.139 13

牡蛎礁编号	东向	北向	经度（°）	纬度（°）
17 号	361 002.42	3 556 798.3	121.526 27	32.139 04
	361 002.42	3 556 785.3	121.526 28	32.138 92
	360 979.42	3 556 768.3	121.526 03	32.138 76
	360 946.92	3 556 760.8	121.525 69	32.138 69
	360 924.92	3 556 785.8	121.525 45	32.138 92
18 号	360 700.22	3 557 026.3	121.523 04	32.141 06
	360 720.89	3 557 017.5	121.523 26	32.140 98
	360 731.56	3 557 011.5	121.523 37	32.140 93
	360 740.89	3 556 998.8	121.523 47	32.140 81
	360 759.66	3 556 990.0	121.523 67	32.140 74
	360 771.33	3 556 985.0	121.523 80	32.140 69
	360 785.33	3 556 979.5	121.523 95	32.140 65
	360 795.48	3 556 971.3	121.524 05	32.140 57
	360 768.97	3 556 954.5	121.523 78	32.140 42
	360 718.22	3 556 914.0	121.523 24	32.140 05
	360 662.72	3 556 948.5	121.522 65	32.140 35
	360 654.47	3 556 959.5	121.522 56	32.140 45
	360 700.97	3 557 026.0	121.523 05	32.141 05
19 号	360 639.92	3 556 697.5	121.522 45	32.138 08
	360 667.36	3 556 724.5	121.522 73	32.138 33
	360 718.86	3 556 739.5	121.523 28	32.138 47
	360 770.36	3 556 706.5	121.523 83	32.138 18
	360 842.86	3 556 661.5	121.524 60	32.137 78
	360 892.36	3 556 640.5	121.525 13	32.137 60
	360 964.36	3 556 638.0	121.525 89	32.137 59
	361 024.86	3 556 641.5	121.526 53	32.137 63
	361 102.86	3 556 614.5	121.527 36	32.137 39
	361 145.19	3 556 578.5	121.527 82	32.137 07
	361 180.86	3 556 538.0	121.528 20	32.136 71
	361 160.19	3 556 505.5	121.527 99	32.136 42
	361 130.77	3 556 531.0	121.527 67	32.136 64
	361 076.27	3 556 516.5	121.527 10	32.136 51

牡蛎礁编号	东向	北向	经度（°）	纬度（°）
	361 036.77	3 556 527.0	121.526 68	32.136 60
	360 999.44	3 556 520.3	121.526 28	32.136 53
	360 953.77	3 556 522.8	121.525 80	32.136 55
19 号	360 899.42	3 556 476.5	121.525 23	32.136 12
	360 722.91	3 556 508.8	121.523 35	32.136 39
	360 572.88	3 556 578.5	121.521 75	32.137 00
	360 553.39	3 556 641.0	121.521 54	32.137 56
	360 639.88	3 556 697.0	121.522 45	32.138 08

附表 6　蛎岈山潮间带牡蛎礁区大型底栖动物群落物种名录

序号	中文名	类群	拉丁文名	定量	定性	礁区种类
1	星虫状海氏海葵	刺胞动物	*Edwardsia sipunculoides*		o	+
2	纵条肌海葵	刺胞动物	*Haliplanella luciae*		o	+
3	桂山厚丛柳珊瑚	刺胞动物	*Hicksonella guishanensis*		o	+
4	海笔	刺胞动物	*Pennatula phosphorea*		o	+
5	须鳃虫	环节动物	*Cirriformia tentaculata*		o	+
6	智利巢沙蚕	环节动物	*Diopatra chiliensis*	√		
7	白色吻沙蚕	环节动物	*Glycera alba*		o	+
8	长吻沙蚕	环节动物	*Glycera chirori*	√		+
9	日本角吻沙蚕	环节动物	*Goniada japonica*		o	+
10	覆瓦蛤鳞虫	环节动物	*Harmothoe imbricata*	√		+
11	丝异须虫	环节动物	*Heteromastus filiformis*		o	+
12	锯刺盘管虫	环节动物	*Hydroides* cf. *lunulifera*		o	+
13	内刺盘管虫	环节动物	*Hydroides ezoensis*		o	+
14	无疣齿蚕	环节动物	*Inermonephtys* cf. *inermis*		o	+
15	扁蛰虫	环节动物	*Loimia medusa*		o	+
16	异足索沙蚕	环节动物	*Lumbrineris heteropoda*	√		+
17	索沙蚕	环节动物	*Lumbrineris* sp.	√		+
18	四索沙蚕	环节动物	*Lumbrineris tetraura*		o	+
19	长手沙蚕属	环节动物	*Magelona* sp.		o	+

序号	中文名	类群	拉丁文名	定量	定性	礁区种类
20	竹节虫属	环节动物	*Maldane* sp.		o	+
21	岩虫	环节动物	*Marphysa sanguinea*	√		+
22	张氏神须虫	环节动物	*Mysta tchangsii*		o	+
23	寡鳃齿吻沙蚕	环节动物	*Nephtys oligobranchia*		o	+
24	沙蚕科	环节动物	Nereidae		o	+
25	非拟海鳞虫	环节动物	*Nonparahalosydna pleiolepis*		o	+
26	背蚓虫	环节动物	*Notomastus latericeus*		o	
27	锥头虫属	环节动物	*Orbinia* sp.		o	+
28	双齿围沙蚕	环节动物	*Perinereis aibuhitensis*		o	+
29	多齿围沙蚕	环节动物	*Perinereis nuntia*	√		+
30	叶须虫目	环节动物	Phyllodocidae		o	+
31	多鳞虫科	环节动物	Polynoidae		o	+
32	巨刺缨虫	环节动物	*Potamilla* cf. *myriops*		o	+
33	稚齿虫属	环节动物	*Prionospio* sp.		o	+
34	缨鳃虫目	环节动物	Sabellida		o	+
35	不倒翁虫	环节动物	*Sternaspis sculata*		o	
36	梳鳃虫	环节动物	*Terebellides stroemii*		o	+
37	海地瓜	棘皮动物	*Acaudina molpadioides Semper*		o	
38	滩栖阳遂足	棘皮动物	*Amphiura vadicola*		o	
39	刺瓜参	棘皮动物	*Cucumaria echinata*		o	
40	钮细锚参	棘皮动物	*Leptosynapta ooplax*		o	
41	蛇尾纲	棘皮动物	Ophiuroidea		o	
42	日本鼓虾	甲壳动物	*Alpheus japonicus*	√		+
43	白脊藤壶	甲壳动物	*Balanus albicostatus*		o	+
44	麦秆虫属	甲壳动物	*Caprella* sp.		o	+
45	日本蟳	甲壳动物	*Charybdis japonica*		o	+
46	日本大鳌蜚	甲壳动物	*Grandidierella japonica*	√		+
47	绒螯近方蟹	甲壳动物	*Hemigrapsus peniciillatus*	√		+
48	肉球近方蟹	甲壳动物	*Hemigrapsus sanguineus*	√		+
49	中华近方蟹	甲壳动物	*Hemigrapsus sinensis*	√		+
50	鞭腕虾	甲壳动物	*Lysmata vittata*		o	+
51	特异大权蟹	甲壳动物	*Macromedaeus distinguendus*	√		+

序号	中文名	类群	拉丁文名	定量	定性	礁区种类
52	宽身大眼蟹	甲壳动物	*Macrophthalmus dilatatum*		o	+
53	红线黎明蟹	甲壳动物	*Matuta planipes*		o	
54	四齿大额蟹	甲壳动物	*Metopograpsus quadridentatus*	√		+
55	小相手蟹	甲壳动物	*Nanosesarma minutum*		o	
56	板跳钩虾	甲壳动物	*Orchestia platensis*	√		+
57	长腕寄居蟹	甲壳动物	*Pagurus geminus*		o	+
58	豆形拳蟹	甲壳动物	*Philyra pisum*		o	
59	中华豆蟹	甲壳动物	*Pinnotheres sinensis*	√		
60	美丽瓷蟹	甲壳动物	*Porcellana pulchra*	√		+
61	拟穴青蟹	甲壳动物	*Scylla paramamosain*		o	+
62	团水虱	甲壳动物	*Sphaeroma* sp.	√		+
63	兰氏三强蟹	甲壳动物	*Tritodynamia rathbunae*		o	+
64	蝼蛄虾属	甲壳动物	*Upogebia* sp.		o	
65	纽形动物	纽形动物	Nemertinea		o	
66	微黄镰玉螺	软体动物	*Lunatia gilva*		o	+
67	橄榄蚶	软体动物	*Arca olivacea*		o	+
68	双纹须蚶	软体动物	*Barbatia bistrigata*		o	+
69	布纹蚶	软体动物	*Barbatia decussata*		o	+
70	海牛科	软体动物	Dorididae		o	+
71	日本镜蛤	软体动物	*Dosinia japonica*		o	
72	蕾螺属	软体动物	*Gemmula* sp.		o	
73	绿螂科	软体动物	Glauconomidae		o	
74	东方缝栖蛤	软体动物	*Hiatella orientalis*		o	+
75	花斑锉石鳖	软体动物	*Ischnochiton comptus*		o	+
76	黑口滨螺	软体动物	*Littoraria melanostoma*		o	+
77	短滨螺	软体动物	*Littorina brevicula*	√		+
78	吉村马特海笋	软体动物	*Martesia yoshimurai*		o	+
79	文蛤	软体动物	*Meretrix meretrix*		o	
80	毛立蛤	软体动物	*Meropesta capillacea*		o	+
81	中国笔螺	软体动物	*Mitra chinensis*	√		
82	丽核螺	软体动物	*Mitrella bella*	√		+
83	短偏顶蛤	软体动物	*Modiolus flavidus*		o	+

序号	中文名	类群	拉丁文名	定量	定性	礁区种类
84	凸壳肌蛤	软体动物	*Musculus senhousia*		o	+
85	秀丽织纹螺	软体动物	*Nassarius festivus*		o	
86	西格织纹螺	软体动物	*Nassarius siquinjorensis*	√		
87	纵肋织纹螺	软体动物	*Nassarius variciferus*	√		
88	斑玉螺	软体动物	*Natica tigrina*		o	+
89	齿纹蜓螺	软体动物	*Nerita yoldi*	√		+
90	扁玉螺	软体动物	*Neverita didyma*	√		
91	伶鼬榧螺	软体动物	*Oliva mustelina*		o	
92	脉红螺	软体动物	*Rapana venosa*	√		+
93	菲律宾蛤仔	软体动物	*Ruditapes philippinarum*	√		+
94	毛蚶	软体动物	*Scapharca subcrenata*	√		+
95	笋螺科	软体动物	*Terebridae*		o	+
96	黄口荔枝螺	软体动物	*Thais clavigera*	√		+
97	蛎敌荔枝螺	软体动物	*Thais gradata*		o	+
98	纹斑棱蛤	软体动物	*Trapezium litratum*		o	
99	托氏蜎螺	软体动物	*Umbonium thomasi*	√		
100	黑荞麦蛤	软体动物	*Vignadula atrata*		o	+
101	可口革囊星虫	星形动物	*Phascoknma esculenta*	√		+

注：√表示在潮区底栖生物调查中，该生物样品是通过定量采样方式（即采用定量框）采集的；o 表示该生物样品是通过定性采样方式（即在潮区通过观察，随机采集）采集的；+表示该生物样品是在牡蛎礁区采集的，同列没有标记+则表示在非牡蛎礁区采集的。

附表 7　蛎岈山国家级海洋公园海域渔业资源种名录

分类阶元和种类	学名	春季	秋季
刺胞动物门 Cnidaria			
珊瑚虫纲 Anthozoa			
海葵目 Actiniaria			
海葵未定种	*Actiniaria* sp.	+	
软体动物门 Mollusca			
腹足纲 Gastropoda			
中腹足目 Mesogastropoda			
玉螺科 Naticidae			
扁玉螺	*Neverita didyma*	+	

分类阶元和种类	学名	春季	秋季
新腹足目 Neogastropoda			
骨螺科 Muricidae			
脉红螺	*Rapana venosa*	+	
头足纲 Cephalopoda			
乌贼目 Sepiida			
乌贼科 Sepiidae			
金乌贼	*Sepia esculenta*		+
八腕目 Octopoda			
蛸科 Octopodidae			
短蛸	*Amphioctopus fangsiao*	+	
节肢动物门 Arthropoda			
甲壳纲 Crustacea			
十足目 Decapoda			
管鞭虾科 Solenoceridae			
中华管鞭虾	*Solenocera crassicornis*		+
对虾科 Penaeidae			
细巧仿对虾	*Parapenaeopsis tenella*	+	
周氏新对虾	*Metapenaeus joyneri*	+	+
日本对虾	*Penaeus japonicus*		+
中国对虾	*Fenneropenaeus chinensis*		+
哈氏仿对虾	*Mierspenaeopsis hardwickii*		+
长臂虾科 Palaemonidae			
葛氏长臂虾	*Palaemon gravieri*		+
脊尾白虾	*Exopalaemon carinicauda*	+	+
鼓虾科 Alpheidae			
鲜明鼓虾	*Alpheus distinguendus*	+	
关公蟹科 Dorippidae			
日本关公蟹	*Heikeopsis japonica*	+	+
玉蟹科 Leucosiidae			
豆形拳蟹	*Pyrhila pisum*	+	
黎明蟹科 Matutidae			
红线黎明蟹	*Matuta planipes*	+	+

分类阶元和种类	学名	春季	秋季
梭子蟹科 Portunidae			
细点圆趾蟹	Ovalipes punctatus	+	
三疣梭子蟹	Portunus trituberculatus	+	+
日本蟳	Charybdis japonica	+	+
圆趾蟹科 Ovalipidae			
细点圆趾蟹	Ovalipes punctatus		
宽背蟹科 Euryplacidae			
隆线强蟹	Eucrate crenata	+	+
弓蟹科 Varunidae			
中华绒螯蟹	Eriocheir sinensis	+	
口足目 Stomatopoda			
虾蛄科 Squillidae			
口虾蛄	Oratosquilla oratoria	+	+
脊索动物门 Chordata			
硬骨鱼纲 Osteichthyes			
鳗鲡目 Anguilliformes			
蛇鳗科 Ophichthidae			
尖吻蛇鳗	Ophichthus apicalis	+	
海鳗科 Muraenesocidae			
海鳗	Muraenesox cinereus	+	+
康吉鳗科 Congridae			
星康吉鳗	Conger myriaster	+	
鲱形目 Clupeiformes			
锯腹鳓科 Pristigasteridae			
鳓	Ilisha elongata		+
鳀科 Engraulidae			
黄鲫	Setipinna tenuifilis	+	
康氏侧带小公鱼	Stolephorus commersonnii	+	+
赤鼻棱鳀	Thryssa kammalensis	+	+
中颌棱鳀	Thryssa mystax		+
鲱科 Clupeidae			
斑鰶	Konosirus punctatus		+
鮟鱇目 Lophiiformes			
鮟鱇科 Lophiidae			

分类阶元和种类	学名	春季	秋季
黄鮟鱇	*Lophius litulon*	+	
鲻形目 Mugiliformes			
鲻科 Mugilidae			
鮻	*Planiliza haematocheilus*	+	+
鲻	*Mugil cephalus*	+	
骨鲻属未定种	*Osteomugil* sp.		+
鲉形目 Scorpaeniformes			
鲬科 Platycephalidae			
鲬	*Platycephalus indicus*	+	
鲈形目 Perciformes			
花鲈科 Lateolabracidae			
中国花鲈	*Lateolabrax maculatus*	+	+
沙鮻科 Sillaginidae			
多鳞鱚	*Sillago sihama*	+	+
鲹科 Carangidae			
鲹科未定种	Carangidae sp.	+	
鲷科 Sparidae			
黑棘鲷	*Acanthopagrus schlegelii*	+	+
真赤鲷	*Pagrus major*	+	
马鲅科 Polynemidae			
多鳞四指马鲅	*Eleutheronema rhadinum*		+
石首鱼科 Sciaenidae			
棘头梅童鱼	*Collichthys lucidus*	+	+
皮氏叫姑鱼	*Johnius belangerii*		+
鳞鳍叫姑鱼	*Johnius distinctus*		+
小黄鱼	*Larimichthys polyactis*	+	+
鮸	*Miichthys miiuy*	+	+
黄姑鱼	*Nibea albiflora*		+
虾虎鱼科 Gobiidae			
斑尾刺虾虎鱼	*Acanthogobius ommaturus*	+	
矛尾虾虎鱼	*Chaeturichthys stigmatias*	+	+
拉氏狼牙虾虎鱼	*Odontamblyopus lacepedii*	+	+

分类阶元和种类	学名	春季	秋季
小头副孔虾虎鱼	*Paratrypauchen microcephalus*	+	
髭缟虾虎鱼	*Tridentiger barbatus*	+	+
鲭形目 Scombriformes			
带鱼科 Trichiuridae			
带鱼	*Trichiurus japonicus*	+	
鲽形目 Pleuronectiformes			
牙鲆科 Paralichthyidae			
牙鲆	*Paralichthys olivaceus*	+	
鲽科 Pleuronectidae			
木叶鲽	*Pleuronichthys cornutus*	+	
舌鳎科 Cynoglossidae			
短吻三线舌鳎	*Cynoglossus abbreviatus*	+	+
焦氏舌鳎	*Cynoglossus joyneri*	+	+
半滑舌鳎	*Cynoglossus semilaevis*	+	
鲀形目 Tetraodontiformes			
四齿鲀科 Tetraodontidae			
黄鳍东方鲀	*Takifugu xanthopterus*		+

图书在版编目（CIP）数据

江苏海门蛎岈山国家级海洋公园牡蛎礁保护与生态修复研究 / 全为民等著 . —北京：中国农业出版社，2023.11

ISBN 978-7-109-31450-4

Ⅰ.①江… Ⅱ.①全… Ⅲ.①生物礁－海洋环境－生态环境保护－研究－海门②生物礁－海洋环境－生态恢复－研究－海门 Ⅳ.①X321.253.3

中国国家版本馆 CIP 数据核字（2023）第 211723 号

江苏海门蛎岈山国家级海洋公园牡蛎礁保护与生态修复研究
JIANGSU HAIMEN LIYASHAN GUOJIAJI HAIYANG
GONGYUAN MULIJIAO BAOHU YU SHENGTAI
XIUFU YANJIU

中国农业出版社出版

地址：北京市朝阳区麦子店街 18 号楼

邮编：100125

责任编辑：肖　邦　王金环　蔺雅婷

版式设计：王　晨　　责任校对：吴丽婷

印刷：北京通州皇家印刷厂

版次：2023 年 11 月第 1 版

印次：2023 年 11 月北京第 1 次印刷

发行：新华书店北京发行所

开本：700mm×1000mm　1/16

印张：14.5　　插页：4

字数：285 千字

定价：85.00 元

彩图 1　江苏海门蛎岈山牡蛎礁（A）、浙江三门蛎江滩牡蛎床（B）和山东滨州港牡蛎聚集体（C）

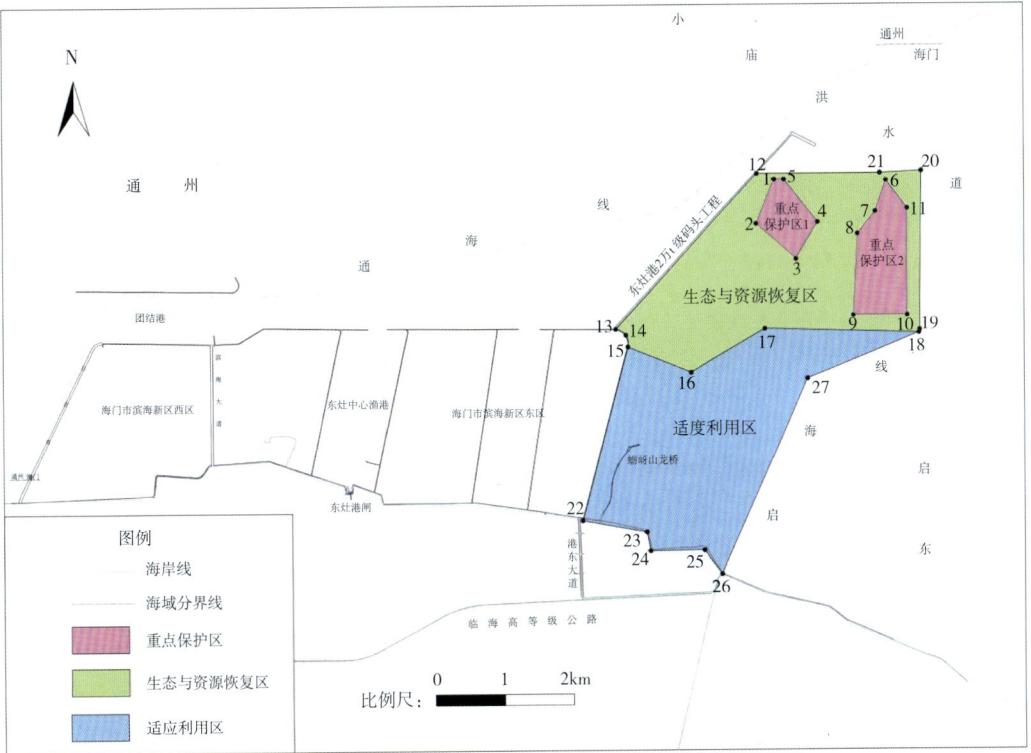

彩图 2　江苏海门蛎岈山国家级海洋公园平面布置和功能区划

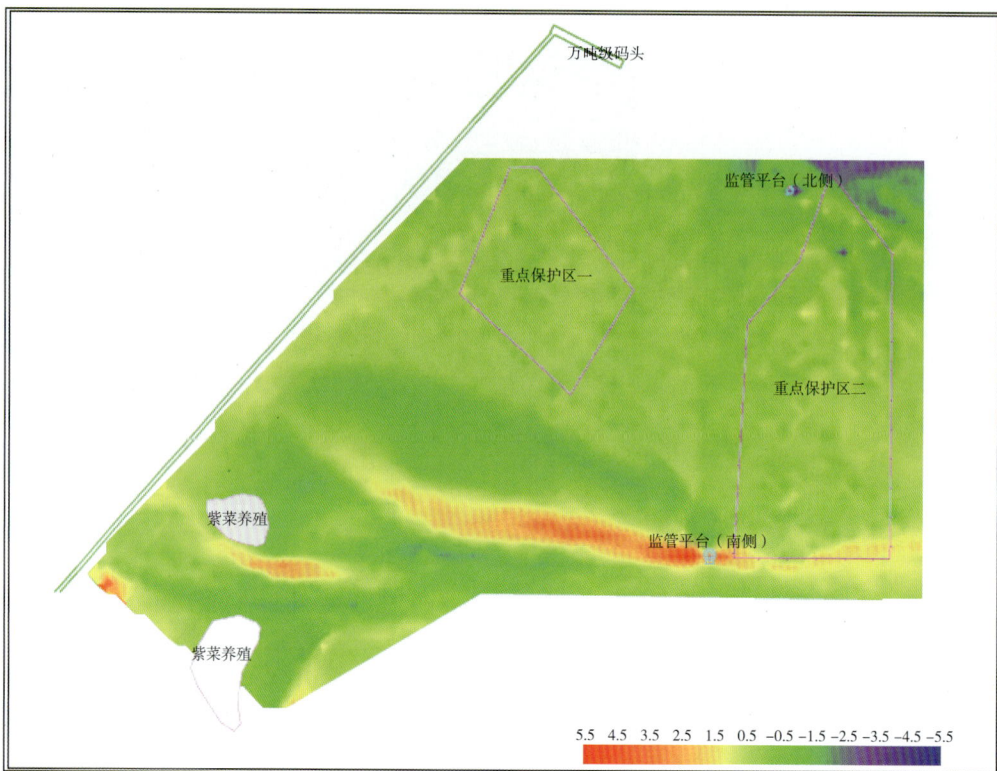

彩图3　江苏海门蛎岈山国家级海洋公园地形地貌冲淤变化
注：前期资料为2014年1月，后期资料为2017年12月

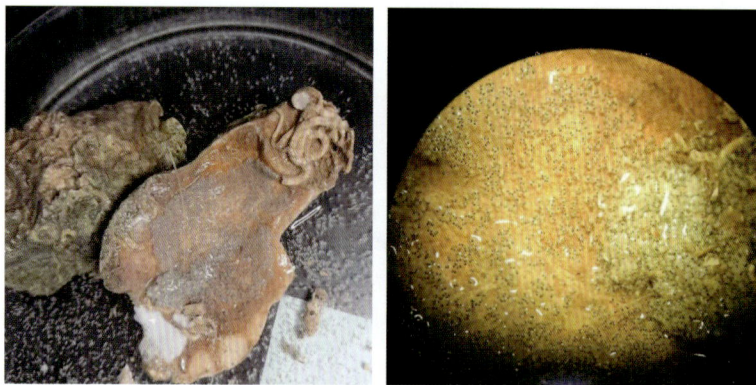

彩图4　蛎岈山牡蛎礁中牡蛎壳内黏附的鱼卵和初孵仔鱼

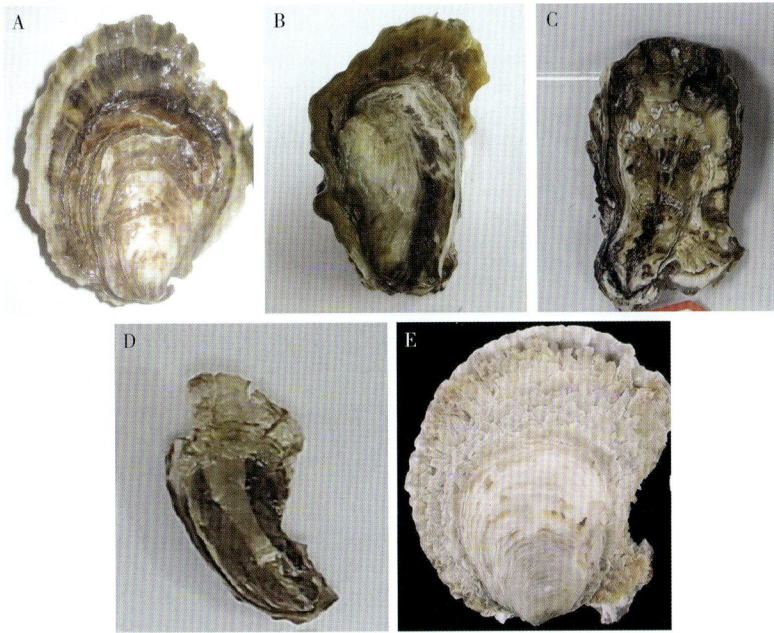

彩图 5　江苏海门蛎蚜山国家级海洋公园内牡蛎的原色照片
A. 近江牡蛎　B. 熊本牡蛎　C. 长牡蛎　D. 猫爪牡蛎　E. 密鳞牡蛎

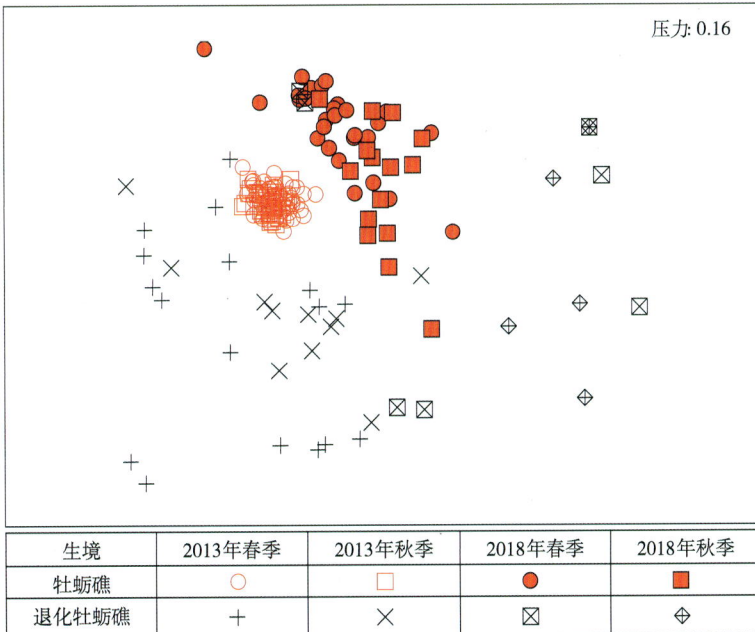

生境	2013年春季	2013年秋季	2018年春季	2018年秋季
牡蛎礁	○	□	●	■
退化牡蛎礁	+	×	⊠	⊕

彩图 6　蛎蚜山牡蛎礁区（OR）和退化礁区（DOH）大型底栖动物群落
　　　　结构的非度量多维排序

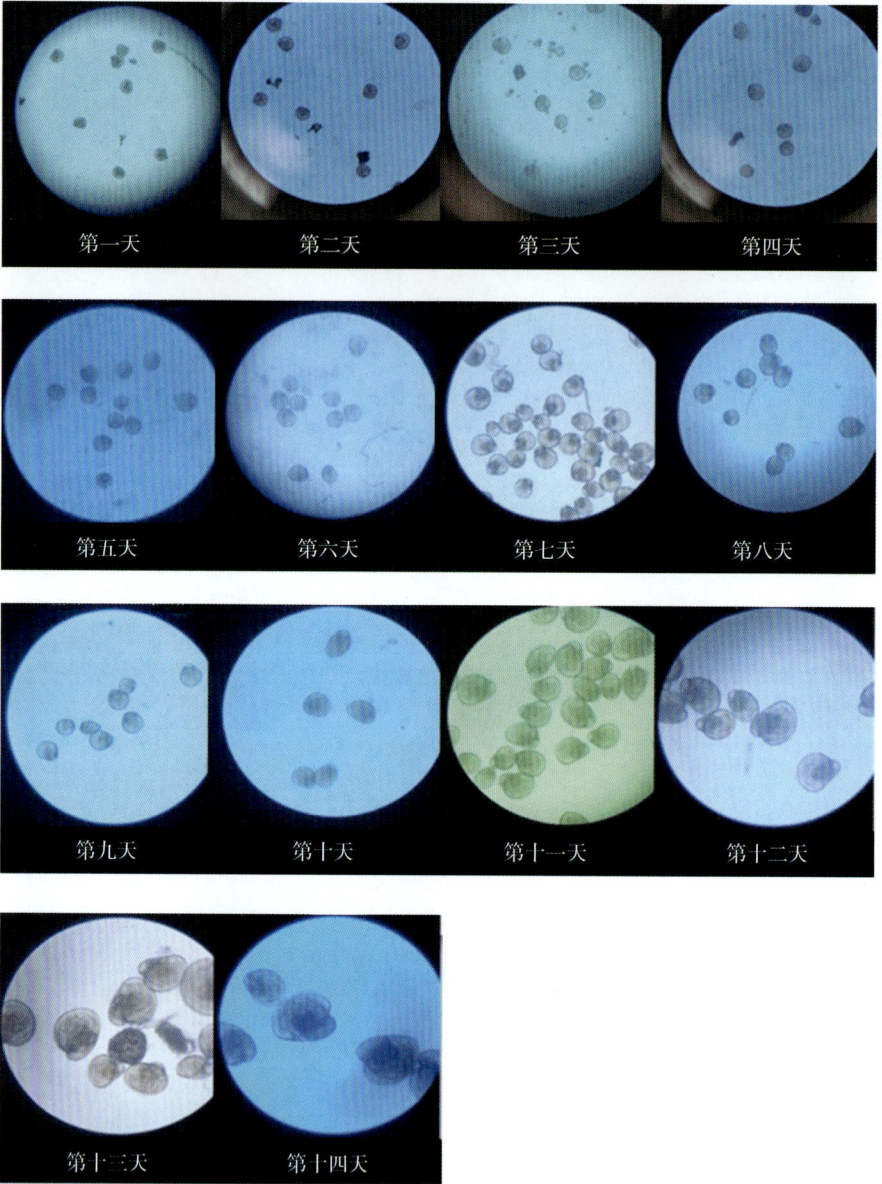

第一天　第二天　第三天　第四天

第五天　第六天　第七天　第八天

第九天　第十天　第十一天　第十二天

第十三天　第十四天

彩图 7　近江牡蛎浮游幼虫发育

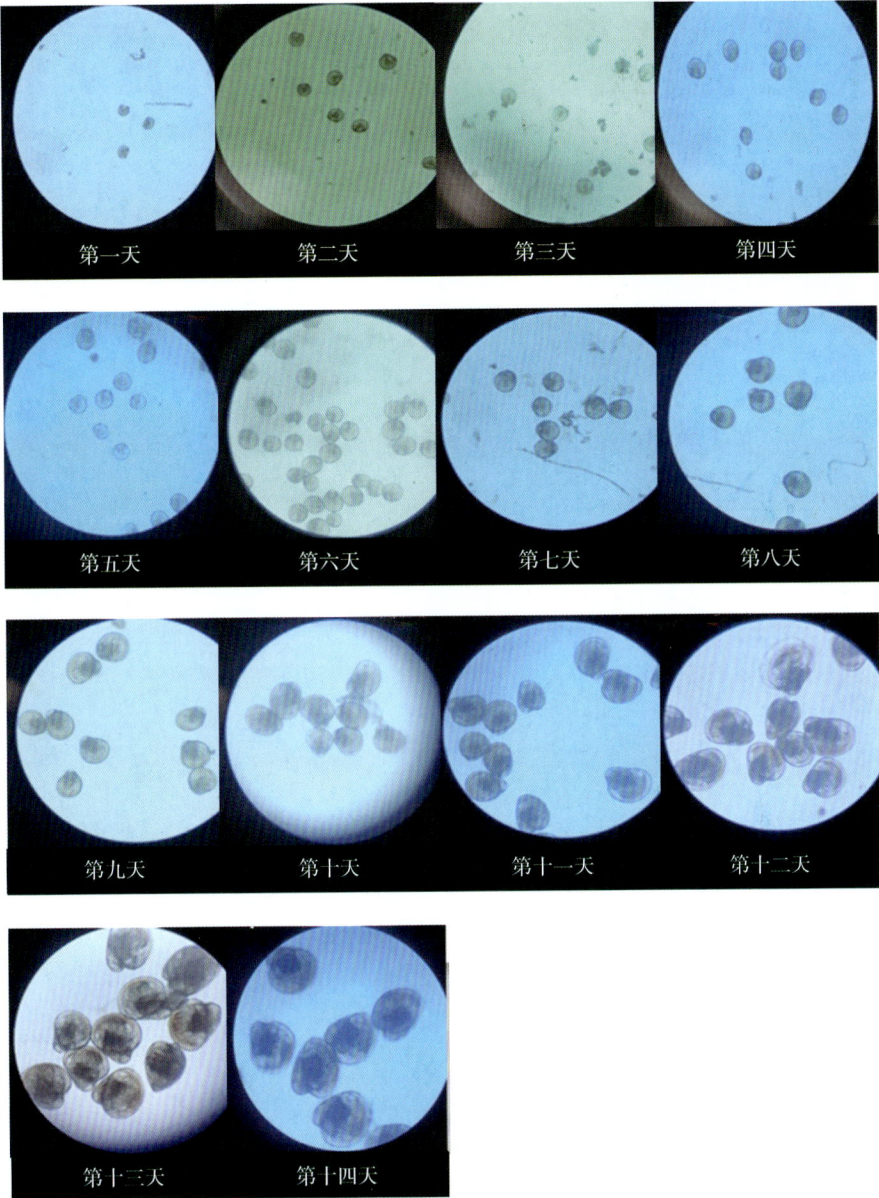

第一天　　　　第二天　　　　第三天　　　　第四天

第五天　　　　第六天　　　　第七天　　　　第八天

第九天　　　　第十天　　　　第十一天　　　　第十二天

第十三天　　　　第十四天

彩图 8　熊本牡蛎浮游幼虫发育

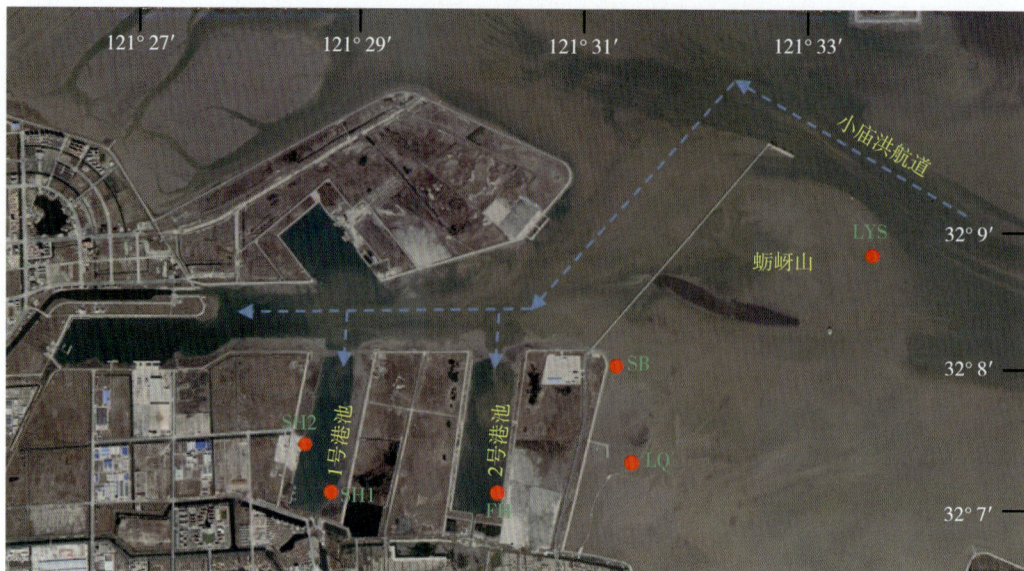

彩图 9　蛎蚜山牡蛎礁位置及牡蛎和藤壶附着补充监测位点

注：箭头表示涨潮水流方向

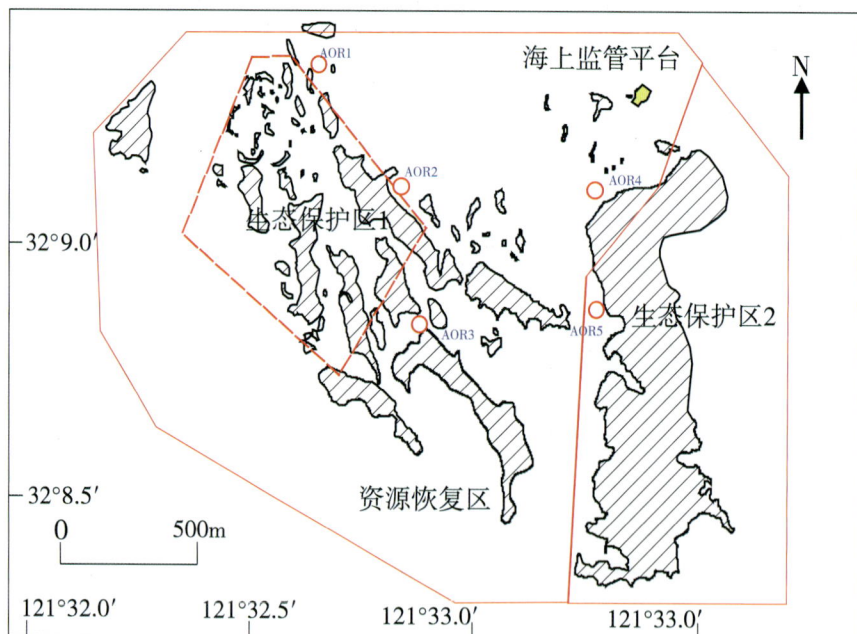

彩图 10　江苏海门蛎蚜山牡蛎礁生态建设工程（一期）项目牡蛎礁生态修复地点

彩图 11　单层礁体（A）和多层礁体（B）

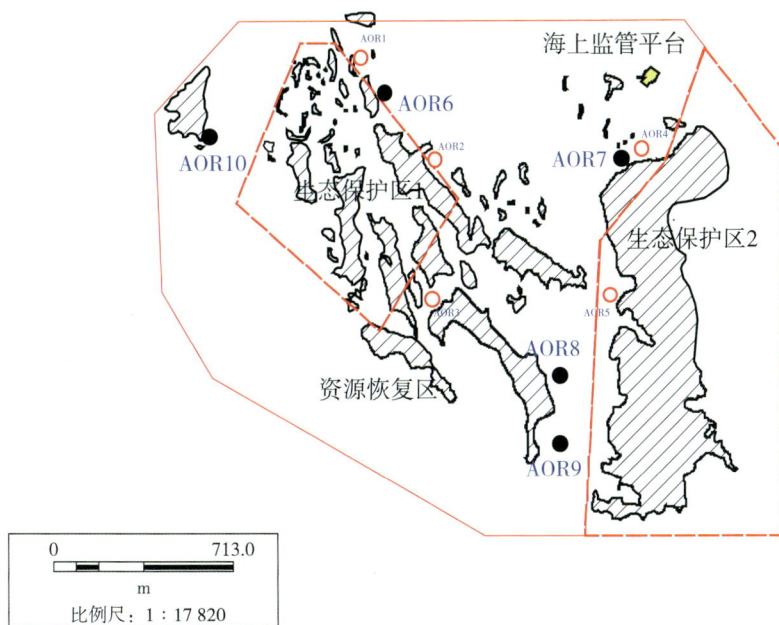
彩图 12　江苏海门蛎蚜山牡蛎礁生态建设工程（二期）项目牡蛎礁生态修复地点

彩图 13　双层牡蛎壳礁体（A）、空心砖礁体（B）、空心砖-牡蛎壳
　　　　组合礁（C）和圆柱涵洞礁（D）